JN065940

いつになったら宇宙エレベーターで月に行けて、3Dプリンターで臓器が作れるんだい!?

気になる最先端
テクノロジー
10のゆくえ

化学同人

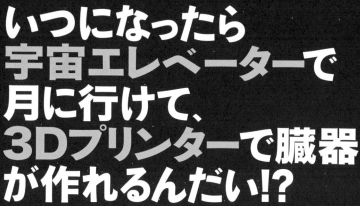

ケリー・ウィーナースミス
&
ザック・ウィーナースミス
著

中川 泉 訳

SOONISH

Ten Emerging Technologies That'll Improve
and/or Ruin Everything

by KELLY AND ZACH WEINERSMITH

Copyright © Zachary Weinersmith and Kelly Weinersmith, 2017

Japanese translation rights arranged
with Zach and Kelly Weinersmith
c/o The Gernert Company, New York
through Tuttle-Mori Agency, Inc., Tokyo

私たちそれぞれの両親

パトリシア＆カール・スミス

と

フィリス＆マーティン・ウィーナー

に本書を捧げる

　彼らなくして、この本は完成しなかった。

　私たちが病気のときは、食事を作り、世話をして、娘の面倒まで見てくれたのだから。

　それに、息抜きするようにも取り計らってくれた。

　私たちの夢を現実にするためにしてくれたことには、いつまでも感謝する。

　この本は、私たちのものであるのと同じくらいに、あなたたちのものでもある*1。

＊1　もちろん、小切手は渡さないけどね。ただ、気持ちに変わりはないよ。

目　次

SOONISH

日本語版独自の注釈として、参考となる動画等にリンクする QR コードを挿入した箇所があります。スマートフォン等で読み取ってご参照ください。うまく接続しなかったり、リンクが切れたりすることも考えられますが、その場合は、化学同人ウェブサイトの本書ページにリンク一覧を掲載していますので、そちらをご確認くださいませ。

https://www.kagakudojin.co.jp/book/b493091.html

序　章

イントロダクション
もうすぐかも。「かも」を強調している点に注意

　本書は、未来を予測するタイプの本である。

　幸いなことに、未来の予測はかなり簡単だ。みんなしょっちゅうやってる。正しい予測をするのは少し難しいけれど、実際のところ、正しいかどうかなんて本当は誰も気にしてないでしょ？

　2011年の研究論文に、「テレビ解説者はほらふきか」[*1]というものがあり、専門家26人の予測能力について評価が下された。彼らの予測能力は、ほとんど正しいというものから、ほとんど間違っているというものまで、多岐にわたった[*2]。

　多くの人にとって、この論文を読む楽しみは、ある種の人たちが単に耐えがたいほどの間抜けというだけではなく、統計的にも耐えがたいほどの間抜けだとわかることだ。ポピュラーサイエンスのライターである私たちの視点で見ると、さらにおもしろい結果があった。この人たちは予測が外れまくっているにもかかわらず、全員がいまだに仕事をしている。それどころか、最も予測が当たらない人たちは、最も名の知れた有名人だった。

　予測能力とキャリアの成功が本当に無関係だというのなら、私たちだって有名人になれる。つまるところ専門家は、少数の政治家たちの言い争いの直後に起こることくらいしか予測していない。今後

[*1]　アメリカのハミルトン・カレッジで公共政策を学ぶ学生たちによるもの。実はサンプル数が少ないのだが、私たちの偏見を裏づけていたので、信じるほうを選んだ。

[*2]　おもしろいことに、法学の学位があることと、予測のまずさには関連があった。

50年のうちに宇宙に行けるエレベーターができるかとか、近いうちに脳をクラウドにアップロードすることになるかとか、機械が新しい肝臓や腎臓や心臓を作り出せるかとか、病院は病気の治療のために、小さな泳ぐロボットを使うか、といったことを予測しようとはしなかった。

　率直に言って、本書で取り上げたテクノロジーのどれかひとつでも、ある時間枠内に完全な形で実現すると断言するのは、めちゃくちゃ難しい。新技術とは、いいものがゆっくり積み重なってできるものではないからだ。レーザーやコンピューターのように、さまざまな分野で互いに関係のないものが発達し、連続性をもたずに大きく飛躍した場合が多いのである。それに、たとえそのような大発見がなされても、優れたテクノロジーに市場が見つかるとは限らない。そう、1920年からやって来たタイムトラベラーは、私たちが空飛ぶ車をもっていると思うだろう。だが、そんなものは誰も望んでいない。それらは乗り物界のチェスボクシング*3というようなものだ。たまに見る分にはおもしろいが、ほとんどの場合は分けたままにしておいたほうがいいのである。

　予測というものは、誤っているのみならず、ばかげたものにもなりかねない。そこで、将来を予測した書籍から私たちが学んだ戦略を、いくつか用いることにする。

　まずは手始めに、予測をいくつか披露しよう。

　コンピューターはさらに速くなる。画面の解像度はさらに上がる。遺伝子配列の解析技術は安価になる。空は青いままであり、子犬はかわいいままであり、パイはおいしいままであり、ウシはモーと鳴き続け、装飾用タオルは母親にとってのみ価値がある。

　みなさんには、数年後に、私たちがどれだけ予測を当てたかを採

---

*3　これは実在するスポーツであり、驚きでもないが、ロシアで人気がある。チェスとボクシングのラウンドを交互に行い、どちらかにおいて負けるまで続けられる。

点してもらいたい。ただ、断っておくが、特に時間制限は設けなかっ
たので、採点項目は「正しい」か「間違っているとはいえない」に
なるけどね。

　予測の第一弾を無事終えたので、もういくつか披露しよう。今後
20年のうちに、再利用可能ロケットによって、ロケットの打ち上
げ費用は 30 〜 50 パーセント削減される。今後 30 年のうちに、血
液検査によってほとんどのがんは診断できる。今後 50 年のうちに、
ナノバイオマシンによってほとんどの遺伝性疾患は治療できる。

　さて、これで合計11個の予測を立てた。11個のうち8個を当
てたら、私たちは天才とみなされてもよいだろう。それに、最初の
予測のどれかが当たったら、次のような見出しの気の利いたニュー
ス記事を書いてくれたって構わない——「遺伝子配列解析技術の将
来を予測した夫婦、宇宙旅行は近いうちに安価になると断言」。

　未来を正確に予測することは難しい。ホントに難しいのだ。

　新技術が、孤高の天才のひらめきから生み出される例はほとんど
ない。時代が新しくなるほど、ますますそうなっている。未来のテ
クノロジーが誕生するには、それ以前に開発された多くの中間技術

が必要となる。しかもそれらの多くは、最初に発見された時点では無用に思えるかもしれない。

　本書では、近年開発された SQUID という超伝導量子干渉計を取り上げた。この感応装置は脳内のかすかな磁場を検知する。頭蓋骨に穴を開けずに人の思考パターンを分析する方法のひとつだ。

　では、これはどのように誕生したのか？

　まず、超伝導体というのは、途中で電気をまったく失わずに電気を通す物質のことである。従来の伝導体（銅線など）は電気をよく通すが、途中でいくらかの量を失ってしまう。

　超伝導体を得るに至ったのは、およそ 200 年前にイギリスのマイケル・ファラデーがガラス製品を作っていた際に、偶然にも気体をガラス管に閉じ込めて圧力をかけることによって液体に変えたからである。当時はテレビがなかったので、気体を液体にするという考えを聞いて、ヴィクトリア朝の多くの人々はおおいに興奮した。

　その後、気体は圧力を加えるよりも冷やすほうが、液化させるのが簡単であることがわかった。この発見により、科学者たちは格段に進んだ冷凍技術を開発し、それによって水素やヘリウムなど、気体のままでいようとする元素を液化することができた。そして、ひとたび液体水素や液体ヘリウムができると、それを用いて好きなものをどれでも冷やせるようになったのである。

　ヘリウムを例に取ると、液体ではマイナス 270℃である。どんなものに注ごうが、そこから熱を奪って液体ヘリウムは気体となる。そして、冷やそうとしていたものは、およそマイナス 270℃にまで冷やされる[*4]。

　やがて科学者たちは、伝導体を本気で冷やしたらどうなるのかと考えるようになった。伝導体は冷えるにしたがって能力を発揮するからだ。簡単に言うと、伝導体は電子を通すパイプのようなものだからなのだが、完璧なものではない。例えば銅線では、銅の原子が

電子の運動を妨げてしまう。

「熱」と呼んでいるものの正体は、原子レベルでのすばやい揺れのことだ。銅線にある原子を熱する（つまり揺さぶる）と、電子が下流に動くのを阻むことになる。これは、車で道を進んでいるときに、自分の前にいる車が車線変更を繰り返すようなものだ。原子レベルでの揺れ（つまり熱）があると、電子が銅の原子とぶつかりやすくなって、揺れがさらに増す。だからノートパソコンの充電器は、しばらく使っていると熱をもつのだ。

先ほどの液体ヘリウムを伝導体に加えると、銅原子にある揺れエネルギーがヘリウム原子へと移り、ヘリウムは飛び去る。これによって銅原子は揺れが減り、電子が感じる抵抗も減少する。冷えれば冷えるほど、電子が流れやすくなる。

その当時には、揺れがゼロに近づいたらどうなるのかという議論があった。そのくらいの温度になると、電子といえども運動は不可能なので、伝導力はなくなるという意見もあれば、伝導力はかなり向上するものの、とりたてて何も起こらないという意見もあった。

そこで研究者たちは、金属元素へ極低温ガスを注ぎ始めた。すると奇怪にも、極低温に達すると、完全な伝導体（つまり超伝導体）になる金属があるとわかったのだ。超伝導になるまで金属を冷却し続けると、電流を閉回路に収めることができるため、永遠に回り続ける。ちょっとしたおもしろい科学現象くらいに思うかもしれないが、これはありとあらゆる不思議な現象を招くものなのだ！　この

＊4　これを理解するには、熱したフライパンに冷水を注ぐ様子をイメージしたらいい。フライパンは大量の熱を水に伝え、それによって冷えていく。その水を捨てて、新たに冷水を加えることで、さらにすばやく冷やすことができる。この冷水は 10℃ぐらいなので、その温度ぐらいまではフライパンを冷やし続けることができる。その後は、水とフライパンの温度が同じになるため、熱は移動しなくなる。これは、自分と同じ程度に濡れているタオルで体をふくことに似ている。より乾いたタオルでなければ体を乾かせないように、より冷たい冷却液でなければ冷やせない。

ループ状の電流は磁場を発生させる。それはつまり、これらの冷たい金属を永久磁石に変えられるということである。その磁気の強さは加えた電流量で決まる。

その後1960年代に、ブライアン・ジョセフソンという人物（ノーベル物理学賞を受賞したが、現在はケンブリッジ大学にて、「常温核融合」や「水の記憶」といったインチキ科学の正当性を主張している）が、磁場におけるかすかな変動を検知できる超伝導体の配列を発見する。ジョセフソン接合と呼ばれるこの装置により、ついにSQUIDの開発が可能となったのだった。

それではここで、次のことを考えてもらいたい。200年前に、誰かがあなたに尋ねたとしよう。人間の脳パターンをスキャンする装置はどうすれば作ることができるのかと。それに対して即座に、「その場合、まず必要となるのはガラス管に気体を入れることですね」と答えるだろうか？

そうはならない。実は、最後の大きな技術的段階——あなたが水に入れたものを水は覚えている可能性があると考えた人物が発見した「ジョセフソン接合」——でさえ、最初に提案されたときは理論上不可能と考えられたのだ。そのふるまいは、ファラデーの死後かなり経ってから発展した理論的枠組みを用いて説明された。

技術開発がいかに不確定なものかというのは、今頃できているはずだったのに、なぜか月には基地がなく、ほとんどの人が予期していなかったのに、ポケットサイズのスーパーコンピューターを誰も

＊5　この手の話になると、人はよく過度に嘆く。2012年の雑誌『MITテクノロジーレビュー』の表紙は、宇宙飛行士のバズ・オルドリンが飾ったが、見出しには「火星のコロニーが約束だったのに、もたらされたのはフェイスブックだった」とあった。ただ、公正を期すなら、火星のコロニーには数兆ドルがかかるのに対して、フェイスブックはタダである。それに、ここでフェイスブックを持ち出すのはフェアとは言えない。代わりに、ウィキペディアならどうだろう——「火星のコロニーが約束だったのに、もたらされたのは人類の知識のすべてに索引がつけられて、地球上の誰もがタダで利用できるものだった」と。

が持っていることからもわかる[*5]。

　同じような難しさは、本書に出てくるすべてのテクノロジーに当てはまる。宇宙エレベーターを建設できるかどうかは、化学者が炭素原子を小さなストロー状にどれだけうまく並べられるかにかかっているかもしれない。私たちの言うとおりの形になる物質ができるかどうかは、シロアリの行動をどれだけ把握しているかによるかもしれない。医療ナノボットを作れるかどうかは、折り紙に対する理解度にかかっているかもしれない。もしくは、そういったことはどれひとつとして、結局は重要ではないかもしれない。歴史とは、あるべきようになるものではないのだ。

　古代ギリシャ人は複雑な歯車装置を作ることができたが、高度な時計は作れなかった。古代のアレクサンドリアの人たちには初歩の蒸気機関があったが、鉄道は設計しなかった。古代エジプト人は4000年前に折りたたみ式のスツールを発明したが、IKEA（イケア）は作らなかった。

　すなわち、こういったことの何がいつ起こるのかは、誰にもわからないのである。

　では、なぜこの本を書くのか？　それは、驚くべきことが毎日いたるところで常に起きているにもかかわらず、それに気づいていない人がほとんどだからだ。また、今頃は核融合発電や金星への週末旅行ができていると思っていたのにと、すねている人もいる。この失望は、未来について大げさな約束をしすぎる科学者のせいばかりではない。科学書が、自分たちとフィクションに描かれた未来との間に立ちはだかる、経済的かつ技術的な障壁を示さないことが多いせいでもある。

　そういった障壁が、なぜ書籍から外されるのかはわからない。月へ行くのが簡単だったら、アポロ11号の話がおもしろくなるとでもいうのか？　私たちが、脳 - コンピューター・インターフェースというアイデアを非常に刺激的だと感じるのは、現時点では思考を読み解く方法について手がかりがほとんどないからである。訊かれるであろう質問、見つけられるであろう発見、勝ち取られるであろう賞賛、花を贈られるであろう英雄は、これから果てしなく生まれるのだ。

　私たちは、読者のみなさんとともに探求するために、新たに出現してきた10の分野を選んで、大きいものから小さいものへと、ざっと並べてみた。宇宙の巨大な実験用発電装置から始まり、物を作り世界を体験する新たな方法、人体、そして最後はみなさんの脳という順番である（別にみなさんの脳が小さいと言っているわけではありませんよ）。

　各章の執筆指針としたのは、もしあなたがバーにいて、「おい、核融合発電はどうなってるんだ？」と誰かに訊かれたきに、なんと答えるのが一番よいかという点だ。どのようなバーかはどうでもいい。要は各章で、読者のみなさんに対して、それぞれの技術はどんなものか、現時点でどこまで進んだか、実現するまでの障壁、すべてを台無しにしかねないもの、そして、最高の結果をもたらすかも

しれない道筋、といったことを示していきたいのである。

　科学の進歩とは、新しいことをしてくれるのでワクワクするというだけのものではない。小惑星を採掘したり、ロボットで家を建てたりするのが嫌というほど難しいことがわかっているからこそ、ますます興味深いのだ。つまり、そういったものがついに実現したときに＊6、そのおもしろさを本当に理解することができるのである。

　その一方で、科学やテクノロジーがたどる奇妙な遠回りや袋小路についても、理解することになるだろう。各章の終わりには、私たちが見つけた奇妙な知識（もしくは嫌な知識やすばらしい知識）に関して、注目すべきものを挙げている。この部分については、章の内容と直接関連するものもあれば、私たちが調べている際に出くわした奇妙なだけのものもある。どの程度奇妙かを表す例が、「コーンブレッドでできたタコ」などだ。

　執筆にあたっては、たくさんの専門書や論文に目を通し、ほどほどに風変わりな人たちともたくさん話す必要があった。抜きん出て風変わりな方もいたが、全体的にみなおもしろい人だった。また、どの調査においても共通して経験したことがある。それはどのテーマでも、自分たちの先入観がすべて覆されたことだ。調べを進めるうちに、自分たちがその技術そのものを理解していなかったばかりか、それを妨げているものについても理解していなかったことに気づいた。複雑に思えたものが簡単で、簡単に思えたものが複雑だった場合も多かった。

　新技術はすばらしいものだが、ミケランジェロによる「ピエタ」やロダンによる「考える人」のように、それを作るのはたいていと

＊6　本書を執筆している時点でも、取り上げた二つのテクノロジーにおいて大きな飛躍があった。スペースＸ社がファルコン９ロケットのブースター段階を繰り返し着陸させたので、「宇宙へ安く行ける方法」についての章を、また、誰もがポケモンGOの話ばかりするので、「拡張現実」についての章を、それぞれ書き改めねばならなかった。

てつもなく大変だ。私たちは読者に、その技術がどんなものかを理解するだけでなく、未来が私たちの最大限の努力にこれほどまでに抗う理由を理解することも望んでいる。

ケリー＆ザック・ウィーナースミス
2016年9月　ウィーナースミス家のお屋敷にて

追記　みなさんに、ある実験を知ってもらいたい。学部生が片方の鼻の穴で息をさせられて、それから試験を受けさせられるというものだ。このことも本書に少し関係してくる。ホントだよ。

SECTION 1

「宇宙」の
もうすぐかも !?

洞穴から空を見上げ、光が点々と灯る
暗闇を不思議に思った最初の人たち以来
地球という小さな岩の外へ飛んでいきたい
と、私たちはずっと望んできたのよ。
それがかなり安上がりにできればの
話なんだけどね

1 章

宇宙へ安く行ける方法
最後のフロンティアはメチャクチャお金がかかるぞ

> はるか遠い、熱く夢のような青空を上っていき
> 風が吹きすさぶ高い頂に優雅に立つ
> ヒバリやワシさえも飛んでこないところ──
> そして、静かながらも高ぶった心で
> 未踏の神聖な空間に足を踏み入れ
> ──手を伸ばして、神の顔に触れた
>
> ジョン・ギレスピー・マギー・ジュニア
「High Flight（ハイ・フライト）」

この詩についてすぐに気づくのが、費用についてひと言も触れていない点だ。これは、詩ではよく見られる、紛れもない技術的な省略であるため、ここに対句を付け加えることにする。

> さらに宇宙への費用について尋ねた私は
> 思わず悪態をついた
> なぜなら、とんでもなかったからだ！

現時点で、1 ポンド（約 450 グラム）の重さのものを宇宙へ送るには、およそ 1 万ドルかかる[*1]。チーズバーガー 1 個につき、約 2500 ドルの計算だ。

これが理由で、人類は月面に 6 回しか立ったことがない。2017

年時点での宇宙旅行の状況は、1969年のあらゆる希望を裏切っている。それは、工学や科学の天才が不足しているせいではなく、宇宙へ行く費用が、頑ななまでに高いままだからだ。この費用を劇的に削減できれば、より優れた宇宙科学、より優れた通信システム、惑星外資源へのアクセス、天候を操る力を得られるだろう。そして何より、太陽系が開発され、移住への道が開かれるのだ。

　現在でも宇宙への打ち上げにそれほどまでに費用がかかる理由を理解するには、ロケットを見たときに目に入る部分を理解する必要がある。

　ロケットというのは要するに、爆発性の推進剤が入った管と、そのてっぺんにほんのちょびっとだけ荷物を積んだものだ。地球低軌道（LEOといい、高度500キロメートルあたりの、ほとんどの打ち上げがめざすところ）へ向かう一般的なミッションの場合、重量の80パーセントが推進剤（燃料＋酸化剤）で、16パーセントがロケット本体、そして残りの4パーセントが荷物である（4パーセントというのは多めに見た場合であり、さらに遠くまで行く場合には、この数字は1〜2パーセント程度まで下がる）。

　ところが費用に目を向けると、状況は逆転する。推進剤は価格の面では無視できるほどで、数十万ドル程度だ。つまり、費用の大半はロケット本体が占めており、しかも使用後はほぼ毎回、捨てられてしまう。

　要するに、ロケット打ち上げは非常に高価で、ロケット内の空間の大部分は推進剤が占めるということだ。このため、安く宇宙へ行くために費用を劇的に下げるには、次の二つの方法が考えられる。

＊1　この数字は、実際には以下のことによって大きく変わってくる。飛び立つ国、利用する企業、目的地、宇宙船の大きさなどだ。本書では、概算で重さ1ポンドあたり1万ドルという数字を用いていく。この数字のプラスマイナス9000ドルの範囲に、私たちがこのテーマを調べていて出くわしたすべての見積もり額が含まれる。

（1）打ち上げロケットの回収

（2）推進剤の使用の削減

　打ち上げロケットの回収は 2015 年に急に現実のものとなったので、再利用可能ロケットのセクションで取り上げる。ただ、基本的な考えはきわめてシンプルだ。1 回使っただけで捨てるのをやめれば、お金の節約になるということだ。

　推進剤は打ち上げ時の重量の 8 割を占めてはいるが、使用を減らすのは少し厄介である。その理由を理解するには、ロシアから南アフリカまで車で行き、そして戻ってくるという状況を考えるとよい。このとき燃料を得る方法として、次の二つがあるとしよう。

（1）途中のガソリンスタンドでガソリンを入れる

（2）行程に必要な燃料をすべて用意し、それを引きずりながら
　　　移動する

　当然ながら、選ぶのは（1）だろう。ただ、その理由を考えてもらいたい。

　車は燃料を前進運動に転換する機械にすぎない。もしこの車が非常に重い場合、前進運動を行うには、それなりの量の燃料が必要となる。ガソリンを定期的に入れられる場合には、重量の大部分は燃料ではなく、車となる。つまり、その時点でエンジンが利用している燃料は、タンクに入っている燃料を運んでいるのではなく、その移動手段（車、運転手、荷物）を前に進めているわけだ。

　（2）の選択肢だと、巨大なタンクローリーを引きずることになる。燃料の重量は、車本体よりもはるかに大きくなるだろう。この燃料から得られるエネルギーの大半は、特に最初の段階では、燃料そのものを動かすために用いられる。つまり、燃料が生み出すエネルギー

の大部分は残りの燃料を動かすためのものとなるのだ。

　結果はどうかって？　必要な燃料の総量は、（1）より（2）のほうがはるかに多い。宇宙ロケットの場合と同様に、あなたのキャラバン隊も、宇宙船や荷物ではなく、ほとんどが燃料からなるわけだ。

　残念ながら、ロケット用のガソリンスタンドを設けるのは、ちょっと難しい。そのため宇宙旅行は、特に大きな変化もないまま、（2）のシナリオに縛られているのである。

　これらのことから、非常に興味深い計算ができる。もし打ち上げロケットを回収可能なものにできたら、打ち上げコストの90パーセントを削減できるかもしれないということだ。もしくは、推進剤が4分の3で済むなら、1ポンドあたりの費用を6で割ることに

なるので、荷物を 6 倍積み込むことができるのである[*2]。

　ここで厄介なのが、基礎物理学を相手にする点だ。最も安く利用できる軌道は LEO である。「軌道」というと重力がないと思われがちだが、これは正しくない。実際には、国際宇宙ステーション（現在は LEO 上にある）はたいてい高度約 400 キロメートルの位置にあり、地球上の 90 パーセントほどの重力がかかっている。では、そこにいる宇宙飛行士たちはなぜ重力がないかのように浮かんでいるのか？　それは、ものすごい速さで動いているからである。秒速約 8 キロメートルだ。彼らは常に地球に引き寄せられているものの、それをいつも「かわして」いるのである。

　こう考えてみるといい。塔のてっぺんから砲弾を撃つイメージだ。これをそっと撃つと、砲弾は少しだけ飛んで、あとは地面に落ちる。ものすごい速さで撃った場合は、宇宙に向かって飛んでいく。ただ、すぐに落下する場合と宇宙へと飛んでいく場合の間には、中間の状況がたくさんあり、その高さには、地球から出ていかない程度には遅いが、地上に落ちない程度には速いという速度が存在する。もしその砲弾に乗っていたら、重力に引っ張られるため、落下していく。と同時に、相当な速さで動いているため、地球の曲面を見物することができる。この特定の速度では、バランスが取れている。重力によって下へと引っ張られるが、速く動いているおかげで一定の高さが保たれるのだ。つまりあなたは、回り続けることになる。「軌道を描いて」回るのだ。

　そうした軌道で最も安くたどり着けるのが LEO である。それでもそこに行くまでにはかなりの費用がかかる。金属の大きな塊を秒速 8 キロメートルまでもっていくのは、並大抵のことではない。

＊2　燃料は80パーセントなので、その4分の3は60パーセントになる。つまり20パーセントが自由になるわけだ。荷物がもともと占めていたのは4パーセントだけだったので、4パーセントから24パーセントへと6倍に増える！

ホイルで包まれた巨大なブリキ缶のような宇宙船ではなく、映画に出てくるようなものを望むなら、さらに割安な方法が必要になる。

それで、現状は？

● 方法1──再利用可能ロケット

　再利用可能ロケットは、短期的に見ると、安価な宇宙飛行の最右翼にいる。これは従来型のロケットではあるが、現在のもののように海に落下するのではなく、任務を終えたら、地球に落ちてきて着地するのだ。ロケットに載せられる荷物が4パーセントだけという問題は解決されないものの、コストを大幅に下げる可能性はある。

　それでも、この方法にはいくつかの問題点がある。着地段階用の推進剤を余分に積んでおく必要があるため、効率がその分下がるのだ。余分の推進剤はできるだけ少なくしたいところだが、そうすると着地がきわめて難しくなってしまう。

　さらに重大な問題となるのが、使用済みロケットの改修費用がまだ誰にもわからない点だ。宇宙へ行ったものなのだから、つばをつけてこすってピカピカにし、発射台に戻すわけにはいかない。

　アメリカのスペースシャトルは、再利用可能な打ち上げロケットという設計になっていたものの、改修費用があまりにかかった結果、通常のロケットよりも高くついた。これは誰の責任なのかという議論が続いている。エンジニアか、議会か、空軍か、リスクを嫌う大衆か、それ以外か……。結局のところ、この計画の大部分は、フライト後にシャトルの打ち上げを再準備するコストのせいでダメになったのである。そのため、シャトルの引退で多くの人が悲しんだ一方で、多くの宇宙オタクたちは喜んだのだった。

　それでも、もっと質のいい再利用可能な打ち上げロケットの開発が可能だと期待するのには、理由がある。本章の執筆中に、スペー

スX社が荷物を宇宙へ運び、ロケットの一部を地球に着地させることに成功した最初の企業となったからだ[*3]。

　もしこの方法で費用が本当に下がるのなら、この時代の宇宙旅行に関する最大の進展となるかもしれない。私たちがこの打ち上げを見ていたとき、ある読者がツイートしてきた。その人物は幼い頃に月面着陸を見たけれど、この再利用可能ロケットのほうが数倍ワクワクしたという。おかしく聞こえるが、その言い分には一理ある。月面着陸は紛れもなく技術的偉業だったが、平凡なものにはなりようがないほどのコストをかけて行われたからだ。正確に費用がどの程度下げられるのかについては、議論が続いている。スペースXのイーロン・マスクCEOは、最終的に100倍下げられると主張しているようだ。同社のグウィン・ショットウェル社長によると、近い将来でも、現在のファルコン9なら30パーセントの削減が見込めるという。たとえ再利用可能ロケットによる費用削減が現状はわず

- - -

[*3]　実際のロケットには、「段」と呼ばれるいくつかの区分がある。ある段を使い果たすと、その部分は死荷重となって、速度を落とさせる。そのため、投棄するのだ。スペースXが回収したのは、最も大きい第一段のブースター部分だった。

かであっても、将来の節約への道を示す可能性はある。火星への道は、小さな削減を積み重ねることによって開けるかもしれないのだ。

● 方法2──空気吸い込み式（エアブリージング）ロケットおよびスペースプレーン

飛行機はすでにかなり高いところを飛んでいる。これをもう少し高く飛ばして、宇宙へ行けるようにできないものだろうか？

それはできないよ。なんでそんなこと言うのかねぇ……まったく。

衛星を軌道に乗せる場合に難しいのは、高く上げることではない。スピードを出すことだ。これには大量の推進剤を必要とする。それでも、スペースプレーンを使うことで、大きな削減が可能かもしれない。その理由を理解するには、推進剤について知る必要がある。

推進剤のことを「燃料」と呼んだら、アメリカ航空宇宙局（NASA）のエンジニアから TI-83 電卓で叩かれることだろう[*4]。推進剤は、実は二つのものを合わせている──燃料と酸化剤だ。燃焼反応が必要なときには、三つのものが必要になる──燃料、酸化剤、そしてエネルギーだ。キャンプファイヤーに火をつける場合を例にとると、燃料が薪、酸化剤は（ご想像どおり）酸素で、エネルギーは火のついたマッチである。

ロケットの場合は、ロケット内に燃料と酸化剤の両方が入っている。燃料に対する酸化剤の実際の割合は、ロケットやミッションによって異なるが、一般的には推進剤の重量の大部分が酸化剤だ。この酸化剤はただの液体酸素である場合が多い[*5]。ロケットは行程の多くの部分で酸素に囲まれているのに、なぜそんなに液体酸素が必要なのだろう？

[*4]　ロケットエンジニアが人を殴り殺すときに使いそうなものをツイッターで尋ねたところ、多く挙げられたのが、TI-83、TI-89、TI-30X といった電卓に計算尺、それに数値解析ソフトの MATLAB がインストールされたノートパソコンだった。

[*5]　液体酸素は「LOX」と略される。

　ひと言で言うと、シンプルを貫いているからである。宇宙に行くための暴力的な方法——それがロケットで、必要なものをすべて大きな管に入れて、空へ向けて打ち上げている。飛行機ならば、酸化剤を持ち運ぶのではなく空気から得ることで効率の向上を図れるかもしれないが、すでに複雑な機械の場合には、さらに多くの複雑性を加えることになってしまう。

　スペースプレーンの大きな問題点は、宇宙へ行く際に遭遇するさまざまな速度や状況のすべてに対応するために、複数の種類のエンジンが必要になることだ。以下にその理由を示そう。

　現在のほとんどの飛行機は、ターボファンエンジンを用いている。これはやや複雑なものとはいえ、基本的なしくみはシンプルだ。ファンが空気を吸い込んで、チャンバーへと送り込む。この空気が圧縮されるため、狭い空間に大量の酸素が存在することになる（これがすなわち酸化剤の役目を果たす！）。そこに燃料が注がれて、点火される。それによって作られた圧縮暖気を後ろから出しつつ、さらに空気を吸い込んでいく。こうして、エンジンの後ろの空気は高圧となり、エンジンの前は低圧になる。そのため、前へ進むのだ。

　ターボファンは、時速約 1200 キロメートル、つまりマッハ 1 という音速に近づくと*6、問題を生じるようになる。音速になると、空気が飛行機をよける速度より、空気がたまる速度のほうが早くなってしまうからだ。このため、前面の取入れ口がファンの場合は問題になる。

　この難題を克服するひとつの方法が「アフターバーナー」と呼ばれるものだ。アフターバーナーはターボファンの後ろに残った酸素にさらに燃料を投入して点火する。要は、機体の後方でちょっとした燃料爆発を継続させるわけだ。これにより、効率はそれほどよく

＊6　この数字は大きく変わる場合がある。音速は気温や高度などによって決まるからだ。

はないものの、マッハ1.5（時速約1800キロメートル）に近づける。ただし、マッハ1.5に達すると、「ラムジェット」という別の種類のエンジンを使うことになる。

ラムジェットは信じられないぐらいに単純な機械だが、製造しやすいわけではない。基本的にはターボファンエンジンから、ファンも含めて、可動部をすべて取り除いたものである。空気を圧縮するのに、ファンはいらない。それは速い速度がやってくれるからだ。高速で飛んでいると、空気がチャンバーに押し込まれる。そこで燃料が加えられて点火されると、速度が落ちる。これの欠点は、速度自体が圧縮機の役目を果たすため、ラムジェットをスタート時に用いることができない点だ。時速約1800キロメートル以上になって、初めてラムジェットは使えるのである。例えば偵察機のSR-71は、適切な速度に達すると、ターボファンがラムジェットのように稼働するために形を変える。

本当に速いスピードに達すると（それでも、LEOにいられないほどには速くないが）、超音速ラムジェット、通称「スクラムジェット」が必要になる。スクラムジェットはさらにシンプルな機械だが、製造はさらに難しい。基本的なしくみは、超音速の空気が入ってくると、燃料とともに直接点火され、速度を落とすことが一切ないというものだ。これが可能なのは、酸素があまりに速く入ってくるため、圧縮しなくても、燃焼反応を得るのに十分な量があるからである。だが、超音速の風の中で、ろうそくに火をつけるのは、簡単なことではない。スクラムジェットはまだ実験段階ではあるものの、時速およそ7200キロメートルを超えると[7]、最も効率のいい手段となる。理論上は、軌道速度のマッハ25（時速3万600キロメートル）まで出せるという。スクラムジェットによる計画は過去

---

[7]　これは加速時間を除くと、東京―ロンドン間を約2時間で結ぶ速さである。

にいくつもあって、そのほとんどは軍事用だったが、どれも限られた範囲でしか成功しなかった。軌道速度に近づいたものはひとつもなかった。

　理想的なスペースプレーンは、宇宙へ行くためにこれらのすべてのエンジンタイプを順に利用できるものだ。宇宙に到達すると利用可能な酸素はまったくないので、おそらく従来型のロケット推進剤の方法に切り替えることになる。だが、宇宙に到達するまでは、積載タンクからではなく空気中から酸素を利用することにより、燃料使用を削減でき、荷物を 10 倍多く載せることが可能となる。

　それと、飛行機なので、あとで着地もできる。特に大きなダメージもなく、これを繰り返し行うことができれば、乗り物を失う問題と、燃料効率の問題の両方を解決したことになる。

　問題は、これらの機械がどれも過酷な状況下で稼働しなければならない点だ。スクラムジェットが最も効率よく利用できる状況はあまりに過酷であるため、この地球上でシミュレーションを行うだけでも費用がかさむのである。

　イギリスのリアクション・エンジンズ社は「スカイロン (Skylon)」[QR コード参照] という乗り物を開発しているが、これは SABRE というエンジンを用いている。「共同空気吸い込み式ロケットエンジン」の頭文字だ。察するに、「ABRE（エアブリージングロケットエンジン）」の部分はすぐに思いついたので、何日か考えて「S」の部分の意味を後づけしたのだろう。これはロケットだが、推力反応の一部として、周囲の酸素を取り込む。エンジンは、ターボファンからラムジェットへと効果的に切り替わるようになっている。おそらく、スクラムジェットの段階はない。なぜなら、スクラムジェットの段階を実行する方法を、実は誰も知らないからだ。

　これは費用のかかる難しい試みだが、欧州宇宙機関[*8]とイギリス政府から相当な資金提供を受けている。順調に進めば、今後 10

年以内に新型飛行機のテスト飛行を行う目算だ。

　ロケットはいろいろな欠点をもちながらも、シンプルという美徳を備えている。昔ながらのロケットは、低速であれ高速であれ、大気が豊富であれ希薄であれ、はたまたまったくなくても、問題なく稼働する。それなら、昔ながらのものをもっと試してみてもいいんじゃない？

● 方法３──超々々巨大メガ・スーパーガン

　ロケット燃料を節約する方法として、まったく使わないというものがある。ロケットは、推進剤を運ぶために推進剤を使う必要があることは、先に紹介した。それなら、ゆっくりした制御燃焼を続けて宇宙へ行くのではなく、この地上で大きな爆発をドカンと一発起こすのはどうだろう？　もちろん、全体では大量の爆薬を使う必要が出てくるが、さらなる爆薬を運ぶための爆薬は使わなくて済む。これで全エネルギー量はかなり節約できるはずだ。

　言っておくが、これは安くはない。長さが100メートルにもなる大砲で、砲身は直径約３メートルあり、そこに大量の爆薬が文字どおり詰め込まれるのだから。それでも、プラス面はある。捨てられる部分はなく、燃料を運ぶために燃料を使うこともなく、毎回かなりの確率で宇宙へ行けるのだ。

　これはそれほどおかしなものではない。豊富な資金をもつ政府がこの方法を検討した事業計画が、最低でも二つあった。そのうちのひとつは、本章末の「注目！」の項で取り上げている。ただし、これには大きな欠点が二つある。

　ひとつは、撃つたびに大爆発が起こる点だ。そのため、あまり費

＊８　「ブレグジット」（イギリスのEU離脱）はこの計画の妨げにはならない。欧州宇宙機関は欧州連合（EU）とは密接な関係にあるものの、すでにEUの非加盟国（ノルウェーとスイス）が含まれており、EUの支配を受けているわけではないからだ。

用をかけずにこれを繰り返し行うつもりなら、定期的に爆破される何トンもの爆発物に耐えられる、チャンバーのようなものが必要になってくる。

　もうひとつは、大砲から発射されるのがそれほど愉快ではない点だ。それどころか、あなたが「スペースキャノン（宇宙大砲）」から撃ち出されるとしたら、愉快とか不愉快どころの話ではない。ぺちゃんこになるだけである。

　速度が命を奪うのではない。命を奪うのは加速、すなわち速度の変化だ。

　エレベーターで上へ向かうと、押さえつけられる感じになる。これは弱い加速だ。それと比べると、ジェットコースターの場合、その5倍は加速を感じるだろう。訓練を重ねれば、人は失神せずに、エレベーターの10倍も20倍もの加速に耐えられるようになる。それ以上になると、命を落としかねない。それはなぜか？　車を運転中に加速すると、コップに入った水は後ろへ動き、加速がやむまでそのままの状態でとどまっている。そのコップがあなたの体で、水が血液だと考えてみてほしい。そして、10秒間でゼロから時速約100キロメートルに加速するのではなく、ゼロから時速約2万7500キロメートルに加速すると想像してみてほしいのだ[*9]。

　爆発式のスペースキャノンでは、エレベーターの5000～1万倍の加速を感じる。大砲でぐちゃぐちゃになったものは宇宙へ行けない。もちろん、ぺちゃんこになった、小さなあなたも。

　それでも、思ったほど悪くないかもしれない。特注の電子機器の

[*9]　車の加速で命を落とさないのはなぜか？　それは、急激な加速を十分に長い時間にわたって続けているわけではないからである。さらには、あなたの体がコップよりスポンジに近いからだ。循環系は速度の変化にうまく耐えられるようになっているが、高加速が続くと、あなたもかなりコップに似た状態になる。もちろん、急な速度変更で死に至る可能性もある。「衝突事故」として知られているものだ。

ような「強化した」機器なら、送り出せるからだ。それに素材——金属、プラスチック、燃料、水、さらにはビーフジャーキー——も送ることができる。実際に、この銃から燃料物資を受け取るためだけのガソリンスタンドを軌道に乗せて設置するという考えもある。

　スペースガンだけだと、宇宙探査の手段として優れたものとはいえない。しかし、スペースガンを、宇宙軌道を回る工場と結びつければ、うまくいくかもしれない。軌道を回る工場に向けて素材を打ち上げ、その工場で巨大な宇宙船を建造し、そしてその工場から船で出発して宇宙探査を行うというアイデアである。機器に関しては、人間並みに腹立たしいほど繊細なため、やはりロケットのような打ち上げ方式が必要となる。ただ、すでに宇宙で行われている大きな宇宙ミッションでは、運ばれているものの大部分が金属やプラスチック、それに繊細な胃袋のための支給物だ。これらはどれも耐久性を高め、軌道上へ打ち上げることが可能なのである。

　別の選択肢としては、人体にあまり負担をかけないレベルで、荷物をゆっくり加速させていく銃というものがある。

　例えば、爆発を連続させることで、次第に加速を伸ばすというものだ。マイナス面は、かなり高価で難しいものになる点である。爆発が一度ではなく何十回にもなるので、砲身は長くなり、ミスの可能性もかなり増える。

　ほかの選択肢に、「電磁式レールガン（電磁砲）」というものがある。これは要するに、磁気によって浮上した列車で発射するものだ。この「リニアモーターカー」は磁場の上に浮くことが重要である。というのも従来型の線路では、ある速度を超えると線路が曲がったり溶けたりしてしまうからだ。そのため、この乗り物は長さ約160キロメートルもある、空気のない管の中に入れられる。それから、強力な磁場を利用し続け、スピードを上げていくのだ。基本的には、爆音なしで、爆発的な速度が得られる。プラス面としては、この方

法が空気を汚さず、再利用しやすい点が挙げられる。マイナス面は、必要な素材——特に超長距離の真空管と鉄道システム——がかなり高価な点だ。

だが、これにも問題がある。時間をかけて加速していっても、どこかの時点で発射体は管から出なくてはならず、空気のない環境から超高速で大気に入ることになるのだ。

発射体が管から出たらどうなるかを理解するには、こう考えてみるといい。空気の中を進むのは、自分の周りを空気が通り過ぎていくのと同じで、空気の粒子が体にぶつかってくる。適切な速度で軌道に到達したいなら、大砲から発射されたときの 50 〜 100 倍も速い速度が必要だ。

この速度だと、空気があまりに強く体に当たるため、文字どおり火がつく。つまり、多くの空気抵抗を受けるだけでなく、爆発も起こるのだ。荷物にとっては、理想的とはいえない。

この問題を回避するひとつの方法として、薄い上層大気に達するまで荷物が管から出ないような、相当高いトンネル構造物を建てるというものがある。上空 40 キロメートルほどになると、空気は急激に薄くなる。この方法の問題点は、40 キロメートルもの高さのものを建てる方法がわからないことだ。人類が建てた最も高いものでも地上およそ 800 メートルで[*10]、しかもそれは高層ビルであって、打ち上げ台ではない。たとえ建て方がわかったとしても、莫大な費用がかかるだろう。

だが、この銃方式を成功させようという努力は続けられており、この構想に沿った変種がいくつか存在している。本章ではそのなかから、みごとな名前がつけられた二つのアイデアを取り上げる。「スリンガトロン」と「ロケットそり」だ。

[*10]　ドバイにあるブルジュ・ハリファのこと（高さ 828 メートル）。

「スリンガトロン（Slingatron）」［QRコード参照］は、らせん状の線路上にあるレールガンのことである。私たちは、NASA先端構想研究所（NIAC）のジェイソン・ダーレスに話を聞いた。NIACは、宇宙に関して、うまくいくかもしれないクレージーなアイデアをもっている人たちの収容所のようなところである。彼はこう話してくれた。「残念ながらスリンガトロンは、うまくいきそうにないですね。僕は本当に気に入っていますけど。すばらしいアイデアですが、エベレストの山頂にそれを置かないといけないんです。空気抵抗との闘いなので」

「ロケットそり」も、基本的にはレールガンだが、発射体を加速させるのではなく、ロケットを載せたそりを加速させるというものだ。このそりはかなりの速さが出て高速になり、大気の薄い高さに到達したら、ロケットを始動させる。速度と高さはすでに得ているのだから、燃料は大幅に節約できる。しかも、そりは手もとに残るわけだ。

こういった方法にはどれも、ラムジェットやスクラムジェットを

組み合わせることができるかもしれない。これらは速さが増すと稼働するので、過酷な状況に対処できるようになっている。だが、どのハイブリッドシステムでもそうであるように、複雑なものを開発しても、効率はわずかしか向上しない。

　そこで、ダーレス氏にうかがった別の構想をご紹介しよう。

● **方法 3.5──超々々巨大メガ・スーパー……ホッピング？**

　「僕が聞いたアイデアで一番興味深いもののひとつは、一見ばかげていますけど、いいですか？　ホントにくだらないですよ……。ある人に言われたんです。シャトルをホッピングの先につければいいじゃないかと。つまり、大きなバネのような、下に押すことのできる機械を実際に作って、最初にそれを押し下げてから、ピョンと飛ばすというわけです。ばからしく思えるでしょうが、そのようにやったら、積載重量を1パーセント増やせるかもしれません。それは大きなことですよ」

● **方法4──レーザー点火**

　ロケットは基本的に、熱いものを後ろから出すことで動く。それが熱ければ熱いほど、推進剤の体積あたりの爆発力が大きくなる。本当に熱くするひとつの方法に、超高性能レーザーを搭載し、燃料にレーザーを浴びせて、極限まで熱くするというものがある。だがこれはあまりに重くなるので、見送りだ。

　そこで科学者たちはある考えを思いついたが、宇宙飛行士たちは乗り気にはならなかった。飛行中のロケット後部にレーザーを照射するというアイデアである。私たちがこのことを欧州宇宙機関のミシェル・ヴァンペルトに話したところ、彼は次のように指摘した。「こういったことは、すぐには受け入れられないものですよ。つまり、50年、60年前に、燃料を満載したロケットに座っていれば、爆発

を制御することで軌道に乗ることができるよと聞いて、乗り気になる人はそんなにいなかったことでしょう」

　この方法なら、燃料を大量に節約できるだろう。あるグループが実際に提案したところによると、十分に強力なレーザーがあれば、燃料をまったく使わずに、大気の最初の11キロメートルのところまで行けるという。ロケットの下側にある空気を思いっきり熱するだけで、速度を上げられるのだ。十分な高度に達したら燃料を使わざるをえないが、それでもレーザーによって熱を加えられるおかげで、燃料の必要量は大幅に減る。

　では、これの問題点は？　ここでいうレーザーは、出力5万メガワットほどもある巨大な、ものすごく巨大なレーザーなのだ。この数字は、原子炉50基の出力を合わせたものに、ほぼ匹敵する。言っておくが、レーザーを照射する時間は10分程度だ。だが、たとえそれが異常なエネルギー量ではないとしても、それほど強力なレーザーの作り方を、私たちは知らない。連続照射できる最も強力なレーザーはアメリカの兵器だが、それでも最高1メガワットほどである。しかも、1分ほどしか照射できない。

　とはいっても、もし巨大なメガレーザーを建造できれば、ロケットにとってはさらにプラスとなるかもしれない。アメリカのブラウン大学のある研究グループによると、強力なレーザーであれば、空気抵抗を95パーセントも削減できるという。

　次のことをちょっとイメージしてみてほしい。レーザーによって打ち上げられたあとに、第二のレーザーがあなたの前方の領域に照射される。これによりあなたの前方は空気が薄くなるため、ぶつかるものも少なくなる。ここでほかの宇宙飛行士たちは、少しそわそわすることだろう。超強力なレーザーが自分の前後に照射されたため、音速をはるかに超えた速度で飛行することになるからだ。ただ、この問題は簡単に解決できる。彼らを「臆病者め」と罵ればいいのだ。

　ついでにいうと、濃い空気の中に薄い空気の部分があるとロケットの進行の助けになるのは、バーの店内を移動する際に、人が多くないところを自然と通っているのと同じ理由だ。

　気が弱い人にとっては、問題になる点がある。5万メガワットのレーザーが脅威の武器である点だ。長距離からでも、ありとあらゆるものを瞬時に焼却できる代物なのだから。これにより、地政学的な悩みの種がもたらされるかもしれないが、ほかの国々に対してこの「ダブルレーザー・ロケット」のすばらしさを見せつければ、それが地球上のすべての国を滅ぼすかもしれないなんて気にならなくなるだろう。あるいは、何も言ってこなくなるかもしれない。

● 方法5──高いところからのスタート

　ここまで論じてきたように、一番の敵は高度ではない。速度である。ただ、高いところからのスタートは、大気の薄い部分からスタートすることを意味する。高度約10キロメートルのところでは、空気が9割薄くなる。そのために、飛行機は大量の燃料を使用して

まで、高いところへ行こうとする。高度およそ 12 キロメートルに達すると、空気抵抗がかなり減るからだ。

高いところからのスタートでは、三つの案を紹介する。「ロックーン」「成層圏宇宙港」「航空機から発射されるロケット」だ。

「ロックーン」とは、気球（バルーン）によって浮上させられたロケットで、十分に高いところに達すると点火される。大型ロケットの場合は、よい方法とはいえない。気球が上がっていくと、コントロールがほとんどできなくなるからだ。推進剤が入った超高層ビル大の管に点火するには、決して理想的ではない。ロックーンに関しては 1950 年代に盛り上がったが、宇宙への打ち上げ方法としては、すぐさま断念された。それでも、熱心なオタクたちはこれをときおり飛ばしては素敵な写真を撮っている。彼らは「ロックーン」という言葉を使いたいがために、そうしているのだろう。

では、「成層圏宇宙港」は？　これは使えるでしょ！

現代の飛行船（イメージとしては、かなり滑らかな形状の飛行船）はおよそ 10 トンの荷物を積むことができる。現代のロケットは、燃料満載時の重さはおよそ 500 トンだ。飛行船 50 機の大部隊は壮大だろうが、維持するのは安くも簡単でもない。

その代わりに、先に挙げたリニアモーターカーが通る管の端を支えるためだけの、巨大な宇宙港を建造することなら可能だろう。この方法だと、高さ 40 キロメートルの永久構造物を建てる必要はなく、高地にある打ち上げ管の出口から出ることができる。だがこれを建造するための、さらに大きな浮体式構造物を建てる必要がある。

早い話、巨大飛行船はいい方法ではなさそうだ。これを取り上げたのは、宇宙への打ち上げ方法として、多くの人が最初に思いつくものだから。よさそうに思える（ホントにそう思う）が、解決している点が違っている。必要なのは高度ではなく、速度なのだ。

「航空機から発射されるロケット」は、もう少し興味深いし、宇

宙へ到達する手段として、すでにヴァージン・ギャラクティック社などが用いてもいる。基本的には、巨大な飛行機（もしくは計画で進められているように、2機の747ジャンボジェット機をつなげたもの）を用意し、それの上か下にロケットを結びつけるのだ。そして速度も高度も目いっぱいのところに達したら、ロケットを放つ。ある程度の速度と高度でスタートすることで、推進剤を節約するのが狙いだ。それに、航空機から打ち上げているため、気象条件をそれほど心配する必要がない。もし天気が悪ければ、大気の荒れていないところへ行って、ロケットを飛ばせばいいのだから。

　問題は、必要となる速度と高度のごく一部しか得られない点である。つまり、節約される部分はごくわずかになりそうなのだ。しかも、大きなロケットは超巨大飛行機から飛ばさねばならない。それによってロケットの大きさが制限されるし、コストと複雑さも増す。こういった理由から、宇宙への打ち上げ方法の変革に早くから関心を示していたスペースＸ社は、航空機から発射する方法を断念した。

● 方法6──宇宙エレベーター

　次のようなものを想像してみてほしい。地球の周りを大きな岩が回っている。その岩にはリボン状のケーブルがついていて、長さはおよそ10万キロメートルに及ぶ。それが地球の表面までずっと伸びており、そのケーブルを使った特別設計のエレベーター（クライマー）が、荷物や旅行客、宇宙船を上下に運ぶのだ。

　突飛な考えに思われるかもしれないが、この研究はかなり進められている（特に、元ＮＩＡＣフェローのブラッドリー・Ｃ・エドワーズ博士によって）。おそらくは、これが宇宙旅行のニーズに対する根本的な解決策を提示するものだからだ。ほかのあらゆる方法に見られる問題点は、宇宙エレベーターですべて解決される。ただし、新たに別の難題が加わるのだが……。

　ケーブルに沿って乗り物を上下させられれば、自由自在に燃料も送ることができる。急加速する必要はない。部品を投棄することも、危険な爆薬も、ありがたくない大気への突入も必要ないのである。速度を上げながら地表から離れ、望む軌道まで乗っていくだけでいい。そのテザー（ケーブル）自体がすでに軌道上にあるのだから。

　図でラフに示すと、下のような感じになる。

　メインとなる要素は、釣り合いおもり（カウンターウェイト）、ケーブル、それに基地局である。

　釣り合いおもりは、このシステム全体（長大なケーブルも含む）の重心が、いわゆる静止軌道上から外れないようにするためのものだ。

　この物体が静止軌道上にある場合、赤道上から望遠鏡で見上げると、いつも変わらない位置に存在することになる。地球の自転と同じ速さで、地球の周りを回っているからだ。いかなるときでも後押しを必要とせず、地球の周りを特定の速度と距離で自然に回り続けるのである。

　軌道力学の詳しい説明は省くが、基本的にケーブルは比較的ぴんと張られてはいるものの、引きちぎれるほどには張られない。釣り

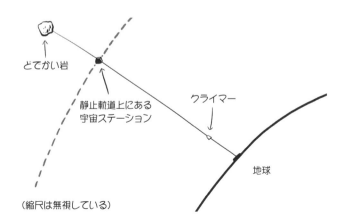

どてかい岩

静止軌道上にある
宇宙ステーション

クライマー

地球

（縮尺は無視している）

合いおもりは、巨大な糸巻きの糸のように赤道部分とケーブルで結ばれ、地球に巻きつくことはない。

　どうやって釣り合いおもりを用意するかは、別の問題である。主な案は三つ——地球近傍小惑星を捕らえる方法、長年にわたって散らかしてきた宇宙ゴミをたくさん集める方法、ケーブル自身の質量でぴんと張れるぐらいものすごく長いケーブルを用意する方法だ。巨大な小惑星の基地というアイデアが一番ロマンチックな感じなので、それで話を進めていく。

　小惑星の基地から、高強度の特殊なケーブルを下ろしていく。壊れないぐらいに強いが、それでいて非常に軽いものだ。この点は重要である。もしこのケーブルが丈夫でも重かったら、自らの重さでバラバラになってしまうからだ。一方、軽くても弱いものだと、激

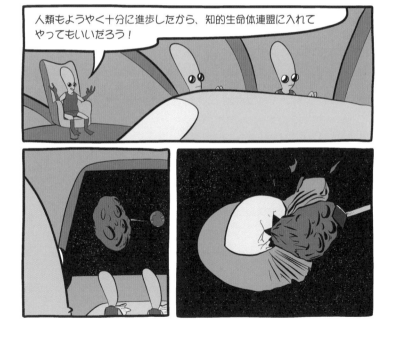

しい風など地球の荒れた環境に遭遇したとたんに、切れてしまうだろう。

ケーブルがOKだとすると、最後の部分は地球上の基地局になる。ほとんどの案で提案されているのが、可動式の海上プラットフォームだ。可動式プラットフォームであれば、悪天候を回避できるし、上空で宇宙ゴミを避けるためにケーブルの位置を調整できる。それに海上だと、法規制がない。

まあ、厳密には、法律は存在する。その名も「海洋法」というものだ。ただ、宇宙まで届くケーブルに関する法律は存在しない。

宇宙エレベーターに適用される法律は、実はかなり重要である。この件に関わるほとんどの科学者は、もし宇宙エレベーターが作られた場合、1ヵ国だけで管理されることを望んでいないようだ。もし1ヵ国だけが宇宙へ安く行ける方法を所有したら、かなり大きな力の不均衡になる。そのため、「殺し合いをしない」という観点からすると、安価な打ち上げ法は共有するのがよさそうだ。

このシステムが運用されると、研究者の試算では、荷物は1ポンドあたり250ドル以下で、すばやく安全に宇宙へ運べるという。

おまけに、これをひとつ築けば、次の1基の建造がかなり安上がりになる。何しろ初期コストの多くは、それまであった方法でケーブルを放つことに費やされたのだから。

おそらくはケーブルの途中にも、基地局を設置することになると思われる。燃料貯蔵所やメンテナンス倉庫のほか、衛星や宇宙船の打ち上げ拠点の役目も果たせるだろう。この計画における一番の特徴は、ケーブル上を上下に移動するだけで、さまざまな高度に到達できる点だ。高度483キロメートルに達すると、ほとんどの衛星と同じく、LEO上にいることになる。それよりさらに上へ行くと、通信衛星に最適な静止軌道に達するが、現状ではそこに行くには莫大な費用がかかる。その先は、地球の重力の影響がほとんどなく、つまり、ぱちんこで飛ばされる石のようなものだ。宇宙へ放たれたいのなら、基地から飛び出るだけでよいのである。

この最後の部分は、『スター・トレック』をたくさん見てきた私たちのような連中には、とりわけ胸躍るものである。（燃料を搭載することなく）ケーブルを登っていくだけで、行きたいところへ行けるのなら、衛星の打ち上げが安くなるのみならず、巨大な宇宙船の打ち上げも安くできる。宇宙エレベーターは、今世紀中に実現可能と思われるほかのどんな方法よりも、人類による太陽系探査を活発にするものなのだ。

それなら、なぜこれをやらないのか？

まあ、技術的な難題がたくさんあるからだが、その中でも最大のものが、このケーブルの材料をどうするかという点である。

比強度（引張強さ）の単位はユーリ（N m / kg）という。宇宙エレベーターの概念の先駆者である、ソ連の工学者ユーリ・アルツターノフにちなんで名づけられたものだが、その名字の発音はなかなかに難しい。理想的なケーブルの素材については、尋ねる人によって、3000万ユーリから8000万ユーリと幅がある。参考までに、

チタンは約30万ユーリで、ケブラーは約250万ユーリだ。通常の素材ではダメなのである。

　最も可能性のある素材候補がカーボンナノチューブだ。すべてが炭素原子からなる分子で、ストローのような形をしているが、太さは人間の髪の毛のごく一部しかないものをイメージしてほしい。

　欠陥が何もない*11 純粋なカーボンナノチューブであれば、5000万〜6000万ユーリの範囲に入るので、宇宙ケーブルとして使える可・能・性・が・あ・る・ことがわかっている。問題は、カーボンナノチューブは比較的最近の発見であるため、まだうまく製造できない点だ。最長のナノチューブが2013年に作られ、世界中で大きなニュースとなった……が、その長さは50センチ程度だった。

　もちろん、これを織り合わせて作ることは可能だが、その織り目が細かいほど比強度は弱くなり、欠陥が生じる確率は高まる。ぴんと張られた長いケーブルは、最も弱い部分がネックとなるのだ。もしケーブルが途中のどこかで切れれば、エレベーター（クライマー）に乗っている人は大変な目に遭うことになる。

　いつまでも消えることのない疑問は、よりよい素材を求める需要が存在するのかというものだ。NIACのロン・ターナー博士はこう述べている。「理論上、そして素材として言うと、カーボンナノチューブは十分に強くなりました……宇宙エレベーターにとってはです。しかし、地上では、ある強度以上を求める需要が存在しなかったので、カーボンナノチューブの繊維は、宇宙エレベーターが必要とする強度にはなりませんでした」

　たとえ十分に長さのある繊維を得られたとしても、カーボンナノチューブには問題があることを、ダーレス氏はこう指摘している。「この素材は電気に非常に弱いので、もし落雷があった場合は、大

＊11　この「欠陥が何もない」という部分はきわめて重要である。カーボンナノチューブにわずかな傷があるだけで、ケーブルの強度を劇的に弱めてしまうからだ。

部分が崩壊してしまうでしょう。幸いにも、これに対しては解決策がありますが、あいにくと、知性の面から見るとあまり満足のいくものではありません。太平洋上に、落雷があった記録が一度もない場所があるのです。ですから宇宙エレベーターはそこに設置すればいいと……。これが解決策です。ただ、嵐になったら、おおいに心配でしょうが」

　ケーブルに雷が落ちないようにできたとしても、宇宙ゴミの心配がある。宇宙空間にはたくさんのものが飛び交っているため、たとえ大きなものをよけられたとしても、小さなものによってケーブルが傷ついてしまう可能性があるのだ。以下はターナー博士の言葉である。「エレベーターを修復し続けなければならないということが、私の中では最大の問題点のひとつであり、しかもいまだにいい答えが見つかっていないのです」

　そのうえ宇宙エレベーターは、テロリストの格好の標的になる恐れもある。フィリップ・プレイト博士〔ブログ「バッド・アストロノミー」をまとめた著書『イケナイ宇宙学──間違いだらけの天文常識』（楽工社）を出版した天文学者〕は、何者かがケーブルを切っ

てしまう可能性は低いとはいえないと指摘する。「破壊を望む人にとっては格好の標的ですよ。全員が善人ではないですし、誰にでも敵はいますから」

　宇宙へ届くケーブルのところに何者かがやって来て、それを切ったらどうなるのかを知りたい人は多いだろう。私たちがインタビューした人たちのなかには、これがひどい結果を招くという可能性に、反対する意見もあった。ターナー博士とヴァンペルト氏は、宇宙エレベーターのケーブルが破損しても、それほどの大惨事にはならないと考えていた。さまざまな部分で切れた場合をシミュレーションして、何が起こるか実験してみたグループもあったという。大ざっぱに言うと、次のような結果になった。

　どの部分で切れようが、切られたところから上の部分はさらに上の軌道へ向かい、切られたところから下の部分は地球に向かって落ちる。上の軌道に達したものについては、深刻な宇宙ゴミになるので、回収する必要がある。

　もしケーブルの上のほうで切られると、大量のケーブルが地球に向かって落ちてくることになる。ひとたびこれが起これば、重力、

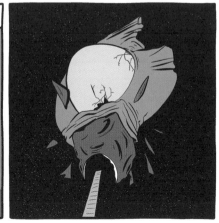

大気、地球の動き、太陽風＊12 の電荷によって、複雑な相互作用がいくつも生じるだろう。

そのしくみはやや複雑だが、手短に言うと、ケーブルは前後に急に動きだし、大気中で熱くなり、やがてバラバラになる。この素材は軽量が条件だったので、バラバラになったものが地上にいる人にケガを負わせることにはならないだろう。ケーブルが細いものをより合わせたメッシュ構造になっていたら、その危険性はさらに減る。

プレイト博士もこれらのいくつかには同意しながらも、その影響についてはそれほど楽観視してはいない。「確かに、何百キロメートルも上空にあるものは、落ちてくる際に燃え尽きるかもしれませんが（数千トン、数百万トンもの素材が1ヵ所で燃え尽きる事態はおおごとですが）、それより下の部分はどうでしょう？　それらはまさしく落下してきます。それに宇宙ゴミの問題も生じます。このケーブルの大部分は軌道速度以下のところにあるので、どれも地球に落ちてくるのです。3万5000キロメートル分のケーブルが、地球低軌道衛星がある空間を突き抜けてくるわけです。私はこれに関して計算も物理学的考察も何も行っていませんが、それによって宇宙に何百、何千とある大事なものが破壊されることはないと誰かが言ってくれるまで、宇宙エレベーターがすばらしいと思う気にはなれません」

心配なのは……

安く宇宙に行けることは、私たちと宇宙との関係が永遠に変わることを意味する。大きな宇宙ステーションを建造したり、軌道上に居留地を創設したりするのも可能になるのだ。これを私たちはよい

＊12　「太陽風」とは、太陽があらゆる方向へと発している荷電粒子の流れのこと。

こととらえているが、悪者に力を与える恐れもある。冷戦に由来する考えに「神の杖」がある。要は、金属の大きな塊を、宇宙から（地上の）敵に向けて投げつけるというものだ。その重さや高さを考えると、どのような減速帯を使っても、この単純な金属の棒は核爆弾並みの損害を与える。これまでのところ宇宙へ行ったのは、超がつくほどのスーパーオタクたち——心理テストにパスして、宇宙で過ごす数ヵ月というチャンスを手にするために、何十年も訓練を受けようという人たちだけだ。だが、宇宙により多くの人が住むようになったら、私たちは危険な立場に置かれるかもしれない。

テロリストのことはおいておくとして、これとは別の恐ろしい可能性は、大国の野望である。ソ連の崩壊を別にすると、人類史上で最も犠牲の大きかった戦争が1945年に終結して以降、地球上の国境は比較的安定していた。合意された宇宙に関する法律では、基本的にはどの国も宇宙を自分のものと主張できないことになっている。だが、宇宙エレベーターを所有する国が、これに従うとは思えない。次の章で見ていくが、実際にアメリカはすでにこの方向に向けて、いくつかの動きを見せている。

もし人類が宇宙へ安く行ける方法を手に入れたら、権利を巡る衝突が起こらないことは想像しにくい。それに——ありそうに思われることだが——1ヵ国（もしくは数ヵ国）だけが最初にその方法を手に入れた場合は、地球規模の衝突に至る恐れがある。すなわち、人類が宇宙へ安く行ける方法を手に入れるということは、1ヵ国が史上最強の武器を手に入れ、急激な政治対立が勃発するかもしれないということなのだ。

これとは別の懸念が、環境に関するものである。近い将来、宇宙へ行くときにスペースプレーンやロケットのように燃料を大量消費する方法は、少しずつ改善されていくだろう。これらの燃料は比較的無害のものもあれば、ひどく環境を汚染するものもある。ヴァン

ペルト氏によると、環境被害は「燃料の種類によります。例えばスペースシャトルのメインエンジンは液体酸素と液体水素で動いていたので、結果として生じた排気は過熱蒸気でした[13]。つまり、あのエンジンから出ていたのはただの水だったわけです。ですが、シャトルなどの固体燃料ロケットブースターとなると話が別でして、いいものではありません。それに、シャトルが行った、相当な高度での水蒸気排出は、明らかに有害です」。現在はロケットの打ち上げが多くないので、これについて大問題にはなっていない。だが、再利用可能ロケットによって打ち上げが安価で普通のものになれば、深刻な環境リスクをもたらしかねない。

それから、軌道環境も心配すべきポイントだ。人工衛星スプートニク以降、人類は宇宙へますます多くのものを送り込んできた。宇宙は混み合ってきていて、衝突率は増している。宇宙へ安く行けるとなると、宇宙ゴミがさらに増えることになる。そのため、打ち上げが安くできるようになったら、宇宙清掃車のようなものへ投資することもアリかもしれない。

ヴァンペルト氏はこう述べている。「実際に経済問題になってきています。何億ドルもかけた通信衛星が、宇宙ゴミによって破損してしまうんですから。衛星は本当に高額のものなので、保険は当然かけます。でも、宇宙ゴミがどんどん増えていて、保険料が上がっているんですよ」

長期的には、安く宇宙へ行けるとなると、宇宙居留地の実現がより可能となり、それによって地球人と非地球人との遺伝的差異が生じる可能性がある。ダーレス氏の見解はこうだ。「遺伝に関する計

---

[13] 投入エネルギーが液体酸素と液体水素のみであっても、それらの生産・保存・輸送には多大なエネルギーを要する。それを、再生可能エネルギーや夢の核融合炉で果たすことができたときこそ、その打ち上げはまさしく「クリーン」なものとなる。推進剤を得るために石炭を使っていたら、たとえ打ち上げ当日に汚染がまったくなくても、汚染問題は変わらず存在するのだ。

算は、隔離された少ない集団の場合は異なってきます。大人数は少人数よりも遺伝子突然変異が多いものですが、少人数のほうが突然変異は集団内に早く広まります。こう想像してみてください。もし火星に 1000 人いて、そのコロニーが自給自足していたら……。さらに多くの人を送ると非常に高くつきますので、新しくやってくる人の比率はあまり高くならないでしょう。それに入植者は子どもを産みます——本物の火星人になります——が、この子どもたちが育つ環境は、G（重力）の力が 3 分の 1 しかなく、大気もほとんどなく、放射線から身を守ってくれる惑星磁場も少ないのです。そのため、少人数にもかかわらず、入植者にはより短い期間に多くの遺伝子突然変異が発生するかもしれません。ある時点で、『火星生まれの人類』と『地球生まれの人類』になるでしょうが、二つの異なる人類が存在することの意味を、社会が判断せざるをえなくなるのです」

世界はどう変わる？

　胸躍るアポロ時代を経験してきた人たちの本を読むと、宇宙時代という未来への希望が、ロケット打ち上げの経済的実態にぶち当たって、失望に変わった様子を感じ取ることができる。そういった宇宙時代の夢——たくさんのクルーを乗せた高速巨大宇宙船、太陽系のいたるところにある居留地、遠くの星々への旅——を望むなら、コストを大幅に下げる必要があるのだ。

　ロケットを用いない宇宙飛行に関して私たちが目を通した書籍や論文の大半で、それぞれの方法の打ち上げコストが試算されていた。最も低く見積もられたものは重さ 1 ポンドあたり 5 〜 10 ドルで、無理しないものだと、1 ポンドあたり 250 〜 500 ドルだった。たとえ控えめな目標であっても、達成されれば、人類と宇宙の関係に永遠の変化をもたらすだろう。

　商業面からは、次のような考え方がある。典型的な宇宙エレベーター計画では、1日に1回、軌道上まで18トンの物を運べるという。国際宇宙ステーションの重さは約400トンだ。ということは、このエレベーターのオペレーターが週末に休みを取るとしても、巨大な宇宙ステーションを月に1度は建設できる計算になる。そのコストは、1000億ドルという現在の最終試算額ではなく、トータルで50億ドル程度になる。

　安価な打ち上げにより、衛星システムも大幅に改善されるだろう。そうなれば通信性能も向上して、GPSシステムがマジでホントに正確なものになるはずだ。

　また、地球の気候変動対策にも役立つと思われる。科学者の見立てでは、雲の量がほんの数パーセント増えるだけで、来世紀に起こりうる温暖化が完全に相殺されるかもしれないという。これを人工的に実現するひとつの方法は、入射光の一部を遮る巨大な遮蔽物を打ち上げるものである。朝に空を見上げると、黒いパッチが浮かんでいて、私たちを大惨事から守ってくれるのだ。理想を言うなら、その遮蔽物の地球を向いた面には、「まったく、人類よ!　なぜ早くから手を打たなかったのだ!?」などという文言があってほしい。

　人類が楽しむためだけに宇宙へ行くことにもなるだろう。現時点では、宇宙観光旅行はあまりに高価で、あまりに規制されているため、個人的に宇宙旅行をする人たちは、（私たちにわかるかぎり）少しばかりイカれていて、非常にオタクっぽい億万長者ばかりだ。彼らが自分たちの好きなことをするのは別に構わないが、百万長者ぐらいでも、そこに加われるといいのに。宇宙観光旅行の可能性はおそらく相当に大きい。これまでに宇宙へ行ってきた少数の旅行者は、その特権のために2000万ドルほども使ってきた。ほとんどの人が、ゼロGで嘔吐しまくる割には、結構な出費である。

　そう、嘔吐するんですよ。先に取り上げたように、宇宙飛行士は「無

重量状態」を感じているが、これは彼らが自由落下しているからだ。自由落下は、ジェットコースターで下向きに勢いよく進むときにも感じられる。洞窟に住んでいたあなたのご先祖さまは、衛星やらジェットコースターやらの経験が多くなかったので、あなたもこれにうまく対処できるようにはなっていない。あなたの胃は、食べ物があらゆる方向に漂う状態には慣れていないし、平衡感覚は、上体を後ろに反らすたびに宙返りしてしまう世界には慣れていない。だから、国際宇宙ステーションでは、訓練を積んだ宇宙のプロたちにも嘔吐袋が用意されている。

　宇宙エレベーターでは、よほど高いところへ行かないかぎり、地上での重力にごく近いものを感じることになる。これは、国際宇宙ステーションのような衛星と同程度の高さになっても変わらない。
　ちょっと待った。国際宇宙ステーションにいる人は重力を感じていないと言わなかったっけ？　どうして宇宙エレベーターにいる人が同じようにならないのさ？

　簡単に言うと、このエレベーターに乗っていると、地球の周りをかなりゆっくり回ることになるからだ。ご存じのように、地球は

24時間で1回転している。したがって、このエレベーターのケーブルも24時間で1周しなくてはならない——それよりも早かったり遅かったりしたら、紡錘に巻かれる糸のように、地球に巻きつくことになる。これに対して、国際宇宙ステーションは地球の周りを猛スピードで回っているため、90分ごとに赤紫色の日没を目にしている。1日に16回もロマンチックな雰囲気を味わえるわけだ。

国際宇宙ステーションでは、地球の周りを回りながら、言うなれば、地面が自分の足から離れ続ける状態になる。宇宙エレベーターは、そのような芸当ができるほど、速くは動かない。そのため、このエレベーターのケーブルを上がっていくにつれ、地球から遠ざかることによって、重力の感覚がほぼなくなる。頭上に星々が、眼下に空がというドラマチックな景色を求めて大気の上に出たい場合、おそらく嘔吐袋がなくても問題ないだろう。

では、どのタイミングで嘔吐するようになるのか？　それはあなたの胃袋次第だが、私たちに言えるとすれば、完全な無重量状態を感じるとき（でありそれが理由）である。無重量状態を感じるには、自由落下状態にいなくてはならない。それほどの高速で動くと、地球に向かって落下しながらも、地球に「近づけない」状態になる。地球から遠ざかるほど、この状態になりやすい。地球との間に落下するためのスペースがたくさんできるうえに、地球にそれほど強く引っ張られることもないからだ。地球からの距離がどのようなものであれ、地球の周りを回るには、特定の速度になる必要がある。

地球の赤道に対して、宇宙エレベーターは絶対に速度を変えない。常に24時間で地球の周りを1周する。ケーブルを上がっていくにつれて、やがてはエレベーターの回転速度が自由落下にとどまるのに必要な速度と釣り合う高度に達する。この特定の速度と距離こそ、先に触れた静止軌道であり、実に特別なものだ。「地球は愚か者のためにある」という看板をそこに出したら、それは永久に軌道を描

いて回るだけでなく、誰が見ても空の同じ位置にずっととどまっている。あまりに遠くにあるので、肉眼で見ることはできないが、天体観測向きの涼しい夜に望遠鏡を正しい方向へ向ければ、このふざけた看板がいつでも見えるのだ。

　おそらく、安く行ける宇宙飛行によって得られる最もエキサイティングなものは、冒険心であろう。夢の宇宙時代が、新しい探検時代をもたらさなかったのはどうしてか。最大の問題は、あまりに費用がかかりすぎることだった。それゆえ、ほとんどが公共のプロジェクトとなってしまったのだ。それが意味するのは、現代社会はリスクを嫌う傾向がかなり強いということで、ランド・シンバーグが著書『安全という選択肢はない——宇宙への展開をダメにしている、全員を無事に帰還させるという無益な執着の克服』[14] のなかで述べている。

　宇宙旅行が、ちょっと値が張るどころではなく、きわめて高価であるかぎりは、無謀なリスクを冒してまで、変わった冒険に出かけたい気持ちを人々に抱かせることはできない。さらに重要なのは、たとえ火星への片道旅行に行きたがる宇宙飛行士がいたとしても（いると思うが）[15]、そのような計画が認められることはないのだ。

　言うべきことは以上だが、宇宙へ行く方法を根本的に変え、それによって宇宙との関係を永遠に変える可能性について、私たちが読者を悲観的な気分にさせていないことを望む。こういったテクノロジーをうまく機能させるのは簡単ではないだろうが、ひとたびうまくいけば、冒険家の手に楽園を委ねることもありうるので。

＊14　これは史上最高の副題だ。原題は「Safe Is Not an Option: Overcoming the Futile Obsession with Getting Everyone Back Alive That is Killing Our Expansion into Space」。
＊15　頭のネジが外れていそうな一般人も数多くいる。火星への片道旅行をショーとして行う「マーズ・ワン」というプロジェクトには20万人を超える応募があった。

注目！――ジェラルド・ブルとバビロン計画

1928年にカナダに生まれたジェラルド・ブルの子ども時代は、楽なものではなかった。幼いときに母親が亡くなり、大恐慌がカナダを襲った頃に父親が再婚したため、子どもたちはいろいろな身内のもとへと送り出された。ブルは幸いにも裕福な親族と過ごせたため、大学へ進むこともできた。彼は航空学を学ぶと、優れたエンジニアとして、さらには仕事を安く仕上げるためならどんなことでもする人物として、すぐさま名声を博した。

1950年代のカナダは、「ヴェルヴェット・グラヴ」というミサイル計画を展開しようとしていたが、優秀な人材を集めるのに実に苦労した。高給と名声を求めて、学生たちがアメリカへ行ってしまったからである。当時から頑ななまでの愛国者だったブルは、進んで国に残り、祖国の力になろうとした。そういうわけで、まだ20代で、見た目も若々しかったブルは、カナダのミサイル計画において重要な役割を担うようになった。

ただ、カナダ人は、ミサイルに関する野心に多額の資金提供をす

るほど気前がよくなかったため、ブル博士は費用を安く抑えねばならなかった。自分が建造に関与した風洞（空気を流して大気中を飛ぶ状態を試験できる設備）さえ使えなくなったとき、友人から、風洞を使わずに発射体を撃ってみてはと進言される。若きエンジニアは、15センチの古い野戦砲を正式に入手し、ミサイルを時速約7000キロメートルで撃てるように改造した。

　こうして、ブル博士は弾道学にのめり込み、発射体を宇宙へ放つことができる大きな銃を作れないかと考えるようになった。

　彼は実に頭のいいエンジニアだったが、頭の悪い者と仕事をするのが嫌いなことで有名だった――特に相手が官僚の場合は。デール・グラントの著書『Wilderness of Mirrors（鏡の荒野――ジェラルド・ブルの生涯）』によると、ブルは1960年代後半に、カナダ国防相との会議を飛び出したことがあったという。その大臣の「技術理解力はヒヒ並みだ！」と大声で叫びながら。

　ブル博士はロケットに代わるものとしてスーパーガン方式を考え出したが、カナダ国内で敵を次々に作るうちに、資金提供を受けるのがますます困難になった。それでも、アメリカ軍内に献身的な信者を何人か育てていたので、そのコネを利用して、アメリカが豊富にもっているものを手に入れた――資金と余った大砲である。アメリカ国防総省とカナダの（多少渋っている）国防省の助けを借りて、博士は高高度研究計画（HARP）と呼ばれるものを始めた。

　ブルの持ち前の迅速さにより、銃は大型化し、発射構造もどんどんよいものになった。1962年までに、ブルのチームは、バルバドスに設置された巨大な銃で、上層大気を探れるほどの高さまで、問題なく発射体を放つことができていた。高速発射体を用いて大気のデータを集めて研究することは、この計画の資金源にはなったが、ブル博士にはもっと大きな目標があった。適切な修正を重ね、より大きな銃を用いれば、衛星を軌道上まで直接打ち上げられると考え

ていたのである。

1965 年までに、彼らはそれなりの積載物を時速約 1 万 1000 キロメートルで放つことができていた。これはスタートとしては上々だったが、軌道に到達するには、時速約 4 万キロメートルで放たなければならない。ブル博士のアイデアは、ロケットと積載物を「つがわせる」ものだった。まず、銃でスピードを出し、そのうえで適切な軌道に至るように、ロケットが最後の後押しをするのである。

計画はかなり順調に進んでいたが、資金提供が中止されてしまう。NASA が宇宙関係の事業からアメリカ陸軍を締め出したため、HARP がアメリカからの資金提供を失ったのだ[*16]。次いで、巨大なメガガンを容認しない平和運動の拡大により、HARP はカナダからの資金提供も失った。

ブル博士はこれに対して、民間の宇宙研究会社を設立する。メガ・スペースガンは製造しなかったものの、さまざまな政府と契約を交わして、金を稼いだ。その陰で彼は、従来の設計が小さく見えるほどの大砲作りに取りかかる。口径 163 センチで長さ約 250 メートルの砲身をもつ超高層ビル級の銃を使えば、6 トンの発射体を宇宙に発射することができるのだ。

1970 年代が終わりに近づくにつれて、航空宇宙事業にかかる資金が底をついてきた。ブル博士は、経営は工学より得意ではなかったようだ。会社の拡大を続けるも、さらなる銀行ローンを要した。事業が停滞しないように苦労を重ねるうちに、彼は国際的な武器売買に手を出したのである。

間もなくして真相が明らかになる。ブル博士は、アメリカ中央情

[*16] HARP が大砲から派生したものであることを考えると、陸軍からの資金提供は当然の展開だった。しかし、宇宙が独自の戦術領域と考えられるようになるにつれて、HARP は陸軍の計画として、だんだんそぐわなくなった。それに、その頃までに NASA は、宇宙へ行く一番の方法はロケットと決めていたのである。

報局（CIA）、カナダ政府、それにアパルトヘイトが行われている南アフリカへの武器や技術の違法な取引が絡む、複雑に入り組んだ状況に足を踏み入れていた。中米のアンティグア経由で出荷をした際に、船積み人が地元の人（ほとんどがアフリカ系）に船荷の行き先を伝えた。それを通信社が聞きつけ、国際的な事件となったのだ。

政治的な隠蔽工作も繰り広げられたが、ブル博士には状況が理解できず、理解する気もなかったようだ。彼は軍需品を不正に輸出したとして、罪に問われた。司法取引の結果、会社には罰金が課せられ、彼は1年間の投獄を宣告されたが、服役態度が良好だったため、刑期はわずか4ヵ月に短縮された。裏切られて罪を負わされたと感じた博士は怒りに燃え、うつやアルコール依存症になった。屈辱感を覚えながら刑期を勤めていた間に、彼の会社はとうとうつぶれた。全財産と、自ら手がけたすべての技術が、安く売り払われた。

極悪人を生み出したいのなら、これが一番のやり方である。かつては自らをカナダの愛国者と考えていたブル博士は、HARPを取り戻してくれるのなら、誰とでも手を組もうと心に決めた。

多くの関係者による秘密主義や偽情報のせいだが、この時点で、状況ははっきりしなくなる。しかし、1980年後半になって、ブル博士はサダム・フセインのいるイラクに現れた。「バビロン計画」なる超大砲の製造に取り組んでいたのである。

この部分はもう一度繰り返しておこう。ブル博士はサダム・フセインのいるイラクに現れた。バビロン計画なる超大砲の製造に取り組んでいたのである。

これは事実である。そう、現実に起きたのだ。

実に奇妙なのは、バビロン計画の設計に軍事的用途があるようには見えない点である。この超大砲は山にまたがるように設置される予定だったが、一方向にしか発射できないのだ。偶然にもその方向には、めだった敵の標的は含まれていなかった。その一方で、軌道

へ打ち上げるのには適切な方向を向いていた。

　ジェームズ・アダムズは著書『Bull's Eye（ブルズ・アイ——スーパーガン開発者ジェラルド・ブルの暗殺と生涯）』のなかで、ブルがスーパーガンに加えてイラク向けに軍事兵器を設計していた明らかな証拠があると主張している。ブルが金を必要としていたことと、武器を安く作る能力で知られていたことを考えると、意味合いも変わってくる。フセインが進んでスーパーガンに資金を提供した理由は、特定が難しい。フセインには、アラブ世界における救世主的な存在になるという考えがあったため、スーパーガン構想は二重の目的を果たすものだったのかもしれない。安価な衛星発射台という軍事的に役立つものを得ることと、その地域で本格的な宇宙計画をもつ唯一の国という政治的地位をイラクにもたらすことだ。

　あるいは、史上最大の勘違いか。

　西側諸国（およびイラクの近隣国）は懸念を強めた。怪しげな軍需企業のネットワークとのつながりをもっている、ちょっとおかしな弾道学の権威が、金属部品や液体推進剤を好戦的な独裁国家へと大量に送っていたのだから、話が進まないわけがないのだ。

どうやら、それを阻止したい人がいたようだった。

1990年3月、ジェラルド・ブルがブリュッセルのホテルにて、死体で発見される。所持金は2万ドルだった。ブル博士の死によって得をする人間が非常に多かったことから、敵となりうる人物リストは膨大なものになった。彼の息子は、CIAかモサド（イスラエルの秘密諜報機関）が怪しいとにらんでいて、ウィリアム・ローザーは著書『Arms and the Man（武器と男──ジェラルド・ブル博士、イラク、スーパーガン）』のなかで、次のように記している。「CIAのある高官が匿名を条件に述べたが、ブルの殺害命令を出したのはモサドだというのが、西側の諜報機関の一般的見解だという」

1990年代初頭以降、ブル博士に関する著述はほとんど見られない。急に終わりを迎えた、奇妙で悲劇的な彼の人生について、私たちが知ることはおそらくもうないのだろう。

2 章

小惑星採掘
太陽系の「がらくた」置き場あさり

かつての地球は、とてもとても熱かった。早い話、それが理由で、あなたも私も金でできた家をもてないのである。

というのも、宇宙にある溶けかけの大きな熱い球体（原始地球など）では、重力によって重い元素（金や白金など）は中心にある核のほうへ移動し、軽い元素（炭素、ケイ素、各種気体など）は表面へ送られるからだ。この作用は完全ではないので、重金属や金属鉱石の層が地表近くで見つかることもある。ただ、概して、本当に良いものは手に入りにくい。奥深くなるほど見つけにくくなる。

それゆえ、小惑星採掘の話が興味深く思えてくる。小惑星とは基本的に、惑星になり損ねた「がらくた」で、合体して巨大な天体になることは永遠にない。これは、興味深い金属がコアへと移る加熱過程を経ていないか、その過程は経たものの、その後に吹き飛ばされたことを意味する。つまり、火星のすぐ先の、惑星の破片が大量にあるところには、地球に持ち帰りたかったり、宇宙に居留地を築くときに使いたかったりする、金属などの資源が大量にあるのだ。

あとは、エンジニアの頭脳とパイオニアの心をもつ、ちょっと変わった人たちを見つければいいだけである。

ディープ・スペース・インダストリーズという会社を経営していたダニエル・フェイバーは、宇宙船技師でありながらカナダ宇宙協会理事長兼会長という経歴の持ち主で、南極大陸にブロードバンドを設置した人物でもある。

　そのフェイバー氏によると、小惑星には採掘を待つ資源が膨大に存在するという。「すべてが金属でできている小惑星はいくつもあります。天然のステンレスやニッケル、鉄……などからなるもので、地球の近くにあるとわかっている最小の小惑星は、直径2キロメートルです。これは『3554アムン』という素敵な名前で呼ばれていますが、人類が地球上で採掘してきた全金属量の30倍以上を含んでいます。しかも、これはその小惑星ひとつの話であり、そういったものがほかに何千とあるのです」

　小惑星へ行くミッションはほんのわずかしか行われてこなかったため、データのほとんどは、望遠鏡で見たことや隕石を調べたことによるものだ。そういった観測にもとづいて、科学者は小惑星を大きく三つのカテゴリーに分けている。C型（炭素質）、S型（石質）、M型（金属質）だ。

　炭素質小惑星には、炭素や水など、人間の健康にとって都合のいいものが多く含まれている。一部の炭素質小惑星には、なんらかの形の水分が2割ほどあると考えられている。その水を地球に持ち帰っても、新しもの好きな連中が小惑星カクテルを欲しがらなければ大ヒットとはならないだろうが、その小惑星に有人の居留地を建設するのには、おおいに役立つ。

　石質小惑星に含まれているのは、言うまでもないが、石だ。具体的には、ケイ酸塩がたっぷり含まれている。ケイ素も、仮に地球に持ち帰ったところで、ひと財産をもたらすものではないが（地球の地殻の約28パーセントがケイ素である）、小惑星上の採掘用居留地には非常に役立つだろう。ケイ酸塩はあらゆるものに応用が可能だからだ。ガラスやソーラーパネル、さらには植物が成長するための土まで。土は「アース（earth：地球）」とも呼ばれるが、小惑星に暮らす場合にそう呼んでいたら、熱狂的な排外主義者とみなされるのがオチだ。

　金属質小惑星は、主に鉄とニッケルからなる。こういった金属は、宇宙での建造にもってこいだ。岩石物質とは違って、壊れることなく曲げたり伸ばしたりできるからである。金属は装甲にも向いているし、母なる惑星にいるひどい暴君から独立を宣言したあとで、自分の顔を載せた貨幣を造るのにも使える。

　早い話が、居留地を実現するために必要なものは、小惑星にすべて揃っている——呼吸するための酸素、植物を育てるための土、建設用の金属、そして水風船を作るための水が。では、資金調達の話に移ろう。

　前の章で触れたように、宇宙へ何かを送る場合、現状では重さ1ポンド（約450グラム）あたり約1万ドルかかる。月までしか行かなかったアポロ11号の宇宙船の重さは、45トンを超えていた。つまり、宇宙船の建造および操作に必要な技術、認可、スタッフなどをすべて抜きにしても、この事業を始めるときはマイナス10億ドルからスタートする計算になる。これは喜べるものではないが、ジェット旅客機エアバスA380の購入には4億ドル以上かかるのだから、許容範囲を完全に超えているわけでもない。

　小惑星採掘を意味あるものにするひとつの方法は、地球に戻ってからなんらかの利益を上げることである。例えば、宇宙で白金を採掘できれば、現在の地球では450グラムあたり約1万8000ドルで売れる。それに、お金がかかるのは宇宙へ行く部分であり、戻ってくるのは比較的簡単なのだ。

　何もない宇宙空間で（わずかにある）都合のいい点のひとつは、惑星や恒星などの重い天体から離れると、ほとんどどこにでも安く行けることである。考えてみてほしい。ロサンゼルスから日本まで飛行機で行くのが割高なのには、主に二つの理由がある。

（1）重力に逆らって9000メートル以上も上昇して、飛行中ずっと重力と戦わないといけないから
（2）速度を落とさせる空気が途中に大量にあるから

　ところがいったん宇宙に出ると、どちらの問題も消えてなくなる。したがって、地球へ物を送り返すとき、宇宙基地として理想的な場所は、資源が豊富にあって、低重力のところとなる。例として、火星の衛星のひとつであるフォボスを考えてみてほしい。この衛星は非常に小さいため、重力を脱するために必要な脱出速度はたったの時速40キロメートルである。つまり、フォボスにスロープを設置してオートバイでそこを走り抜けると、そのまま宇宙へ飛び立てるわけだ。

　地球の衛星である月からの脱出速度は、フォボスのおよそ200倍である。そのため荷物を地球へ送る場合、エネルギーの面では、地球の月から送るよりも、フォボスから送るほうが安上がりなのだ。

　これが小惑星だと、さらに上を行く。一般的な大きさの小惑星の場合、その脱出速度はおよそ時速0.8キロメートルである。もし小惑星に採掘基地を建設できたら、精錬した小惑星の物質を実に低い

コストで地球まで送り返せるということだ。

　そうはいっても、私たちが行った調査やインタビューからするに、故郷での利益めあての宇宙採掘は、長い時間をかけても実現しそうにない。小惑星に存在するものの大半は、宇宙空間以外では、すぐに十分な価値をもつわけではないからだ。また、確かに金属は豊富に存在するけれども、小惑星で採掘するのと、この地球上で金に糸目をつけない採取方法を確立するのと、どちらが安上がりなのか、まったくわからない。それに、地球にいれば、毎日ハンバーガーショップへ行けるもんね。

　希少で高価な金属を得られる可能性はあるが、簡単ではない。小惑星に希少で高価な金属が存在したとしても、大量の鉱石を地球へ運ぶのを避けるために、精錬は宇宙で行いたいだろう。だが、宇宙での精錬は難しい。宇宙に精錬所を建てる必要があるうえに、現行の精錬法は重力を必要とするからだ。精錬所をものすごく速く回転させるだけで模擬重力は得られるだろうが、スタート時に大量のエネルギーを必要とするし、遊園地の乗り物じゃないんだから、かなり大きな設備が必要になるだろう。

　それにたとえ、本当に金やダイヤモンド、もしくはミッキー・マントルのルーキーカードからなる巨大な小惑星を見つけたとしても、それを持ち帰るとどうなるのか、完全にはわかっていない。物理とは違って、経済には落ち着きがないからだ。経済学者であるジョージ・メイソン大学のブライアン・カプラン博士は、次のように語っている。「競争の存在が鍵ですね。もし１社だけが白金の主鉱脈を掘り当てた場合、市場にあふれるのを避けるために、保有した大部分を抱えたままにしておくことができます。それにひきかえ、多くの企業で主鉱脈を共有する場合は、ライバルに先を越されないように、どの会社も急いで売り払おうとするでしょう。宇宙旅行の高額の固定費を考えると、小惑星採掘への最初の参入企業はわずか

でしょうから、どのような資源を見つけようが、最初の参入組には利益を上げる大きな機会がもたらされます。しかしながら、そのうちに、成功するとまねをする者が出てきます。小惑星採掘にあとから参入する世代は競争が厳しくなるでしょう」

こんなにも大変なのに、なぜ小惑星採掘の話をしているのかというと、もっと大きな利害があるからだ。トイレ用の新しい配管になるというだけで、巨大な鉄の塊を 4 億 5000 万キロメートルも運ぶ価値はないかもしれない。だが、人がぎりぎり住める小さな泡より大きな居留地を宇宙に築く気があるのなら、資源が必要になる。宇宙では、ダイヤモンドや白金よりも土のほうがはるかに価値があるだろう。その土は、地球から打ち上げるよりも、宇宙にある隕石を捕獲したほうがおおいに安上がりなのだ。

多くの科学者やエンジニアが信じているように、人類を地球の外に送り込むことは、本質的に価値がある。そこには謎や驚きがある。どう訊けばいいかすらわからないような疑問に対する答えも出てくる。私たちに似た、もしくは似ていない生物もいるかもしれない。どちらのほうが驚愕することになるのかは、なんとも言えないが。

星々の開拓は大きな夢物語だが、最も成功する開拓者は現実的な人である。この小さな惑星の外に行きたいのなら、すでに地球の重力外に存在している資源を使うほうが、安上がりだし、簡単だし、早い。太陽系の外に出る道も、もしかしたらそのがらくた置き場の中を通っているかもしれない。

それで、現状は？

小惑星の採掘者になりたい人が直面する問題はたくさんある。大きなものをいくつか簡単に取り上げてみよう。

小惑星にたどり着くためにも、居留地に電力を供給するためにも、エネルギーが必要になる。当面の間、一番困るのは、ホームセンターに駆け込むことができないことだ。そこそこ長持ちするエネルギー供給源が必要なのである。選択肢はたくさんあるが、おそらく今ある技術では、ソーラーパネルか原子炉が一番だろう。

ソーラーパネルがいいというのは、20年以上にわたって稼働を続けられるからである。最大のマイナス面は、その大きさの割に生み出すエネルギーが多くないことだ。それでも、これを宇宙に設置できれば、頼りにできるし、耐久性はあるし、シンプルである。小惑星の居留地で、その修理や交換をすることも考えられる。小惑星にはケイ酸塩がかなり豊富にあるからだ。パネルに光を集めてエネルギー出力を増すための鏡を作るのに、小惑星由来の原料を用いることもできる。

原子炉がいいのは、大きさの割に大量のエネルギーを生み出すし、ぞっとするようなことが生じなければ、100年ほど稼働できるからだ。小惑星には、新たな原子炉を作れるほどのウランやプルトニウムは存在しないが、そもそも大量の核燃料は必要ない。

小型原子炉については多くの研究が行われており、ある時期には

ソ連の人工衛星で用いられた。実は、これには問題がある。原子力船を宇宙へ打ち上げて、うまくいかなかったとしよう。その船が危険な動きを始めて、コントロールを失ったとする。それが大気中でバラバラになり、原子炉の残骸がカナダ上空から帯状に640キロメートルにわたって降り注いだと想定してみるのだ。

実は、それが実際に起きたのである。1978年のソ連の人工衛星コスモス954号の一件だ。だから、原子炉案も悪くはないが、政治的理由から、結局はソーラーパネルが支持されるだろう。

放射線といえば、太陽は高速イオンを常に放出しているが、地球にいるあなたは、大気という分厚い層で守られている。また、地球には磁気圏というものがあり、これは太陽から飛んでくるたくさんの危険な粒子を地球から遠くへそらすか、地球の極のほうへと向かわせて、ちょっとした光の天体ショーを人々に見せてくれる[*1]。

ということは、地球を離れるや、あなたは放射線にさらされるわけである。

月への有人ミッションはかなり安全なものだったが[*2]、それはその行程が非常に短かったからだ。放射線による危険性は被ばく量とともに増す。小惑星ミッションは月へ行くよりはるかに時間がかかる。アポロ11号の場合は3日ちょっとで月にたどり着いたが、小惑星帯で最大の天体であるケレス（セレス）は、月よりもおよそ1100倍も遠くにある。アポロ11号と同じくらい速く（これは月ミッ

[*1] いわゆるオーロラのこと。

[*2] 本当に安全だったかどうかについてだが、フロリダ大学のマイケル・デルプ博士の調査によると、アポロの宇宙飛行士たち（月へのミッションに関わった者）は、心臓血管疾患による死亡率が高かったという。マウスを使った研究では、血管に沿って並ぶ細胞が放射線によって損なわれることが示された。ただ、アポロの宇宙飛行士で亡くなった者の数が少ないことから、この研究に当てはまるのは7人だけである。初期のアポロ計画の人たちに関する記録からするに、心臓病と関係があるのは、宇宙に1週間や2週間いた間に起きたことよりも、セックスと酒と肉食というトリプルパンチのほうの可能性が高い。

ションとしては、相当に速いものだった）進んだとして、10年はかかる計算だ。それでも、長距離ミッションではもっと速いスピードを出すことも可能だろう。例えば、NASAによる無人の「ドーン（夜明け）ミッション」では、小惑星帯まで約4年でたどり着いている。しかし、かなりの高速でも、さすがに1日では無理だ。

　宇宙旅行では興味深いことも起こる。太陽が放射線を大量に放出することがあるのだ。太陽フレアというのだが、これには何か対策を考えておいたほうがいいだろう。

　選択肢はいくつかある。宇宙船全体を装甲で覆うのもいいが、厚さ5センチ、大きさ1平方メートルの鉛の装甲は、およそ450キログラムの重さになる。つまり、あらゆるものを地球から打ち上げようとする場合、船全体を装甲で覆うことで、宇宙へ行くのにすでに莫大にかかっている費用がおよそ倍増することになるのだ。別の選択肢は、水を盾として使うというものである。実は水は放射線を妨げるものとして優れているので、飲料用に積み込む一方で、盾と

＊3　カナダ側による600万ドルの請求に対して、ソ連が支払ったのは300万ドルだったとのこと。

して使うというダブルの役目をこなせるのだ。もちろんこれにより、嫌な可能性も出てくる。何かを食べて喉を詰まらせた人が、放射線の盾用の水を飲んでしまうことだ。

「パニックルーム」を提唱した科学者もいた。その基本的な考えは、多少の放射線は受け入れるものの、巨大なフレアからは身を守りたいというものである。つまり、装甲が少ない船で多くの時間を過ごしつつ、放射線の大量放出があったときには、装甲が施された小部屋にみんなで逃げ込むというわけだ。これはうまくいくかもしれず、船全体を装甲で覆うよりもかなり割安になるだろう。ただ、宇宙のど真ん中で、何人もの人たちと狭い部屋に押し込められて、誰もが人生の選択について真剣に見つめ直すことになる。それに、おしっこをしたくなっても、重力はないぞ。

あなたはこう言うかもしれない。「自分なら、ヨウ素剤を飲んで身を守る」と。これはばかげている。ヨウ素剤が守るのは甲状腺だけなのだから。つまり、あなたが目的地にたどり着いたときには、14種類ものがんにかかっていて、顔から腕が生えているかもしれない。確かに甲状腺の状態はまったく申し分ないだろうけど。

それでも、放射線については解決したものと仮定しよう。次なる問題は、小惑星に降り立つ方法だ。これは口で言うほど簡単ではない。小惑星が回転している可能性が非常に高いからだ。もしその小惑星が十分に大きければ、軸を見つけて、そこに降り立つことも試せるが、かなり慎重を要する作業になろう。別の選択肢は、小惑星の回転を止めてから降り立つというものだ＊４。これは二つの理由から、難しい。

＊４　とは言え、小惑星の速度と回転自体が資源になりうると考えている科学者もわずかにいる。例えばアレクサンドル・ボロンキン博士が提唱しているのが、動いている小惑星を大きな網で捕らえてそのエネルギーの一部を奪い、それから離れて飛び去ろうというものである。イメージとしては、速度を得ようとするスケートボーダーが、回転しているメリーゴーランドにつかまる感じだ。

　まず、回転している物体の速度を落とすには、エネルギーが必要だ。その物体が大きいほど、それに回転が速いほど、必要となるエネルギーは増える。これを避ける術はない。物理学の基本である。

　次に、内部構造に関する情報があまり好ましいものではないことが問題になる。多くの小惑星は「瓦礫の山」であり、基本的には岩石や塵が弱い重力と分子間力によって結びつき、塊になったものなのだ。そのため、回転を止めるのは難しい。回転を止めようとすると、その小惑星の塊を吹き飛ばすことになるだろう。瓦礫の山である小惑星の不安定さを考えると、冷たい静かな宇宙空間で命を落としてしまうという困った結果になりかねない。

　では、どうやって安全に降り立つのか？　忘れないでほしいが、小惑星には重力はほとんどない。だから小惑星に降り立とうとしても、弾んでしまうのがオチである。これへの対処法を、科学者はいくつか考え出している。ドリルで穴を掘る、銛を撃ち込む、接着剤を塗る、留め金で固定する、ヤモリのような粘着性のある「足」を使う、などなどだ。残念なのが、どのような状況でもうまくいく解決策が、ひとつもないことである。もし小惑星に塵の深い層があると、ドリルで穴を掘ってもしっかり安定しない。ヤモリのような足でも、たいしてうまくいかないだろう。もし表面が超硬合金なら、銛は跳ね返されて、あなたを宇宙空間へ放り出すことになる。表面が平らで岩だらけなら、留め金は表面をこするだけで、やはりあなたは宇宙空間へ放り出される。理想を言えば、何を相手にしているのかがわかればいいのだが、調査が十分に行われないかぎりは、そうはならない。だから近年の小惑星ミッションでは、複数の着陸技術を備えるようになっている。

　着陸船（ランダー）について、私たちが気に入ったアイデアのひとつが、ノースカロライナ州立大学のカレン・ダニエルズ博士によるものだ。植物の根のような働きをするランダーというのが、彼女

の考えである。「庭の草むしりをする人なら誰でも知っていますが、根を地面から直接引き抜くのは、とても大変なのです」

　基本的な考えは、瓦礫の中を掘り進む小型掘削機だ。これで地表から掘り下げていくと同時に、追加のサポートが得られるようにつ

ながっていく。この方法は実行可能に思えるが、ドリルや銛と比べて性的なイメージに欠けるのが残念だ。

　着陸にまつわる問題を回避する提案に、小惑星をまるごと捕らえれば済むというものがある。網のようなもので、というか、どでかい宇宙網でだ。これは思ったほどおかしな考えではない。重力がごくわずかという微重力状態なので、物を動かすのに多大な力は必要としないからだ。非常に強力な素材があれば、その網をごく小さく折りたたみ、小惑星にたどり着いたところで広げるのである。小惑星に網をかけることができたら、居留地用の着陸面として、または別の目的地へ小惑星を引っ張っていくために、その網を使うことができる。そのようなプロジェクトのひとつが、私たちの疑念が正しいことを裏づけてくれた。その疑念とは、「宇宙に携わる人たちは、頭字語を作り出すのに9割の時間をかけている」というものである。そのプロジェクトは「無重量ランデブーおよび過度の回転を制限する網による捕捉」の頭字語をとって、「WRANGLER（カウボーイの意）システム」と呼ばれていたのだ（提唱者はテザーズ・アンリミテッド社のロバート・ホイト博士）。

　トランスアストラ社は、「APIS」（本来の場所にある資源を供給する小惑星）という別の提案もしている。小惑星を袋で捕らえ、集めた太陽光を利用して熱し、切り分けるというものだ。同社はこの方法を「光学的採掘法」と呼んでいる。この方法だと、小惑星内の水分は放出される。放射線の盾となる宇宙基地用の水を間違って飲んでしまったあとだと、この水が欲しくなるかもしれないが。

　さて、技術的な部分がすべて解決したとしても、まだ大きな問題が残っている。こういった宇宙にある岩石の採掘権が誰にあるのかが、はっきりしないのだ。1967年の宇宙条約はあるが、これは私的所有権については触れていない。触れているのは、主権国家は宇宙空間にあるものについて一切の領有ができないことだ。にっくき

地球人から独立しないかぎり、宇宙居留地を統治する法律をもつことはできないのである。

2015年11月、アメリカ議会がH.R.2262を可決した──「商業打ち上げ競争力法」である（「2015年宇宙法」ともいう）。これで明記されているのが、「小惑星資源または宇宙資源の商業的回収に従事するアメリカ国民は、取得したすべての小惑星資源または宇宙資源の権利を有する。これには、アメリカの国際的責務を含む関係法にもとづく、その資源の所有、移動、使用、販売も含まれる」というものだ。要は、「アメリカは宇宙を自分たちのものとは主張できないが、アメリカ人にはできる」となる。実際のところは、議会は慎重にも、アメリカはいかなる天体に対しても所有権を主張しないという注釈をつけた。アメリカ人が小惑星の採掘を始めたときに、他国はどう思うだろう。

ご覧のように、難題は多い。プラス面としては、どの難題もまったくもってみごととしか言えないことである。

実際のミッションとして、NASA、ESA、CNSA、JAXAという、アメリカ、ヨーロッパ、中国、日本の各宇宙機関によって、無

人の小惑星探査が何度か行われている。日本の探査機はやぶさは、2010年に小惑星の塵を少量採取して、持ち帰ることに成功した。後継機のはやぶさ2は、2020年末にさらなるものを持ち帰る予定である。NASAによる同様のミッションOSIRIS-REx（オシリス・レックス）は、2023年頃に地球へ帰還する予定だ。

　ミッション案はNASAのものも含めていくつもあり、小惑星をまるごと捕らえるとか、地球近くの小惑星に人間を送り込むというものまである。これまでのところは、法外なお金がかかるそれらの案はどれひとつとして、実現するための資金を得られていない。

心配なのは……

　現時点での主な心配事は、宇宙における法と秩序を作っていけるかどうかだ。どこかの時点で、これらの小惑星を管理する必要性が出てくる。何しろ、巨大な資源のプールが宇宙に浮かんでいるわけだから、これらの小惑星の捕捉と、その資源の抽出を簡単に行える技術が誕生した暁には、宇宙犯罪者（スペースクリミナル）による宇宙犯罪（スペースクライム）が出てくるのは間違いない。なかなかカッコいい呼び名に聞こえるかもしれないが、背中のスペース（スペース）に宇宙ナイフを当てられるのが自分だとしたら、いい気はしないだろう。

　ハーバード・スミソニアン天体物理学センターに所属する、エルヴィス博士という驚きの名前をもつ人物は（彼にもファーストネームはあるが、それはまあ……別にいいだろう）、こう述べている。「ゆくゆくは、宇宙にある数十億ドルもする採掘装置の修理を請け負う、宇宙オタク集団が必要となるでしょう。それに、宇宙保安官に宇宙鑑識も必要になりますね。珍しい貴重な資源は、常に『法の枠外』の活動を招くものですから」

　また、太陽系の誕生以来ずっと手つかずできた環境を損なうこと

になるとも、博士は指摘する。これはすべての宇宙開発につきものの問題ではあるが、小惑星の場合には興味のある天体を消し去ることも明らかに計画されているからだ。

エルヴィス博士によると、おそらく将来的には小惑星集団の少なくとも一部を保存する、「小惑星公園」のようなしくみを考え出すことになるだろうが、それについても法的に取り組む必要があるという。宇宙でしか形をなさず、地球上には存在しないものもあるからだ。現代の熱帯雨林の状況とよく似ている。私たちが冒しているリスクは、自分たちが望むものを破壊するリスクだけではなく、一度も見たことのないものまで破壊してしまうリスクなのだ。

別の懸念として、安全性の問題もある。民間の宇宙採掘を許可する場合、小惑星をほかの場所へ動かすことについての規則はどうなるのか？

小惑星を動かす技術が広く利用できるようになると、好ましくない人たちの手に危険な武器を渡すことになりかねない。ただ、歴史上の異常な暴君たちでさえ、自分の命は大切に思っていたらしいことを考えると、この危険性は比較的低いのではと、私たちは見ている。ワシントンDCに小惑星を余裕で落とすことができたとしても、地球にもたらされる結果を予測することは困難だ。大きな衝突によって土ぼこりが舞い上がって太陽をすっかり覆い隠してしまい、地球が冷えて、1年分の作物が駄目になる恐れもある。「金正恩もそこまではしないよ」と言われても、慰めにはならない。

地球と地球外天体との衝突で記録に残る最大のものは、1908年の「ツングースカ事件（大爆発）」である。巨大な天体（隕石とされるが詳細は不明）が、ロシアの田舎の上空で爆発したのだ。物体の直径は40メートルとも100メートルとも言われ、その爆発力は広島に落とされた原爆の185倍に匹敵したと考えられている。

このツングースカの隕石でも、私たちが地球に持ち帰れるように

なるという小惑星と比べると、小さなものなのだ。

世界はどう変わる？

　太陽系をふさわしい規模で探索する唯一の方法は、無限に発展する宇宙計画をもつことである。経済はまさにそれを行っている。さあ、私たちを取り巻く宇宙と出会うために、資本主義を生かそう。

　　　　　　　　　　　　　　　　　マーティン・エルヴィス博士

　宇宙で採掘を行い、その産出物を持ち帰ることで、地球で利益を

得ることが本当にできるようになると、深宇宙の旅が、政府にしか行えないものから、トラック運送業と同程度のものへと変わることになる。安価な素材による経済的利益は信じられないほどになり、安く宇宙旅行ができることはますますいいものとなる。

　そうはいっても、私たちが調べた範囲では、これは起こりそうにはない。全人類の人生を変えるものとして有力なのは、小惑星で見つけた資源を用いることによって宇宙で定住を始めることができ、太陽系探査のペースが劇的に上がるというくらいだ。

　先のフェイバー氏は、宇宙に存在する資源は、地球で見つかるものよりもはるかに多いと指摘している。「地球で最も深い採掘坑から入手できる資源は、深さ３〜４キロメートルのところにあるものです。原油の場合は６〜７キロメートルでしょう。世界中のすべての大陸にある、手が届く分の資源を全部手に入れて、それを球体に丸めると、その直径はおよそ 200 キロメートルになります。それが、地球上で手にできる全資源なのです。これが宇宙だと、その量は百倍にも千倍にもなります。つまり、それらの資源によって百倍も千倍も多くの人を支えられるだけでなく、入手も容易なのです。自由空間に浮かんでいるのですから。手に入れようと危険な場所へ深く掘り進む必要はなく、小惑星まで行って効率よくバラバラにし、それを私たちが暮らしたいと思っている場所へ送ればいいだけなのです」

　宇宙にあるこれらの資源をすべて手にできて、宇宙で物を作る方法を考え出せたら、宇宙旅行のコストは劇的に下がる。巨大なスペースコロニーが実現可能な選択肢となるのだ。しかも、小惑星採掘のおかげで、宇宙に出るときの障害となっていた部分を回避できる。小惑星から集めた水と炭素はロケット燃料へと転換できるから、宇宙で集めた資源を用いて、それらの資源を持ち帰ったり、コロニーからコロニーへと移動したり、宇宙をさらに探索したりすることが

可能となるのだ。

　これらのことに、フェイバー氏は本当に胸躍らせている。「私は、ソーラーカーレースやハンググライダーやウインドサーフィンなどには飽きてしまいました。人類のために生み出せる最大の利益や、自分の人生で起こる最も重要なことは、人類を地球の外へと送り出し、多惑星生物や惑星間生物にすることだと判断したのです」

　私たちの場合は、その……実は私たちも、レースやらサーフィンにはすっかり飽きちゃったから、それでこのオフィスでこの本の編集をしているわけで……人類のためにね。

SECTION 2

「モノ」の
もうすぐかも⁉

人間として生きることが
あまりに複雑になりすぎて
いる気がするんだ

それなら
身の回りのもの全部を
認識できないものに
変えちゃう？

3 章

核融合エネルギー
太陽の動力源なのはいいとして、
うちのトースターは動かせるわけ？

　核融合は人類のエネルギー需要にとって、究極の解決策である。クリーンであり、核燃料と共通する要素を用いながら、壊滅的なメルトダウンを起こす危険性をはらんでいないのだから。しかし今のところ、あなたがトースターでパンを焼けるのは、たぶん近くで誰かが石炭か天然ガスを燃やしているからである。

　あなたがトースターでパンを焼くたびに世の中を破壊しているというややこしい事実に進む前に、核融合の物理的性質について、ちょっと話しておこう。2個の原子がひとつになることを核融合という。以上だ。核融合エネルギーの文脈では、2個の水素原子がひとつになることについて語っている場合が多い。

　水素は周期表内で最も軽い元素であり、その原子核は「陽子（プロトン）」というたったひとつの荷電粒子からなる。ただし、すべての元素と同様に、水素の形はひとつだけではない。多くの種類があり、それらを「アイソトープ（同位体）」という。それぞれのアイソトープは何が違うのか？　それは、原子核にある荷電していない粒子の数である。「中性子（ニュートロン）」と呼ばれるものだ。

　水素のおよそ 99.98 パーセントが、中性子をまったくもたない形をしている。専門的には、これを「水素1」と呼ぶ。おませなお子さんには、「プロチウム（軽水素）」と教えてもいい。ただ実際には、水素とだけ呼ばれるのが普通だ。水素のおよそ 0.02 パーセントに

は、陽子のほかに中性子が 1 個加えられている。これは通常「デューテリウム（重水素）」と呼ばれるが、ギリシャ語で「二番目のもの」を意味する単語の「デューテロス」からきている。これに中性子がもう 1 個加わると「トリチウム（三重水素）」になるが、これはさらに存在が少なくなる。中性子が加わると不安定になるからだ。トリチウムの半減期は 12.32 年である。トリチウムで満たされた瓶があるとすると、12.32 年後には、その半分がなくなっているということだ。

これはいうなれば、人間関係で最も普通の形は 2 人だが、3 人やそれよりも多い人数の関係も存在するというようなものである。だからもし、核融合エネルギーの会議に出席したあなたが、「珍しい同位体」を作りたいからと言われてホテルの部屋へ誘われたら、「イエス」と答えてよいというわけだ。

さらに、水素 4、水素 5 などと続いていくが、それらはどれもきわめて不安定であり、珍しく存在する機会が訪れたとしても、1 秒の何分の 1 というほんのわずかな間だけである。

なぜこういった同位体の話をもち出すかというと、水素同位体が大きくなるほど融合しやすくなるからだ。その理由を理解するために、2 台の車を正面衝突させる場面をイメージしてもらいたい。ただし、どちらの車の正面にも巨大磁石があるという設定で、しかも同じ磁極の磁石がセットされている。つまり両者が近づくにつれて、互いに強く反発するわけだ。

それでも、ものすごく近くまで近づいた両者の磁石が反発しても離れないように、しっかり組み合う小さな掛け金をかけてみよう。ここで自問してみる。これを 1 回で成功させたいのなら、車はミニクーパーがいいか、SUV（多目的スポーツ車）がいいかと。

直観的に、重い車のほうがいいと思うのではないだろうか。重い車を減速させるのは、軽い車を減速させるよりもかなり大変だと、

経験上わかっているからだ。この磁石が同じ力をもつとして、2台の車をしっかりと組み合わせることが目標だとすると、磁石にじゃまされないように、車はできるだけ重くしたいところである。

　水素原子を融合しようとするときも、これと似たような状況になる。簡単に言うと、近づくときにかなり強く反発し合うのだ。そこで、中性子をさらに加えて、ミニクーパーではなくSUV並みの水素にするのである。

　水素同位体が融合すると、別の元素になる——ヘリウムだ。水素は陽子が1個ある元素で、ヘリウムは陽子が2個ある。変に思えるかもしれないが、2切れのパンがサンドイッチという別のものになることと比べれば、おかしくもなんともない。

　私たちにとって興味深いのは、これらの同位体が水素からヘリウムに変わる際に、ものすごい量のエネルギーが放出されることである。

　その理由を示そう。私たちが「ヘリウム」として理解している原子構造ができるのに必要なエネルギーは、「水素」として理解している原子2個分よりも少ない。融合が起こると、そのエネルギーはどこかへ行かざるをえなくなり、捕らえることができるわけだ。

　エネルギーが「どこかへ行かざるをえなくなる」というこの考えは、最初はちょっと奇妙に思えるかもしれないが、決して不思議なことではない。その理由を挙げるために、クロスボウ（次ページのマンガで右の人物が持つ洋弓銃）の話をしよう。クロスボウの弦が緩いと、弦がぴんと張られているときとは状態が違う。この二つのクロスボウ（弦が緩いものとぴんと張られているもの）は同じものではあるが、その物理的な状態のせいで、弦が緩いほうはほとんど使い物にならない。一方で、弦がぴんと張られたほうなら、黒騎士（のコスプレをした人物）も仕留められるのである。

　弦をぴんと張るには、エネルギーが必要だ。そして弦を緩めるに

は、エネルギーを解き放つ必要がある。

「ぴんと張られたクロスボウのほうには、より大きなエネルギーが本当にあるのか？」　も・ち・ろ・ん・だ。確実に存在する。実際に、緩んだクロスボウとぴんと張られたクロスボウを、酸で満たした同じ大きさのバット（大桶）にそれぞれ入れてみるといい。溶け終わったとき、ぴんと張られたクロスボウを溶かしたバットは、緩んだクロスボウを溶かしたバットよりも、わずかに熱いのだ。

物理の授業が退屈だったのは覚えているだろう。それは先生がクロスボウを溶かさなかったからさ。

つまり、何かの配置を変えることでエネルギーを得るというのは、それほどおかしなことではないのだ。このような状況には、常に出くわしている。高く持ち上げた石は誰かにケガを負わせかねないが、地面に置かれたままの石ではそうはならない。伸びたバネを手放すと形は自然に変わるが、緩んだバネではそうはならない。N極同士を無理にくっつけた二つの磁石を手放すと、さっと離れるが、反対極同士を近づけた二つの磁石だと、そのままである。

つまり、2個の原子をくっつけることでエネルギーを得るという

のは、あなたの生活において、まったくなじみのないことではない。あるシステムのすべての部分の構成のしかたで、そのシステムの将来が定まるのである。ときには人間の都合のいいように、そのシステムを調整することも可能だ。

実は、2個の小さな原子（水素）から1個の大きな原子（ヘリウム）に構造が変わると、エネルギーが放出される。ほとんどの核融合反応では、中性子が最低でもひとつ多い水素の同位体が用いられる。一般には、放出されたエネルギーは、同位体の結合後に高速ではじき出された、余分な中性子という形でもたらされる。疾走する熱い中性子が一度生じると、通常の蒸気タービンのしくみと同じ方法で、そのエネルギーを捕らえることができる。つまり、中性子を水に叩き入れ、立ち昇る蒸気を作り出し、タービンを回すのだ。

でも、ちょっと待ってほしい。タービンを動かすのに、なぜ核融合が必要なのか？　石炭やディーゼル、ガスや風力でも、動かせるのに…。確かにそうなのだが、核融合エネルギーは燃料をごくわずかしか使わず、しかもその燃料がかなり豊富にある点で特別なのだ。

ガリー・マクラッケンとピーター・ストットの著書『フュージョン──宇宙のエネルギー』（シュプリンガー・フェアラーク東京）によると（正確には推薦者が寄せた巻頭言）、ノートパソコンのバッテリーにあるリチウム[1]と「風呂桶半分の水」に含まれる重水素で、石炭40トン分に相当する20万キロワット時の核融合エネルギーを生み出せるという。

それならなぜ、まだ核融合エネルギーを利用できていないのか？

小さな非同位体に比べると、大きな同位体を融合させるほうがまだ簡単であるとはいえ、それでも本当に難しいからだ。これはクーロンバリアのせいである。クーロンバリアとは、2個の陽子をホン

---

[1]　研究室では、周期表で3番目の元素であるリチウムを分裂させ、トリチウムを作り出している。

トに近づけるのに必要な、（少なくとも原子レベルでの）大量のエネルギーのことをいう（先の車の例における磁石をイメージしてもらいたい）。陽子は互いに反発する。そして近づくにつれ、その反発力は大きくなる。人づき合いが苦手なオタクの男女二人に、パーティ会場で会話をさせるようなものだ。

　ところが、陽子同士がホントにホントに近づくと、「強い核力」という別の力が働く。この力は短い距離だと非常に強い。反発作用に打ち勝って、陽子同士が組み合うのだ（車の例における掛け金のようなもの）。

　言い換えるなら、陽子同士を融合させるのは、人づき合いが苦手な男女二人を結婚させるようなものである。この両者を隣同士にさせることができさえすれば、好きなゲームの話で盛り上がるだろう。二人はこうして恋に落ち、離れることはない。だが、隣同士になるまでは、お互いに目も合わせようとしないのだ。

　太陽の動力源は核融合だ。それなら、太陽がしているようなことを、この地球上の研究室でなぜできないのか？　実は太陽には有利な点がある。中心部分の静水圧がものすごく高いので、水素原子が

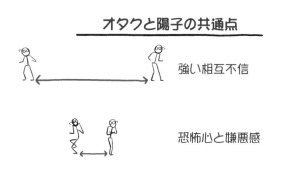

オタクと陽子の共通点

強い相互不信

恐怖心と嫌悪感

嫌になるほどのベタベタ状態

常に高速でぶつかり合っているのだ。これがオタクのデートの喩えでどの部分に相当するのかはよくわからないが、重要なのはこういった状況は地球上には存在しないということである。

　核融合エネルギーを得るには、重力以外の方法で、全重力と同等の力を得る方法を見つけ出さねばならないのだ。

　おっと、ちょっとストップ。核融合爆弾（水素爆弾）の作り方って、もう知ってるんだったよね？　ほら、それが例の、小惑星を吹き飛ばすっていうブルース・ウィリスのドキュメンタリーだかで使われたやつでしょ？　だったら、どうして次のことができないわけ？

（1）水素爆弾を準備する
（2）爆発させる
（3）熱を集める
（4）お湯を沸かす
（5）タービンを回す
（6）トースターを動かす
（7）パンを焼いて食べる

　その理由は……いやいや、実はこれは可能なのだ。核融合爆弾を使って、太陽に似た状況は作り出せる。基本は、昔ながらの核分裂による原子爆弾を大量に爆発させ、それによって生じたエネルギーを使って、球体を水素で満たすのだ[*2]。こうすることで、水素はものすごい速さでぶつかり合うが、それは重力によるのではなく、原子爆弾の力による。たくさんの融合が起き、そしてドカーン──

＊2　核分裂とは、原子が分かれることである。ウランやプルトニウムのような大きな原子が分かれると、エネルギーが放出される。適切な環境だと、このような原子の分裂はほかのいくつかの原子の分裂を引き起こし、それらの分裂がさらにほかの分裂も引き起こしていく。この連鎖反応は、発電や爆弾製造に用いることができる。

大気に穴を開けたり、広大な砂漠をガラス質に変えたりするほどの
エネルギーが得られるわけだ。

　だが、問題点はある。ひとつ目は、この爆弾を入れる容器がおそ
らく爆発には耐えられないので、エネルギーをつかまえにくいこと
だ。二つ目は、仮にその容器が持ちこたえられたとしても、放射線
にひどくさらされていることである。三つ目は、もし容器が不完全
な場合には、死の灰の雲を大気中に大量に送りつけかねないことだ
（p.103「注目！」参照）。四つ目は、ロシア側からちょっといら立っ
た電話がかかってくることである。

　地政学と安全上の懸念から、この単純な方法は除外されている*³。
太陽のような状況を作るには、ほかを当たるしかない。例えば、あ
なたのテーブル上にある、球状の金属かごのようなものを。

　わかったわかった、確かにあなたのテーブルの上にはないかもし
れない。しかし、リチャード・ハルのテーブル上にあるのは間違

*³　ほぼ間違いなく、純然たる費用の面からも、この方法は除外される。それに、エ
　ネルギー会社と核弾頭の間に、多くのお役所仕事と手続き書類が存在するほうを、
　人々も望むだろう。

いない。核融合を成し遂げた最初のアメリカ人アマチュア科学者のことだ。ハル氏が共同で運営するウェブサイト「Fusor（核融合装置）.net」では、卓上核融合装置の作り方や動かし方を学ぶことができる。

　このサイトには多くの「核融合研究者」が参加しているが、核融合を正式に実証して「ニュートロン・クラブ」に入る栄誉を得たのは、75 人ほどだけである。テイラー・ウィルソンという少年がニュートロン・クラブに入ったのは、なんと 14 歳のときだ。あなたが自分の人生で十分に成果を挙げたかどうかを判断しようとするときには、ぜひこのことを思い出してもらいたい 。

　知識があって、適切な装置をすべて使えるなら、こういったものは 3000 ドルほどで作れる。誰でもできるんだ。1 日わずか 10 ドルという貯金を 300 日続けたら、君も中性子銃を手にできるかもしれない。その方法を以下に記そう。

（1）金属かご屋さんに行き、球状の金属かごを手に入れる
（2）非常に強い正電荷が得られるよう、そのかごに電気を流す
（3）正電荷を帯びたかごの内部に、非常に強い負電荷を帯びた
　　　小さなかごを入れる

　ここまでをすべて終えたら、全体を真空槽に入れて、大小二つのかごの間に重水素ガスを加える。重水素ガスの購入には、国土安全保障省用の書類を記入しなくてはいけないかもしれないが、自分の名前をリストに載せたくなかったら、ネットで「重水」を買えばいい。

　確かに、これでは詐欺行為かと思われるかもしれないが、問題ないと約束しよう。水は水素 2 個と酸素 1 個からなる（H_2O）。重水も同じだが、水素（H）が重水素（D）に置き換わっている（D_2O）。思い出してほしいが、重水素には中性子が 1 個余分にあるので、

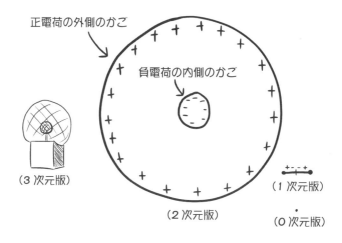

正電荷の外側のかご

負電荷の内側のかご

（3次元版）

（2次元版）

（1次元版）

（0次元版）

この水は見た目はごく普通の水のようでありながら、少し重いのだ。

　ではここで、このD_2Oに電気を流してみよう。そうすると、酸素ガスと重水素ガスに分離する。この時点で窓の外をちょっと見て、アメリカ連邦捜査局（FBI）の姿がないことを確認してほしい。誰もいない？　それなら結構。ここからが難しい。重水の蒸気を取り除いて、このガスを「完全に乾かす」必要があるのだ。ハル氏によれば、この部分は相当に難しく、蒸気がほんの少しあるだけで全体がダメになるという。これを行う方法はいくつかある。例えば、このガスを冷たいチューブに通すというもので、蒸気が冷たい壁にくっつきやすくなる。ほかにも、くっつく表面積が多い綿のようなものに、ガスを通してもいい。

　続いて、帯電したかごに、この重水素ガスを注入しよう。強力な電界により、このガスは正と負の部分に分かれる。こうして、粉々にするにはもってこいの重水素の小さな核が得られるのだ。

　正電荷の外側のかごは重水素を中心に向けて押し、負電荷の内側のかごは重水素を中心に向けて引っ張る。急に、大量の衝突が発生

するのだ。

　人づき合いが苦手なオタクたちの話を覚えていると思うが、こんな部屋をイメージしてみてほしい。その部屋の中心にあるのは、『スター・ウォーズ』初期のレアなアクションフィギュアだ（具体的には、1978 年に生産中止になった、伸縮式のライトセーバーを持つフィギュアたち）。部屋の壁には、原作には出てこない『ホビット』の映画の各場面のポスターが貼られている。では、これらの真正かどうか怪しいひどいポスターと、超レアなすごいアクションフィギュアの中に、オタクたちを放り込んでみよう。

　オタクたちはみな、壁のポスターからアクションフィギュアのほうへと駆けていく。引力と反発力があまりに強いので、彼らはおもちゃのすぐそばですばやく動き、お互いにぶつかっては抱き合う。そうなると反射的に、ドラマの『ドクター・フー』の失われた放送回を話し合ったりして、人づき合いが苦手な友人から、気詰まりなほどベタベタする友人へと変わるのだ。

　まさにこのような感じで、正電荷の（反発する）外側のかごと負電荷の（引き付ける）内側のかごとの間にある重水素粒子が、しっかり組み合って融合するのである。やったね。

　ただ、ちょっと待った……さっき、融合はホントに難しいって言わなかったっけ？

　そう、つまりはこういうことなのだ。人づき合いが苦手なオタクの男女の多くは結婚しない。残念ながらね。こっちにいるカップルは、コミック『ウルヴァリン』のトリビアをどちらが多く知っているかでモメている。あっちにいるカップルはお互いに頭をぶつけて、気を失った。そしてダンボール製の黄色い鎧を身につけた男性は、シガニー・ウィーバーのために「操を立てて」いる。

　そういうわけで、重水素粒子は大半がうまく融合しない。かごに当たるものもあれば、お互いにぶつからないものもある。あまりに

強くぶつかったせいで逸れるものもあれば、強くぶつからなくて結びつかないものもある。

　十分な量を一緒に放り込んだら、多少は融合するだろうが、平均の法則の恩恵を受けているにすぎない。あなたのテーブルの上にある融合装置は、エネルギーに関しては最終的にはマイナスなのである。生じる以上のエネルギーを取り込んでいるからだ。

　この時点で、あなたはフュージョニアのことを怪しく思うかもしれない。正味のエネルギーを得られないのに、なぜ彼らは核融合を行っているのかと。実はフュージョニアには、三つのタイプが存在する。核融合問題を解決して、世の中にクリーンで安価なエネルギーをもたらそうと考えている者。史上最もクールなDIYプロジェクトとして、核融合を行っている者。そして研究のために中性子を求めている者だ。ちなみにリチャード・ハルが入るのは最後のグループで、ほかの人たちと同じく、原子の性質を探りながら隠居の日々を過ごしている。

　というわけで、問題の核心にたどり着いた。爆弾を用いることで核融合は起こせるが、そのコントロールはかなり難しい。帯電させ

た単純なかごで核融合は起こせるものの、効率はそれほどよくない。しかも、今の時点で、足して2で割るすばらしい方法は存在しないのである。

　この問題の解決にはいくつかのアプローチがあるが、主流となっている実験では、二つの手法がとられている。核融合燃料をすべて一度に爆発させるか、燃料を狭い場所に閉じ込めながら熱するかだ。

　爆発は——おそらくレーザーを用いることになるだろうが——核融合事象を一度に多く起こす点が優れている。個々の核融合事象がバラバラのタイミングで起こると、全体の核融合反応は遅くなってしまう。その理由を理解するには、例のオタクのカップルを考えてみるといい。恋に落ちたカップルがみな手をつないで幸せそうに駆け出すと、反対側からやって来たオタクたちをなぎ倒していき、その倒されたオタクたちは、ほかのオタクたちと融合する機会をもてなくなるのである。

　同じように、融合した原子が放出するわずかなエネルギーが、やってくる陽子を押し戻して、核融合反応をダメにしてしまうのだ。そのため、核融合反応はすべてを一気に起こすほうがいい。

　爆発方式のマイナス面は、ごくわずかな時間で放出される、とてつもない量のエネルギーが必要ということだ。ほんのわずかな時間に一気にである。これはまったく無茶な考えとはいえない。アメリカのサンディア国立研究所にあるZマシンという装置は、巨大なコンデンサバンクに大量のエネルギーを蓄えて、

それを一斉に放出する。これについては、あとで触れよう。

　二つ目の方式──閉じ込めて熱する──には利点がある。核融合燃料を、かなり管理された状態で、かなり長時間にわたって熱することができるからだ。一度に爆発させないで済ますには、燃料をかなりうまく閉じ込める必要がある。

　そこで使うのがプラズマだ。プラズマのことを忘れてしまった人には、高温で手に入れられる物質の種類と言っておこう。

　次のように考えてみてほしい。スタートは角氷だ。角氷を熱していくと、その分子はもはや互いに結合しなくなるが、分子間力によってそれでもまだ引きつけ合っている。要するに、固体から液体になるのだ。熱し続けると、ついに水分子にあるエネルギーがかなり大きくなって、分子間の引力にはとらわれずに、四方八方に飛んでいってしまう。つまり気体になる。これをさらにさらに熱し続けると、原子自体が二つの部分へと引き裂かれる──正電荷をもつ原子核と負電荷をもつ電子に。

　話を進めるため、電子は無視し、プラズマは正電荷をもつ非常に高温の気体として考えてみよう。この電荷により、プラズマは普通の気体と大きく異なる性質をもつ。もしあなたの部屋で気体が原因の悪臭がしたら、それに対してプラズマの空気を吹きつけるだけで、悪臭を取り除くことができる。悪いプラズマがある場合には、その動きを磁場によってコントロールできる。取り除くだけでなく、形作ることもできる。閉じ込めることも可能だ。

　この「磁場閉じ込め」タイプの原子炉には、ちょっとしたマイナス面がある。太陽内部の温度と同じくらいのプラズマを閉じ込めるのが、やや厄介なことだ。

　こういった制約を念頭に置きつつ、解決策を見つけようと、たくさんの実験が、大なり小なり行われている。

それで、現状は？

● NIF

アメリカ・カリフォルニア州にある「国立点火施設（NIF）」は、映画『スター・トレック　イントゥ・ダークネス』の舞台として使われるほど、すごいところだ。その中でなら、オタクたちを文字どおりに融合させることも、可能かもしれない。

NIFでは慣性閉じ込め核融合という技術に取り組んでいる。しくみはこうだ。ものすごく強力なメガウルトラレーザー——自分のレンズを溶かすほど強力なことが問題——というレーザーがある。このレーザーは192本のビームに分かれる[4]。このビームは指先ほどの大きさの金色の円柱に集まる。この円柱の中に核融合燃料があ

ああ……死神となり
世界の破壊者となった
のは誰なのか？[5]
それはお前だ！
お前なのだ！

---

[4] 核融合を起こすには、核融合燃料に複数の側面から一斉に衝撃を与える必要がある。では、192本の個々の小さなビームではなく、192本に分かれるひとつの巨大なレーザーを使うのはなぜか？　その理由はタイミングだ。192本のビームを一斉に放つよりも、192本に分かれたビームを同期させるほうが、ずっと簡単である。

[5] 原爆開発に携わったロバート・オッペンハイマーが原爆実験を見た際に発したとされる言葉「われは死神なり、世界の破壊者なり」をもじっている。

る。円柱が大量のエネルギーを吸収すると、中心に向けてきわめて強力なＸ線を放ち、核融合燃料を圧縮して、核融合事象をたくさん引き起こす（と期待されている）。これはいわば、ちっちゃくてかわいらしい水素爆弾のようなものだ。

NIFはまだ、この反応を始めるのに必要なエネルギー以上のものを生み出す「点火」は成し遂げていない。2015年の時点で達成したのは、その目標のおよそ３分の１である＊６。だが、「国立３分の１点火施設」ではないのだ。この核融合法を実証するには、もっと多くの調査が必要である。

● MagLIF

これとは別の興味深い実験が、アメリカのサンディア国立研究所で行われているMagLIF計画だ。MagLIFとは「磁化ライナー慣性核融合」の略である。

そのしくみをざっと示そう。まず、冷却された円柱を用意し、核融合燃料で満たす。そこに、軸方向から強力なレーザーを当てて核融合燃料を貫通させ、あっという間に高温に到達させる。燃料が円柱もろとも爆発しないうちに、超巨大コンデンサバンクを使って莫大な放電を起こす。これにより磁場が作り出され、円柱がつぶれる。

つまり、レーザーを当てて、破壊するのだ。

この方法を用いた初期の実験はすでに行われており、かなりの見込みが示された。それでも、ブレークイーブン（反応を起こすために投入するエネルギーと、それによって得られるエネルギーが等しい段階）には、まだまだ程遠い。つまり、磁石やゴム、それに希望からなる、我が家の地下室での核融合実験よりはうまくいっている

＊６　実際の数値には異論もある。NIFによる「点火」の定義は、レーザーを照射するのに必要な電力量ではなく、金色の円柱に集まる電力量だ。前者の基準だと、現状は100分の１ほどの点火になる。

という程度で……ただ、この計画が本当に興味深いのは、研究所が
作り出した詳細なコンピューターモデルによると、この方法を（エ
ネルギー面において）十分にスケールアップしたら、ブレークイー
ブンが得られるはずと示されているからだ。実験は進行中であり、
研究所の巨大なコンデンサバンク（先に触れたZマシン）も拡張さ
れている。うまくいけば、10年後くらいまでには成功するかもし
れない。

● ITER

　最も成功していて、盛んに研究されている核融合配置を用いた最
大級の実験が、「国際熱核融合実験炉（ITER）」で行われている。

　ITERは「トカマク」構造を使用している。「磁場閉じ込め用ト
ロイダルチャンバー」を意味するロシア語の頭字語で、イメージは
巨大なドーナツだ。ただ、その中身はプラズマで満たされている。
磁場を用いて、プラズマがそのチューブ内の真ん中あたりを流れる
ように閉じ込めるのだ。巨大なドーナツの中にプラズマの細い輪が
あるイメージである。磁場が強いので、プラズマの輪がドーナツか
ら抜け出すのは非常に難しい。プラズマが閉じ込められたこの状態
で、ITERはいくつかの方法を用いてそれを熱する。感電させたり、
マイクロ波を与えたり、中性粒子ビームを入射したりする。プラズ
マがぎっしり詰まったこの輪へ、エネルギーが移っていくほど、プ
ラズマはどんどんどんどん熱くなり、（うまくいったときには！）
プラズマの陽子が核融合を始めるのだ。

　ここですばらしいポイントをご紹介しよう。プラズマによる核融
合反応ではエネルギーが放出されるが、それによってさらにプラズ
マが熱せられ、さらなる核融合がもたらされるのだ。ろうそくのよ
うな感じである。ろうそくにライターで火をつけるとき、芯に火が
つかなければ、ライターを消したとたんに、芯の熱はすべて失われ

てしまう。だが、芯に火をつけることができれば、ろうそくは全部なくなるまで燃え続ける。火によってさらなる火が生じるわけだ。同じように、核融合反応を十分早く行うことができれば、連続した核融合燃焼を維持できる。そうなれば、外部加熱をすべて止めても、この反応は続くのだ。

おまけに、これは巨大な金属製ドーナツ内で起きているのである。

現在、ITER は最も費用がかかる最大規模の核融合計画だ。残念ながら ITER は（多くのビッグサイエンスプロジェクトと同様に）、度重なる遅れと費用の超過に見舞われている。脳を損傷した猫に、何かについて同意させるのがいかに難しいか、わかるだろうか。その猫たちの代わりに、世界各国の政治担当者たちをイメージしてみるといいだろう。ITER の現在の費用見積額は 150 億ドルを超えていて*7、当初の計画の 50 億ドルから大幅に増えている。公正を期して言うなら、違いは数字の 1 だけなのだが。

それでも進展はしている。本章の執筆時点で、ITER の実際のトカマクの一部がついに建造されているのだ。願わくは本格的な核融合炉実験は、ロボットによる最初の反乱（p.144 参照）にギリギリ間に合う 2027 年には行いたいところである。ITER は近いうちにも機能を果たす核融合炉に対する一番の望みになるという考えが大勢だが、それにもきちんとした理由がある。現在稼働している最大のトカマク型の欧州トーラス共同研究施設（JET）が、すでにブレークイーブンの 60 〜 70 パーセントを達成しているからだ。

● その他の計画

こういった大規模な実験に加え、もっと小規模な異端の取り組みも多数ある。私たちが話を聞いた科学者たちは、そういった実験に

＊7　見積もりには実はさまざまなものがあり、500 億ドルにも及んだものもあった。

ついて一様に、「うまくいってほしいが、うまくいかないだろう」と口にしていた。それでもおもしろいので、カナダのジェネラル・フュージョン社による興味深いプロジェクトを紹介しよう。

彼らの方法は「最もマッドサイエンティストで賞」に値する。以下のようなしくみだ。球体を用意して、それを液体重金属で満たす。そして中心に渦ができるまで、その球体を高速で回転させる。その渦に核融合燃料を流し込むと同時に、その球体の外面をプレス機のピストンで何度も打ち付ける。そのピストンによって生じた圧力波は、液体金属内を中心に向かって伝わっていき、そこで核融合燃料を崩壊させる。

これがうまくいったときの大きな特徴は、熱くなった液体金属からエネルギーを得られることだ。

多くの企業が似たような型破りの方法に取り組んでいるが、その大半が秘密にされているため、興味深い詳細を知ることができない。例えばロッキード・マーティン社は最近、稼働がもう目前だという核融合炉があると発表した。しかしながらその詳細については、明

らかにしていない。これはさながら、「僕にはセクシーなガールフレンドがいて、君は会ったことがないけど、彼女の写真は持ってないし、自分たちのメールも読ませない」という発言の科学版のようなものだ。本当かもしれないが、まだ興奮はできない。

心配なのは……

核融合炉はどんな設計のものであれ、放射性廃棄物を多少は出す。「放射性」という言葉を耳にした人がイメージするのは、「企業の重役がネオングリーン色の液体をデイケア施設に捨ててほくそ笑むやいなや、コウモリへと姿を変えて闇夜に飛び去る」というものだ。この描写は、細部においては必ずしも正確ではない。ITER は核分裂プラントとは違って液体廃棄物を一切出さないし、放射性トリチウムはきちんと捕らえて、将来の反応用に再利用されるからだ。

それどころか ITER のウェブサイトには、封じ込めはしっかり行われているので、トリチウムプラントで火災があっても、地元住民を避難させるには及ばないとまで記されている。確かに、反応によって衝撃を受ける ITER の一部は放射線にさらされるだろうが、それでも「高放射性」とはいえないし、比較的短期間で放射性でなくなる。

懸念する人たちに対しては、核融合原子炉と、核エネルギーについて話すときに出てくる核分裂原子炉は、まったくの別物だと指摘することが重要である。どちらも原子核が関係するが、それは、あなたの母親にも土星にもアップルパイにも原子核があると言っているのと同じようなものだ。

マサチューセッツ工科大学（MIT）プラズマサイエンス核融合センターのダニエル・ブラナー博士によると、「核融合反応がもたらすのはヘリウムと中性子だけであり、温室効果ガスも長寿命放射性廃棄物も出しません」とのことである。中性子は原子炉の壁にぶつ

かると止まるし、ヘリウムは非反応性ガスだ。それに、熱核反応の
おかげで誕生日に風船が浮かんでいたら、子どもは喜ぶでしょ。ブ
ラナー博士は、こうも言っている。「核分裂廃棄物とは異なり、こ
れは十分に安全なので、およそ100年で再利用できます」

　核融合に関してほかによくある懸念が、メルトダウンの危険性の
有無だ。簡単に言うと、これはまったくない。これでもまだはっき
りしないかもしれないので、こう言おう。核融合を起こすのは、ホ
ントにホントに本当に難しいのだ。少なくとも、吹き飛ばされたく
ないと思っている人たちの立場からすると、これは救いである。

　イギリス・ヨーク大学のブルース・リップシュルツ博士は、私た
ちにこう語った。「即時反応に必要な燃料だけが、いついかなると
きでも原子炉に保存されます。これは、1年分に相当する燃料が原
子炉内に保存される核分裂原子炉とは異なります。それに、核融合
反応は維持が非常に難しいため、もし炉内で閉じ込めが失われると
……風を受けたろうそくのように吹き消されるでしょう」。博士は
トカマクに関わっているので、風を受けるのはプラズマで満たされ
た巨大ドーナツとなるだろうが、言いたいことはわかる。

　私たちが話を聞いた人たちの中で、環境問題や社会問題に関する
懸念をもち出した人はひとりもいなかった。核融合に関する本当の
問題とは、単純にそれを稼働させることのようである。その証拠に、
フュージョニアのハル氏はよくこう言っていた。「核融合は未来の
エネルギーであり、それはいつまでも変わらないでしょう」

　アメリカ・スティーブンス工科大学の核歴史学者であるアレック
ス・ウェラースタイン博士に、この点について聞いてみた。彼はこ
のテクノロジーそのものについてはやや楽観視していたが、市場の
将来性については懸念を抱いていた。技術はできても、金やベリリ
ウムなどの高価な金属からなる、核融合燃料専用の担体が必要にな
ると指摘している。どのテクノロジーが成功するかで、核融合燃料

自体が高価になるかもしれない。したがって、投入する以上に多くのエネルギーを取り出せても、そのエネルギーにかかるコストと、投資分の回収にかかる期間を考慮する必要がある。ただ、たとえ結果が短期的にはっきりしなくても、研究は引き続き認められてよいのではないか。例えば太陽電池は、研究室で生み出されてから発電所を建設する実用的な方法になるまでに、およそ70年かかったのだから。

ウェラースタイン博士はこう述べている。「利益を即座にもたらすようなものにしか資金提供しないということから脱却しなければ、長期的なものは何も得られないでしょう」

主要技術の発展とともに、危うい事業への資金提供が大きな障害となっている。アポロ計画の絶頂期には、アメリカ政府は予算全体の4.5パーセント近くをNASAに充て、40万人以上を雇用した。それほど巨額の資金提供がなかったら、月面着陸はいつまでたっても50年先のことと言っていただろう。比べてみると、2015年のアメリカ国内の核融合エネルギー向けの予算は、747ジャンボジェットを1機買える金額とほぼ同じだった[8]。

どのテクノロジーの場合もそうであるように、十分に検討されなかった深刻な結果が生じる可能性はあるが、少なくとも現時点では、実用的かつ経済的に実行可能な核融合炉は、人類にとってはまったく問題ないもののようである。この一文が、人間の傲慢さを伝える、世界滅亡後の歴史書に出てこないことを願うばかりだ。

---

[8]　これには、国際共同研究へのアメリカの資金提供分は含まれない。アメリカ政府はITERも援助しているが、ご想像どおり、アメリカの政治家には、フランスで建設されている予算オーバーのこの科学プロジェクトにお金を出すことに乗り気ではない者もいる。アメリカ政府は1〜2億ドル程度の資金援助を毎年続けているが、費用の上昇を受け、議員たちはこれをストップしようという脅しを繰り返しかけている。科学者たちも、ITERに対する巨額の出資についてはやや懸念を示している。巨額の対外出資のせいで、国内施設への資金提供が割を食っているからだ。

世界はどう変わる？

　簡単に言うと、核融合エネルギーの燃料源には基本的に限りがありません。　　　　ブルース・リップシュルツ博士

　温室効果ガスも長寿命放射性廃棄物も出さず、メルトダウンの恐れもないのです。　　　　ダニエル・ブラナー博士

　核融合エネルギーが経済的に実行可能なものになったときの最も明白な恩恵は、安価なエネルギーだろう。核融合炉は、発電所と同じく管理や保全は欠かせないが、入力エネルギーが大量にあって、比較的低コストであることを考えると、技術の向上とともに価格が次第に下がるエネルギー源になるはずだ。

　エネルギーというのは、ほぼすべての製品に投入されているため、ほとんどの消費財の価格の低下が期待できるかもしれない。このことは、化学製品やセメント、紙製品、金属などを作り出す、エネルギーを非常に多く消費する産業には特に当てはまるだろう。

　環境的な恩恵もかなり大きなものになる。核融合炉が出す汚染は最小限で、炭素をまったく出さないことから、気候変動になんら寄与することなく、エネルギーを得られるのだ。たとえ核融合が初め

はかなり割高であっても、増加を続ける大気中の炭素による環境被害の可能性を計算に入れれば、経済的にはまだましな方法といえるかもしれない。それに、核融合の燃料として最も有望なものは水素であり、これは宇宙に最も豊富に存在している物質だ。つまり、燃料を得るために環境に与える影響は比較的低い。いうなれば、自前の核融合プラントをもっていたら、完璧なソーラーパネルを暖炉で遊び感覚で発電させることができ、さらには、グリーンピースの会合にも招かれるかもしれない[*9]。

　核融合エネルギーは長距離の宇宙旅行にもおおいに役立つと考えられている。宇宙船のほとんどが、安全性と効率の面から、エネルギーと推進力に液体燃料と太陽電池パネルを用いている。核融合炉が搭載された暁には、事故が起きても比較的安全で、エネルギーも大量に供給できる。しかも水素は太陽系内のみならず、その先の何もないところにも存在しているのだ。宇宙船がこの物質を集めて、重水素を効率よく分離し、核融合を行うことができれば、その船は無限に運用できるかもしれない。

　安価なエネルギーの恩恵については、予測がつかないものもたくさんあるだろう。鯨油（げいゆ）を使っていた時代に、ガソリンで動く車が何百万台も走っている世界は想像できなかったはずだ。それと同じように、エネルギーが比較的割高なこの時代に、どのような驚きが待ち受けているのかは、想像が難しい。

注目！――プラウシェア計画

1961 年のアメリカ・ニューメキシコ州南東部。低木の植物が散

[*9]　これは保証はできない。グリーンピースが ITER に反対なのは、周知の事実である。その理由は想像できないかもしれないが、太陽エネルギーや風力など、現代の再生可能なエネルギー源のほうに金を費やすべきと主張しているのだ。

在する乾燥した平地。過去千年にわたって人類がほとんど足を踏み入れなかったその土地に、アメリカ政府に招かれた国連の代表団が顔を揃えていた。核爆発に立ち会うためである。地政学的な影響があったのかもしれないが、この爆弾の目的は戦争ではなかった――核爆弾も平和目的に用いることが可能であり、この核の刀を打って延ばせば、鋤の刃にすることができると示すためだったのである。

　狙いはこうだ。砂漠上の遠く離れたところにある岩塩からなる深い縦坑に、爆弾を落として爆発させる。すると、この塩は非常に高温のドロドロ状態になる。大量に生じたこの溶融塩は、熱を逃さない最良のものだ。その熱を使えば、蒸気を発生させてタービンを回し、ついにはあなたのトースターも動かすことができるというのが、理論上の考えなのである。

　プラウシェア計画と呼ばれるようになっていたそれまでの爆発と同様に、このときの爆発でも強烈な衝撃波がもたらされ、砂漠の地面からは砂ぼこりが舞い上がった。と、ここでおかしな事態が訪れた。核爆弾が爆発する際に、おかしな事態は望まないのだが。

　科学者、記者、軍の関係者、政府の高官らが見守るなか、爆発地点から白い蒸気がじわじわと立ち上ってきたのだ。死の雲が空中に舞う。車でその場から離れるよう、集まっていた者たちに指示が出された。

　失敗の原因は、爆発が科学者の予想よりも強かったため、結果として生じたガスが地上へと漏れてきたのだ。そのガスの放射性の程度は？　それはわからない。事態の原因は？

　ホリネズミ。

　いや、これは誤植ではない。

　ホリネズミ。

　もう一度。

　ホ・リ・ネ・ズ・ミ。

そうなのだ。穴を掘る習性をもつこの齧歯類数匹が、爆発地点にある電気ケーブルを噛み切ったため（彼らの最終的な運命は推して知るべしだが）、放射線検出器のいくつかがオフラインになってしまったのである。

著者たちの知るかぎり、ホリネズミが絡んだ原子力事故として知られるものはこれが唯一の事例だ。それでも、プラウシェア計画が軌道に乗らなかった理由だった。理論上の考えはすばらしく、安価で巨大な爆発の利用法がいろいろ挙げられていた——港の建設、新パナマ運河の掘削、新たな元素の生成などが。

そんなことはばかげているように思われるだろうが、それには二つの理由がある。

（1）実際にばかげているから
（2）原子力楽観主義の時代だったから！

ウォルト・ディズニーは、ティンカーベルが魔法の杖で原子のシンボルを描く『Our Friend Atom（わが友原子力）』という映画を製作し、フォード社はニュークレオン——原子力を利用した未来の乗り物というコンセプトカーを発表した[10]。大気放射の危険性がまだわかっていなかったのだ。

こういった考えで、プラウシェア計画というものに至ったわけである。1961年から73年の間に、アメリカはこの計画のもと、27回の試験で35回の核爆発を行った。それぞれの爆発には研究目的が複数あり、その反応による生成物の調査から、どの程度の衝撃を起こせるかを見るだけというものまであった。

その結果、かなりの衝撃を起こせることがわかった。この計画に

---

[10]　燃料補給を一度行うと、次の補給は20年後になるという！

よって生じた多くのクレーターは、現在でも見学することができる。ただ、これらの爆発によって残されたものとしては、地元民の憤りのほうがはるかに大きかった。その多くはアメリカ先住民によるもので、冷たく扱われたからである。プラウシェア計画を担当した科学者や官僚たちは、地元の懸念を再三無視し、この計画がもたらす被害を過小評価して、安価な核爆発を起こす自分たちの能力は過大評価したのだ。

核の雲に対する明るい兆しとしては、これによって現代の環境運動の発展が促されたことだった。この計画に関する奇妙な点のひと

つが、政府が環境科学者を繰り返し雇い、爆発によって問題が生じるかどうかを判断させたことである。当然ながら、生態系やそこに住む人たちが強い放射線量を望んでいないことに、科学者らは気づいた。だがこの時点でプラウシェアの担当者は、相も変わらずそのことを無視した。良識ある専門家たちの間に生じた憤りと、標的とされたコミュニティー内に生じた憤りがひとつにまとまった結果、現代の環境運動の最初のものが誕生したのだ。

　現代に至るまでの数多くの核計画と同様に、プラウシェアの歴史も、大きな可能性を秘めていたのに、知的な連中が愚か者のような行動をとったせいで後退した技術開発のひとつである。彼らの無神経さたるや驚くほどで、ある話によると、一流の科学者であるエドワード・テラー博士は、核爆発を連続して用いて、ホッキョクグマの形をした港をアラスカに築くことを提案したという（冗談ではあるが、それにしてもという話だ）。実際に、爆弾を落としてアラスカに港を建造するという真剣な提案もあった。地元の人が特に望んだわけではなく、危険性があるうえに、一年の大半は氷に閉ざされているというのに。

　私たちは、いかなる建設計画にも原子爆弾の使用は勧めないが、このあとの結果は多少興味深い。1973年の最終テストの前までは、実はこの技術は比較的うまくいっていた。例えば、この計画の後継のひとつにルリソン（ラリソン）計画というものがあり、核融合爆弾で天然ガスを遊離させられるかを試すものだった。その結果は？長崎に落とされた原爆の2倍強力な爆弾であれば、大量の天然ガスを入手できるのだ。その後の地元の放射能レベルは驚くほど低かった——以前より1パーセントしか高くなっていなかった。この結果は大きな可能性を秘めていたかもしれなかった。それに当時は、平和目的に利用される爆弾は比較的「クリーン」に作られるという期待もあった。水素爆弾は核分裂反応と核融合反応の両方を用

いるが、好ましくない副産物の大部分は核分裂のほうからもたらされる。プラウシェアの主な目的のひとつは、そういった副産物を軽減する方法を見つけることだった。

期待のもてる結果がいくつかあったにもかかわらず、プラウシェア計画は1975年までには棚上げとなった。科学者や技師は多くの進展を成し遂げたものの、あまりにもたくさんのことが立ちはだかったからだ。発生初期だった環境保護運動に反対されたうえ、核兵器を試験場に移すのに必要なお役所仕事を考えると、従来型の爆弾と比べても、原子爆弾はそれほどの経費削減にならなかった。それより何より、利用できるものをたいして生み出さなかったのである。最大の成果は天然ガスの遊離だったが、平均よりも放射性がほんのちょっと多いだけのガスの販売に、企業はそれほど乗り気にはならなかった。

さらには、史上最も皮肉な展開のひとつといえるだろうが、世紀半ばに水圧破砕法（「フラッキング」）が発明されたことで、天然ガスの放出に原子力を用いる考えが骨抜きにされたのである。この皮肉に輪をかけたのが、ますます費用がかさんだヴェトナムでの戦争により、楽しみと利益のために核実験に回せる資金が減ったことだ。そう、つまりは、もっと放射能に満ちた世界にはならなかった……。これはフラッキングとヴェトナムのおかげかもしれない。

1950、60、70年代の間に、放射能によってもたらされる危険性に関する理解が深まった結果、人々は放射能の量だけでなく、その種類にも懸念を抱くようになった。最も重要な発見のひとつが、核爆発による主要副産物ストロンチウム90（Sr-90）の危険性である。Sr-90のことは、放射線を出すカルシウムのようなものと考えてもらって構わない。カルシウムのように骨に吸着するからだが、Sr-90は放射線源としてとりわけ危険なのだ。特に不気味だったのが、核実験が頻繁に行われていた年月に、乳歯からSr-90が見つかっ

たことだった。

　そう、乳歯からである。ルイーズとエリックのライス博士夫妻がすばらしい調査を行った。この二人は 12 年にわたって学童の抜けた乳歯を集め、その数はおよそ 32 万個にもなった。歯は大部分がカルシウムなので、体内に取り込まれるストロンチウム量を調べるには、抜けた歯が格好の材料なのだ。核実験がピークだった 1963 年頃というのは大気中のストロンチウム量がきわめて多かったときだが、子どもたちの歯からは通常の約 50 倍ものストロンチウムが検出されたのである。

　この発見により、アメリカとソ連との間の部分的核実験禁止条約（PTBT）が促進された面もある（1963 年に調印）。おそらくはこの条約が、プラウシェア計画にとって最大の障害となった。PTBT の規約のひとつが、爆弾を自国で爆発させるのは構わないが、その爆弾の影響を国外に出してはいけないというものだったからである。これでは制限にはならないと思われるかもしれないが、実際はなるのだ。もし私が爆竹を鳴らしたら、その結果生じる一酸化炭素の一部は、いずれはロシアまで広がってしまう。これは死の灰についても同様だ。アメリカもソ連も、この条約について本来あるべきほどには真剣に取り扱わなかったものの、核爆弾によって港を建設できるかどうかを判断するという、すでに（当然ながら）厄介だった作業に、さらに官僚的な厄介さが加わった。

　例えばこの条約では、爆弾を「水中」で爆発させてはいけないと明記している。のちに、プラウシェアに関わった人たちは、水中ではなく海底の下での爆発を望んだ。このことで、「水中」が文字どおりに意味するのは「水の中」なのかという真剣な議論に至った。外交官の優雅な生活も、ここに極まれりというところである。

　ソ連とアメリカの関係が改善され、水素爆弾では費用の大幅な削減にはならないことが明らかになると、アメリカは核兵器について、

この世の終わりが訪れないように使用を棚上げしたほうがいいと判断した。こうして、プラウシェア計画は終わりを迎えたのである。

　ソ連のほうはどうだったかと思う人もいるかもしれないが、実はソ連にも似たような計画があり、「国家経済のための核爆発」というものが、国家が崩壊する直前まで続けられた。「チャガン湖」と検索してみると、かつてソ連の一部だったカザフスタンにある、奇妙な円形の湖が出てくる。その湖ができる瞬間の映像もあるかもしれない。さらには、ぞっとすることに、近くの貯水池からの水で満たされた直後のその湖で泳ぐ人という、プロパガンダ映像もある。この人がよい健康保険に入っていたことを願うばかりだ。

4 章

プログラム可能な素材
あなたのモノが、どんなモノにでもなっちゃうとしたら？

問い：なぜあなたは自転車よりもコンピューターをよく使うのか？
答え：それは気味の悪い引きこもりだから。

　まあそれはおいといて、別の理由としては、自転車にできること
がほぼひとつ——ペダルを踏むと前に進むこと——だけなのに対し
て、コンピューターにできることはたくさんあるうえに、（さらに
重要なことには）数えきれない作業を行うことができるからだ。つ
まり、コンピューターはすでに「プログラム可能な素材」なのであ
る。どのようなプログラムも動かせ、どのような画像も表示でき、
どのような音も出せ、どのような機器ともつなげられるのだから（電
源コードがあって、Windows がクラッシュしなければの話だが）。
しかも、こういったプログラムや画像、音などは、写真、レコード、
蒸気機関の物質的な装置などとは違い、コンピューターに永遠に埋
め込まれるものではない。

　もし 1900 年からやって来た人がいたとしても、あなたの持ち物
の大部分には違和感を感じないだろう。ほうきはプラスチック製に
なっているものの、昔の木製のものと機能は変わっていない。洗濯
機は優れた機械だが、理解するのは難しくない。では、コンピュー
ターは？　これは魔法を使っているなどと思われるはず！

　あなたの持ち物すべてを、コンピューターのようにできたとした
らどうだろう？　というか、高性能のコンピューターと最新の合成

物質があるこの時代に、たくさんの持ち物をせめて自分の望むように作れないものだろうか？　建物の素材を、天気の変化に合わせて自動で変えられないか？　4脚の椅子に、テーブルになるよう命ずることはできないか？　自分で折る代わりに、折り紙に向かって「お願いだから」と声を張り上げるだけで鶴になるようにできないか？

　実はこういったことは、思っているほど遠い未来の話ではないかもしれない。

　MITのエリック・D・ドメイン博士は、プログラム可能な素材に対する自身の熱意を、次のように語ってくれた。「私がプログラム可能な素材でワクワクするのは、多くの機能を果たすことが可能な装置を作ることが考えられるからです。自転車から降りて座りたいと思ったときに自転車が椅子になる。そのあとノートパソコンになる。あるいは、携帯電話を広げたらノートパソコンになる、というように。……コンピューターを利用する私たちの世界でも、ソフトウェアのプログラムは書き換えられますが、プログラム可能な素材とは、ハードウェアに関して同じようなことができるというもので……今は、最新の携帯電話を手に入れたければ、出かけていって実物を買わなくてはいけませんが、未来では、自分が持っているものが最新モデルへと自らを作り変える——それが夢なんです」

　世界中の科学者にエンジニア、アーティストが、このようなことを実現させようと試みている。周囲の状況に応じて設計を行うという意味で、素材をプログラムすることをめざす人もいれば、私たちのすることすべてにロボットを組み込もうとする人もいる。最も野心的なのは、どのような形にも変形可能な素材の塊を夢見ている人だ。コンピューターや電気機器製品がますます小型化して効率よくなっているわけだから、キラキラ光る液体の中に手を入れたら、レンチから電話機、ペットロボットまで、あらゆるモノを取り出せる日も来るかもしれない。

　なぜ私たちはこういったものを望むのか？　まあ、実用的な理由はあるが（それは追い追い見ていく）、人間というのは、別のものに変わるものが単純に好きなのではないだろうか。映画の『トランスフォーマー』シリーズがいい例だ。超人的な心と異星人の生態を併せもつ、遠く離れた星からやって来た生命体が、地球上で戦う話である。なぜこれにワクワクするのか？　上記の点に加えて、それらが実にイカした車に変形することができるからである。

それで、現状は？

　プログラム可能な素材とは、物体に情報を与えるものだ。これは、搭載コンピューターにちょっとした情報を文字どおり与えることかもしれないし、物体の形や素材の構成を通じて、物体の構造に「知識」を埋め込むことかもしれない。そのため、プログラム可能な素材の分野はかなり多様になる。

　まずは、組み立てられた状況にもとづいて複雑な特定の行動をするという意味で、「プログラムされた素材」から見ていく。例えば水に濡れると、プログラムされた素材のひとつが、搭載センサーも計算能力もなしで、前もって決められた方法で曲がるというものだ。続いては、折り紙ロボットに再構成可能住宅、さらに万能ロボットの製造という、より風変わりな試みに迫っていく──これは基本的には映画『ターミネーター』シリーズに出てくる T-1000 のようなものだが、私たちを皆殺しにしないものであることを願う。

● プログラムされた素材

　MIT のスカイラー・ティビッツ教授はプログラムされた素材の専門家で、この分野について次のように予想している。「私が思うには、みなが望んでいるのは、人間や機械が介在しないで、自ら形

を変えたり性質を変えたり自分を組み立てたりするように、物質的実体をプログラムすることで……周囲の何か——気温、水分、電気活性、その他の引き金——をきっかけになんとかして素材を自ら変形させたいのです」。ティビッツ教授はプログラム可能な素材のこの独特な特徴を、「4D印刷」と呼んでいる。3D印刷したものが、その素材や環境により、時間とともに変化するからだ。

　例として、再構成可能なストローがあるとする。3D印刷したストローだが、特別に設計された継ぎ目があって、水に入れると曲がるしくみだ。それぞれの継ぎ目の曲がり方を選ぶことで、原則としてどのような形にもできる。ティビッツ教授が作ったストローは、水に入れると「MIT」という文字に変形するというものだった［QRコード参照］。

　周囲の環境に応じるという別のカッコいいプロジェクトは「ハイグロスコープ（HygroScope）」［QRコード参照］といって、ドイツ・シュトゥットガルト大学のアキム・メンゲス博士とシュテフェン・ライヘルト博士によるものだ。これは薄い木の板でで

著者ザックとティビッツ氏

スパゲッティなんだけど、水に入れたらストローになってそれが「月面着陸はウソだ」と口々に言い料理人が気がつくくらいまでその状態でいたあとでスパゲッティに戻るというのは作れる？

どうしてです？なぜそんなものを？

ごちゃごちゃ訊くんじゃないよティビッツ

きていて、湿度に応じて、プログラムされた方法で曲がる。周囲の状況に応じてその木が曲がると、無数にある小さな穴が開いたり閉じたりするのだ。全体として見ると、巨大な宇宙生命体の一部のように見えるが、モーターもコンピューターも一切組み込まれていない。

　ティビッツ教授は、こういったプログラム可能な素材の採用には、大きな障害が二つあると見ている。ひとつは、ソフトウェアが静的構造かロボット機械構造で作動するように設計されている点だ。教授が求めるソフトウェアとは、「さまざまな活性化エネルギーによって変形したり、曲がったり、丸まったりねじれたりする、不安定な素材」を設計できるものなのである。

　もうひとつの問題は、人々にこれを本当に欲しいと思わせる方法を見つけることだ。これまで深く考えたことがなかったが、バスルームにあるものすべてが「静的」なのは、いいものである。ところがティビッツ教授は、賢い素材を私たちの日常にエレガントに加える方法があるという。例えば教授が取り組んでいたのは、水量を調節したり需要に応えたりするために、流れる水量に応じて太さが増減する水道管だ。教授は現在、スポーツウェア、医療機器、包装、航空宇宙産業の各分野の企業と組んで、プログラムされた素材を私たちの生活の多くの場面にもたらそうとしている。

●折り紙ロボット

　折り紙を本当に楽しいものにしている[*1]理由のひとつに、ちょっとしたルールによって複雑な構造を作り出せる点が挙げられる。たった1枚の紙を単純に何度も折っていくことでできるみごとな折り鶴は、その極致だ。上級者になると、この1枚の紙で何千と

＊1　折り紙は楽しいと言われるが、私たちは下手だ。あまりの不器用さに腹が立ち、困惑しているほどである。

いう形のものを作り出せる。言い換えれば、プログラム可能なのだ。

だけど、馬鹿のひとつ覚えみたいに、なぜ自分たちですべて折るのか？ 自ら折るという紙のロボットは存在しないのか？

折り紙ロボットは、プログラム可能な素材の出発点としては格好のものである。紙はかなり簡単に扱えるし、折るという単純なルールによって複雑なものを作り出せるからだ。

折り紙ロボットの製造方法はたくさんあるが、基本原理は単純だ。何度も折ることのできる平らな素材を用意すると、折り目に沿って設けられたアクチュエーター——可動する機械部分にしてはしゃれた名称だ——によって、自ら折り目が折られることになる。この「紙」には、コンピューターと通信を行う電子回路が内蔵されているので、正しいタイミングで正しい折り目に沿って折り曲げられるように、ロボットにプログラムするだけでいいのだ。この機械は、目的の形に到達したあともさらに折り続けることが可能で、動き回ったり、物をつかんだりなど、普通の折り紙では無理なこともできる。

MIT のダニエラ・ルース博士はできるだけ小さな折り紙ロボットの製造に関心をもっていて、指先サイズのものを作り出すことに成功した。非常にシンプルな折り紙ロボットだが、シンプルゆえの長所もいくつかある。

このロボットを起動させると——その見た目は、磁石のついた、なんの変哲もない小さなアルミ箔のようだが——急に自らを折りたたんでいき、電子の虫のようなものになる。このロボットに搭載されている磁石に磁場をかけると、歩き回らせたり、泳がせたり、何かを持たせたりすることができるのだ。現在はリモコンで操作されているが、自律性のあるものにしたいと、博士は考えている。

さらに最近では、博士はこれをバージョンアップしたものを作り出した。驚くなかれ、ブ・タ・の・腸・でできているのだ。まあ、MIT の基準だと、ブタの腸を電子化してもそれほど奇妙ではないのだろう。

　おわかりのように、小型ロボットで医療を変えることが、ルース博士の目標のひとつだ。この腸ロボットは十分に小さいので、丸薬の大きさの氷の中に入れて、飲み込むことができる。この氷が腸まで届いてそこで溶けると、小さなロボットが解き放たれるのだ。

　ルース博士の研究チームは、電池が入って詰まってしまった腸で実験を行った。これは別に、MITのエンジニアたちの人体構造の理解に難があるからではない——こういった事態は実際に起きている。ボタン電池のピリピリする感じを楽しむ子どもと大人がいる場合には、特にそうだ。

　とにかく、腸内でこの氷が溶けると、ソーセージの皮と小さな磁石からなる小型ロボットがあとに残る。するとこのロボットは、腸の中を「泳ぎ回る」ことのできる形へと、自らを折りたたんでいく。そして、おいしそうな電池に狙いを定めるや、必死に泳いでいってそれを取り除く。そのあとは、体外へと排出される。このロボットが自らの生涯を客観的に見つめるほどの知性をもたないことを願うばかりだ。ただ、仮にそうなったとしても、私たちの側に問題はない——このロボットは大部分がソーセージの皮からなるので、自然に分解されるのだから。

　このロボットをもっと小さくできると、より複雑な医学的応用が可能になるかもしれない。ルース博士が思い描いているのは、折り紙ロボットが自ら変形して治療器具へと姿を変えたり、ロボットが体内の特定の場所へと薬を運んだりできる日が来ることだ。折り紙はごく単純なルールによって複雑な構造のものを作り出すことができるため、小さな医療ロボットこそ未来の最善の道を表すものかもしれない。

　折り紙ロボットはもっと大きくても使い道があるかもしれない。折り目に沿って自らをきちんと固定できれば、椅子やテーブルや花瓶など、さまざまなものに姿を変えられる平らな紙を得られること

になる。それに、ハンカチの四隅が急に持ち上がったら、子どもにウケるのは間違いない。

　現在の折り紙ロボットのデザインはほとんどがシンプルなもので、別の形になれるのは一度きりだ。ルース博士によるデザインのような最新のものでも、基本的な限界がいくつか存在している。

　ドメイン博士は折り紙に関する数学的属性を調べたうえで[*2]、折り紙ロボットに取り組んでいる。博士はこう話してくれた。「要は、折り紙の数学モデルでは、厚さがまったくない紙をイメージするので、層をたくさん積み重ねていっても問題ないんです。でも実際の素材を使う場合、それもアクチュエーターやら電子装置やらを備えた素材を使うとなると、紙よりだいぶ分厚くなってしまって、作ることのできるモデルの複雑さがかなり限られてしまいます。少なくとも私たちが現在理解している最善の方法には、たくさんの層が必

要なので」

　博士と協力者たちが新たに調べを進めているのが、紙を切っても OK という、従来とは異なるタイプの折り紙だ。こちらの計算のほうがかなり難しいが、切ることで状況が容易になる可能性があるのなら、硬い紙にこだわるのは賢くないだろう。

　封筒にきちんと収まる一方で、そこから飛び出して部屋の中を動き回るようなものを作れる能力には、軍事用や警備用から、受け取り手に失礼なふるまいをする絶縁状の作成まで、多岐にわたる用途がある。しかも MIT の科学者たちは、こういった折りたたみ式ロボットを誰もが利用できるように研究しているのだ。

　シンシア・ソン博士（ルース博士の研究室の元博士課程学生で、現在はペンシルヴァニア大学所属）が手がけたソフトウェアは、ロボットのデザイン、印刷（3D プリンターを使うなどして）、製造を誰もが行えるようにするものである。「『インタラクティブ・ロボガミ（Interactive Robogami）』［QR コード参照］の開発において私たちが行ってきたことは、実在するキットのように利用できる、バーチャルなレゴセットの作成です。その配置や形を変えたりできますし、カスタマイズが可能なパラメーターもあるので、ハードウェアの外観をさらにもっとコントロールできます。これとともに、シミュレーション技術も提供していますから、それによって人々は設計を行いながら、自分の設計が望みどおりになるように確認できるわけです。私たちは現在、地上での移動に力を入れています。自分のロボットの設計をシミュレーションしながら、しっかり前へ歩けるかどうかを確かめられるのです」

　博士の究極の目標は、超低コストのロボット工学を誰もが利用できることだという。「インタラクティブ・ロボガミ」のソフトを開き、ロボットを設計して 3D プリンターで印刷し、適したモーターを取り付ける——すると、ジャジャーン、機械の軍団のできあがりとい

うわけだ。

●再構成可能住宅

　スペースを効率よく使うことが、地価の高い過密都市ではすでに課題となっている。アイデアとして、個人の部屋でいろんなことができるようにするというものがある。それを考える場合、部屋は、自然を排除してインターネットを取り込んだ単なる箱となる。私たちは利用目的に応じてさまざまな部屋を使い分けているが、原理上は、そのときそのときのニーズにもとづいて、自ら変化できる部屋がひとつあれば、生きていけるのだ。

　このような考えのひとつの証明となるのが、「アニメイテッド・ワーク・エンバイロンメント（Animated Work Environment：生きている作業環境）」[QRコード参照] である。これは二つの部分からなる。ひとつ目は、3個の部品からなるテーブルで、これは再構成できるよう設計されている。二つ目は、そういったテーブルから伸びている、サソリの尾のように丸まったり伸びたりする6枚のアルミパネルだ。このパネルは、オフィスに欲しいと思うようなものすべて——スクリーン、ホワイトボード、照明、音楽を備えている。環境要因を探知するセンサーもついている。

　このシンプルなしくみから、驚くほどたくさんの形態が得られる。サソリの尾により、オフィスを2分割できる。真っ直ぐに立たせると、グループに向けて巨大モニターを映すことができる。あと、あなたが仕事をしている間、あなたの正面にじっと座っていることもね。原理的には、あなたの望みを探知することも可能だ。もし遅い時間になってきたら、この尾はあなたの頭上まで伸びてきて、あなたがリラックスできるよう、明かりを少し落としてくれるかもしれない。複数の利用者がプライバシーを望んでいながらも、お互いに近くで作業する必要がある場合は、巨大な逆U字形になり、ひと

りは内側で、もうひとりは外側で作業するようにもできる。あと、巨大なアリが攻撃してきたときには、「尾」の先端に毒針を付け足して、戦わせることまで可能に !?

　これを手がけたクリエイターたちは、もっと進化したものを思い描いている。尾の部分が部屋中を這い回り、天井や床になるというものだ。それによってオフィスのレイアウトを作り出す、つまり即席の部屋を作ることも可能なのである。

　これはまだアートプロジェクトの段階なので、あなたのオフィスが近いうちにそうなるというわけではないが、状況に応じて自らを構成する空間という基本的な考えには、多くの可能性が秘められている。特に、空間が貴重な場所では。

　似たようなアイデアに「リット・ルーム (LIT ROOM)」[QR コード参照] というものがある。これは可動する壁がある部屋のことで、この場合の可動とは、位置が変わることと、曲がって凹面や凸面になったりすることの両方の意味をもつ。壁に向かってイメージを映すプロジェクターがあり、小さなスピーカーが BGM を流す。ただ、本当に優れているのは、利用者とのふれ合いを図れる

点である。これがターゲットとしているのは、読み聞かせをしてもらって、お話に耳を傾けている子どもたちだ。物語のある場面に差しかかると、それに合わせて周囲が変化し、山頂だとか嵐といった感じを出すのである。想像してみてほしい！　『オリヴァー・ツイスト』を読んでもらっていると、いかにも貧困を感じさせるような匂いがしてきたら……。

　これらは本当にすごいが、クリエイターたちが願っているのは、子どもの学習能力や読み書きの力の向上に用いられることである。もっとも、私たちが子どもの頃に計算能力を何に使っていたのかを考えると、クリエイターたちの願いが叶うかどうかはわからない。

　ただ、ちょっと待ってほしい。これって、大人向けにはならないだろうか？　ひとつの考えとして、リット・ルームのような部屋で、雰囲気の変化のみをもたらすのだ。仕事でひと休みするときに、作業スペースがつかの間、南の島のビーチの感じに変わってくれたらいいのでは。

　著者のザックがおおいに気に入った住宅プロジェクトが、ハック・デザイン＋リサーチ（現アンブレリウム）というグループによる「再構成可能住宅（Reconfigurable House）」[QRコード参照]の展示だ。家というよりは巨大な金属の骨組みで、利用者の行動やソフトウェアの変化に反応する部分がついている。カスタマイズを極限まで推し進め、「スマートホーム」をまねてあざ笑う意図もあるが、部屋とソフトの相互作用によって引き起こされる不思議さも探究している。とにかく、これの実にいいところは、展示の一部に「キャット・ブリックス」というものがあり、透明なプラスチック製のレンガ（ブリック）におもちゃのネコが埋め込まれていて、それに光がついたりニャオと鳴いたりすることだ。その管理は単純なコンピューターが行っていて、人間の行動に反応できる。例えば、「自分は知らないうちに悪夢の中にいる」と思っているケリー

に対して、ゴロゴロと心地よく喉を鳴らすことができるのだ。

　こういったものは本当に興味深い——家が何かしらの方法で生きているという考えは、殺人ロボット的な恐怖はあるものの、実におもしろい。キャット・ブリックスは私たちの第一選択肢にはならないだろうが（それを言うなら、第二、第三にも、第四百にも）、それでもこの基本的な考えがおかしなものであるとは限らない。探しているものをグーグルが知っていたり、気に入った思い出をフェイスブックがサジェストしてくれたり、自分たちの考えよりもいい贈り物のアイデアをアマゾンが出してくれたりすることに、私たちはすっかり慣れてしまっている。自動で再構成を行ったり、色や音や温度を調整したりして、自分だけに合わせてくれる家——落ち込んでいるときには暖かさと柔らかさを、眠りたいときには静けさをもたらす家——をもつことにも、私たちは夢中になれることだろう。

●協力し合うロボット

モジュラーロボット

　家を再構成できるなら、持ち物はどうだろう？　私たちが目を通した本[*3]で提唱されていたのが、「調度品が生を得る」部屋というものだった。家のソファに対して私たちが行ってきたひどい扱いを考えると、これが望ましいかどうかは微妙ではある。一方、何もせずにだらだらしているときに、クッキーが載ったテーブルが近づいてきてくれるなら、考えを改めるのにやぶさかではない。

　これのかなりカッコいいタイプが、スイス連邦工科大学ローザンヌ校（EPFL）による「ルームボッツ（Roombots）」[QRコード参照]というものだ。その目的は明らかに、あなたの部屋にあるものを再構成可能にすることである。

[*3]　キース・イヴァン・グリーンによる『Architectural Robotics（建築ロボット工学——ビット、バイト、バイオロジーのエコシステム）』

「ルームボッツ」は基本的には丸みのある小さな立方体で、それが回転したりお互いとくっついたりする。回転できるということは、動けるということだ（くねくねしたり、集まって輪になったりする）。くっつくことができるということは、大きくて複雑な集合体になれるということである。

くっつくしくみにはプラスチック製のグリップが用いられていて、特別に設計された受け手側の部分とつながるようになっている。これにより、連続して表面をつかんで壁を登る可能性が広がる。つまり、（特別設計の）明かりを持たせて天井まで登らせ、家の中であなたのあとをついてくるシャンデリアにさせることもできる。自分の持ち物のすべてをロボット製にしたくなければ、古い木の板を用意して、それにドッキングエリアを彫ってもいい。ルームボッツはその板のところまで行くと、それをつかんでベンチにしたのち、あなたのところまでやって来る。そのアンティークは、椅子の背当てに使ったりもできる。友だちに対して、「椅子が勝手にやったんだ！」と言ってもいい。もっとも、スパゲッティにメッセージが書かれているのを見たと言うような人のことなど、誰も信じないかもしれないが……。

自ら構成して動くロボットの使い方には可能性がたくさんあるが、研究者たちが最も興味をもっているのは、高齢者や病人の介助だ。ルームボッツの簡単な使い方には、動き回って、利用者に合わせて高さや形を調節できる家具になることがある。

こういったモジュラータイプのものは、普遍的なプログラム可能素材への一歩でもある。その実現に向けてのひとつの方法は、ロボット群をより自律性のあるものにすること——もっと一般的な命令を実行できるようにすることだ。つまり、特定の設定や場所をプログラムするのではなく、この群が自ら考え出すという目標をプログラムするものである。うまくいかないわけがないだろう？

著者たちはというと……

本当だって！
ここにあったんだから！
ホントにホントよ！

そうだろう
とも

　「スウォーモーフ（SWARMORPH）」*4 というプロジェクトで
は、車輪のついた小さなロボットを用いている。その丸みのある端
にドッキングする部分があって、それによって並んでつながること
ができるのだが、お互いの上に上がることはできない。

　このデザインは、ある意味ではルームボッツより単純で、三次元
に動くことができる。ただ、スウォーモーフのロボットが特別なの
は、昆虫の群れのように動いて、組織化できる点だ。中央制御装置
は存在せず、それぞれのロボットが独立して動く。小さなライトで
お互いに合図を送ることで、それぞれの行動を連繋させることがで
きるのだ。

　簡単なテストでは、スウォーモーフのロボットは橋を渡り、単独
では対処できない障害物をきちんと通り抜けることができた。以下
に、力を合わせて障害物を乗り越える例を挙げよう。ある場所に投
入されたロボット群に、一方の側からもう一方の側へ行くように指

＊4　機械による反乱が起きた際に狙いを定められるように、この名前は覚えておこう。

示が出る。ところが、その途中に大きな亀裂がある。ロボットたちはその周囲を探ったのち、その亀裂を乗り越える必要があるのにそれができないことに、1台が気づく。するとそのロボットが、組織内に変化の種をまく「種ロボット」になるのだ。台座にある小さなライトを介して、「さあ、ドッキングしよう！」と伝える。ロボットたちが種ロボットのところに集まると、種ロボットにドッキングできるのは1ヵ所だけだとわかる。そのため、最初にくっついたロボットが新しいドッキング箇所になる。

こうしてすぐに、ロボットによる列ができる。その形になれば、ロボットは亀裂の向こう側までつながって伸びて、越えることができる。監督する人間からの指示が何もない状態で障害物を乗り越えたロボットたちは、バラバラになると旅を再開する。

このロボットたちは似たような方法によって、数多くの作業を成し遂げることが可能だ。つながることで、狭い軌道上を進んでいくこともできるが、これまでに終えた制御試験は研究室内のみである。

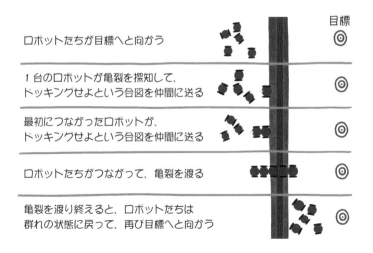

目標

ロボットたちが目標へと向かう

1台のロボットが亀裂を探知して、
ドッキングせよという合図を仲間に送る

最初につながったロボットが、
ドッキングせよという合図を仲間に送る

ロボットたちがつながって、亀裂を渡る

亀裂を渡り終えると、ロボットたちは
群れの状態に戻って、再び目標へと向かう

「シンブリオン（SYMBRION）」[QRコード参照]という別のグループも似たようなプロジェクトに取り組んでいるが、こちらは三次元で動ける。各ロボットは、それぞれの面に車輪がついた立方体のような感じになっていて、その面には蝶番（ちょうつがい）がついたドッキング装置もある。つまりこのロボットはスウォーモーフのロボットのようなことができるわけだが、その行動範囲はもっと広い。このプロジェクトの映像を見ると、シンブリオンのロボットが集まると四足動物やヘビのようになり、障害物をかわすようにさまざまな方向に動けることがわかる。

　シンブリオンでは、組み合わせ型の恐怖の四足動物作成は2013年に終えたが、ほかのエンジニアたちは近い将来に人類の消滅をもたらす研究開発を依然として続けている[*5]。「キロボット（Kilobot）」[QRコード参照]という最近のプロジェクトは（ちなみに「殺人（キル）ロボット」とは一字違い）、1024個の小さなロボットからなる。

　キロボットはそれぞれが実にシンプルで、実に小さなものだ。ボタン電池に小さな硬い脚が3本ついたような見た目で、揺れるようにして動き回る。ほかの群れと同様に、何か課題を割り当てると、それを遂行する方法を考え出すことができる。キロボットは、小さなロボットが姿を変えて、あなたの望むどんな道具にもなるという奇妙な未来をほのめかしながら、再構成してレンチの形になるだけの単純なアルゴリズムを走らせるのだ。

　1000個ものロボットがどれも正しい形になる方法を見つけるまでには、およそ6時間かかる。しかも、使える道具になるわけで

[*5]　シンブリオンのプロジェクトリーダーだったアラン・ウィンフィールド博士は、こう話してくれた。「それが自分たちの目的ではないことは、おわかりいただけると思います。シンブリオンのロボットは、研究室では単純な障害物を乗り越えることすらやっとだったので、人類にとって大きな脅威にはなりえません」。その考えで大丈夫だろうか？

はなく、形だけがレンチになるロボットのマーチングバンドのようなものだ。それでも、これは大きな可能性を秘めている。ロボットの数が増えるほど可能性はさらに開け、ひとつの巨大な連続体のように行動する群れとなるのだ。

　人類の文明という、この果てなき茶番に強烈な終止符を打つこと以外に、自律したロボットの群れを望む理由はあるのだろうか？ひとつには、物事を監督する大型コンピューター（もしくは大型の人間）がいらなくなることで、コンピューターの処理能力を求める必要性を減らすことが挙げられる。これによってロボットは安価になり、おそらくは速度が増す。さらに、自律したロボットは状況に応じた判断をすばやく下せるので、効率が増す可能性がある。予期せぬ事態が起こる過酷な環境（宇宙や災害現場）では、これはとりわけ重要だ。もしロボットが、プログラムされた使用人ではなく、アリのように動くことができたら、「この食べ物をこの場所へ届けること」といった、かなり普通の作業をさせることも可能になる。ロボットは自らの創造性を発揮して、それを成し遂げるのだ。

なんでもバケツ

　有名なパロアルト研究所にかつて所属していたデヴィッド・ダフは、プログラム可能な素材という究極の目的のようなものを言い表すために、「なんでもバケツ（Bucket of Stuff）」という用語を考え出した。

　べとついたもので満たされたバケツを想像してほしい。それをベルトに結わえた状態で、あなたは流し台の修理を行っている。六角レンチが必要になったあなたは、そのことをなんでもバケツに言う。すると、そのバケツの中から六角レンチが出てくるので、あなたはそれを使って修理を行う。ペンチが必要だと伝えると、ペンチが出てくる。ラバーカップが必要になったら、そのバケツの中のべとつ

いたものが長くて堅い筒状になり、その先端にお椀の形をした柔らかいものがつく、という具合だ。

実は、これよりもっといいものになるかもしれない。「ネジ回しを」と言わず、「このネジを緩めてくれ」と言えば、そのべとついたものがそれを実行する最善の方法を考え出してくれるのである。もしくは、トイレにラバーカップを突っ込まなくても、そのバケツに向かって、「必要なことをやってくれ」と言うだけで済むのだ。

それに、呼び出すものは単純な道具に限らない。休むための枕が欲しくなるかもしれないし、計算機が必要なときがあるかもしれない。ロボットのペットは？　今日がパートナーの誕生日だったことを忘れていたようなときは、そのべとついたものに花になるように命じればいい。

そのべとついたもので、べとついたものをさらに作り出すことだって、できるかもしれないのだ！

つまりこのなんでもバケツには、少なくとも物理学が許す限り、あらゆるものが入っているわけである。それこそがプログラム可能な素材の最も野心的な目標であり、最も遠い目標ともいえる。その理由をいくつか挙げよう。

まず、べとついたものはそれぞれにたくさんのことをする必要があるうえに、あらゆるものを小型化するのは難しい。ティビッツ教授もこう指摘している。「レンチには丈夫な素材を求めるでしょうが、自分の子ども用に弾力性のあるおもちゃを作りたい場合には、違う素材を望むでしょう。こういったさまざまな素材をいかに組み合わせるかが問題です」

別の問題として、個々のものをどの程度賢くするかということがある。ドメイン博士の指摘はこうだ。「それほど賢くしないとすると、何かをさせるのは実に大変になります。一方で、賢くした場合には、それぞれの小さな粒子にバッテリーを搭載するようなものな

ので、ううう、なんとも難しいでしょう」[*6]

　そのとおり、ナノボットの巨大な塊に電力を搭載する方法が厄介な問題だ。だが、各ロボットに絶えず電力を送る外付けの装置を避けたいなら、プログラム可能な素材のすべての粒子にエネルギーを蓄える方法が必要である。科学者らはごく最近、特別設計の 3D プリンターを使い、砂粒ほどの大きさのバッテリーを作り出した。それでもまだ大きすぎるうえに、おそらく安くはないだろう。

　ジョン・ロマニシン（彼もルース博士の研究室の博士課程学生）、カイル・ギルピン博士、それとルース博士による研究チームが、なんでもバケツへの興味深い一歩となるものを作り上げた。「M ブロック（M-blocks）」[QRコード参照] である。この M

[*6]　MIT のトップ数学者の口から「ううう」という言い回しが出てきたことを、魅力的な点として特筆しておこうではないか。

ブロックは一辺の長さが約5センチの立方体で、フライホイール（弾み車）と磁石が内蔵されている。このフライホイールが回転すると、ブロック内の磁石によってほかのブロックとくっついた状態を保つ。しかし、フライホイールが急停止すると、フライホイールからの運動量がブロックへと移って、ブロックが「始動する」。するとこのブロックは別のブロックとつながって、ブロックの集合体の形を変える。つまり、自由に動ける状況と、くっついて動かない状況が生じるわけである。無定形の集まりから固体に移りたいと考えているのなら、悪くない出だしだ。

　しかもこの集まりは、ブロックを三次元に動かすことができる。フライホイールが強力なので、ブロックをテーブルの上から持ち上げて宙に浮かせることで、3D構造物の創作が可能なのだ。

　このブロックをもっと小さくしていく方法を見つけることが目標だという。幅5センチのブロックでは、それほどいろいろなことはできない。わずかな数の5センチ四方の四角では、いろいろなイメージを描けないのと同じ理由である。それでも、これがスタートだ。忘れてはいけない。1950年代には1ギガバイトのメモリの重さは約250トンもあったのに、それが今では数百ギガバイトを保存できるSDカードをポケットに入れて持ち運べるようになっているではないか。プログラム可能な素材が、プログラム可能なコンピューターと同じくらい人気になったら、技術的な奇跡が期待できるかもしれない。

　小さなモノを用意できたら、行くべきところ、すべきことを自ら考え出せる方法が必要になる。これはソフトウェアの問題であり、先のシンシア・ソン博士は次のように説明している。「私たちは、ロボットの巨大集団を扱うことができる、優れたアルゴリズムをたくさんもっています。ここでの大きな問題は、そういったアルゴリズムをどうやって本当に実用的なものにするかです。というのも、

これらの大量のロボット群では、ロボットの数が多いので、ミスをするロボットも必ず出てくるからです。ほかのロボットとのコミュニケーションを失うロボットもたくさんいます。多くのロボットが大きなノイズを伴うセンサー入力を行うため、ほかのロボットとの関係がつかめなくなります。自分たちが開発するアルゴリズムが、そういった問題に負けないようにする必要があるのです。レンチを取り出そうとしてバケツに手を伸ばしたら、見た目はレンチでも、ボロボロと崩れるようなものだったということがないように」

　では、このソフトの問題に対しては、どのような解決策が見つかっているのだろうか。

多数のロボットの動きの調整

　ロボットの群れであれ、なんでもバケツであれ、たくさんの小さな機械の動きを調整するのは難しい。すべてのロボットに複雑な計算を行わせることは望めない。そうなったら、すべてのロボットに機材を搭載する必要があるからだ。複雑な行動を成し遂げるために、ロボットが集団で単純なルールに従うというのが理想である。

　しかも、すばやく行う必要がある。キロボットは、ランダムな形からまずまずの見た目のレンチになるまでに、6時間かかった。これでもたいしたものだが、なんでもバケツとしてはものすごく実用的とはいえない。自分の身を守るためにナイフを呼び出そうとする場面を想像してみてほしい。たとえ強盗が感心してくれたとしても、財布を手に入れるまで6時間も待ってはくれないだろう。

　ロボットの数を増やすにつれて、調整は激的に難しくなる。群^{スワーム}ロボットを史上最大規模のマーチングバンドのように考えれば、その理由もはっきりするだろう。マーチングバンドが次のフォーメーションへと移るときに、メンバーはそれぞれに対して、「正しい場所でぴったり止まるように」などと声はかけない。ほかのメンバー

をよけたり倒したりしないことに、彼らは多くの時間を割いている。マーチングバンドは最終的な形を知っているだけではなく、形を変える効率のいい動きを心得ているのだ。

マーチングバンドのメンバーが増えるほど（彼らは三次元で動けるとしておこう）、状況は複雑さを増す。つまり、千人の人間の調整は、百人の人間の調整よりはるかに難しい。なんでもバケツの場合、一緒に動く小さなロボットの数は、千個をはるかに上回る。

それでも、大人数の集団において、個々の役者を協調させることは可能だ。シロアリのなかには、さまざまな目的をもった個別の部屋がある、巨大で複雑なアリ塚を築くものがいる。塚全体を作る方法をわかっているシロアリが1匹もいなくても、彼らにはそれができるのだ。

ただ、こういったプログラムを動かす方法を考え出すのは、なかなか難しい。私たちが特に興味を覚えたアイデアは、ロボットに進化させるというものだった。生物の通常の進化の場合は、次のようになる。ママとパパがおおいに愛し合う。二人が一緒になって、赤ん坊をたくさん作る。弱い赤ん坊は自然によって、厳しくも間引かれる。生き残ったものが新しいママとパパになる。

ロボットは、たとえ彼らにムードを高めるセクシーなバイナリデータを与えたとしても、文字どおりにドッキングする状態にはまだ至っていない。それでもロボットには、「子」[*7] を産み出すことはできる。

[*7] アラン・ウィンフィールド博士は親切にも、ロボットが子を産むというグース・エイベン博士による「ロボット・ベビー・プロジェクト（Robot Baby Project）」［QRコード参照］の際どいビデオを送ってくれた。そう、まさに際どい内容だった。科学者たちが何かの意味合いについて話し合うなか、プラスチック製のロボットがお互いをエロチックな感じで愛撫するという20秒間の映像で、これは私たちも楽しんだ。ロボットによる性行為の有用性に疑問をもつ人もいるだろう。私たちは文句を言っているわけではない。ただ、家にある小型家電を、これまでと同じような目で見ることができなくなっただけである。

　例えば、あるグループがルームボッツに対して、自分で動き方を
考え出す方法を教える。そうすると、ルームボッツの集団はセミラ
ンダムな動き方を試そうとして、速く動くもの、遅く動くもの、ど
こへも行かないものが出てくる。その後、最もうまく動けたものを
あなたが「繁殖」させ、ロボットたちが試すさまざまな動きを作り
出す。するとおそらく、この新しい「世代」はかなり速いうえに、
バリエーションも豊富になる。この過程を何世代も繰り返し、歩く
しくみをどんどん向上させていくと、人間には予測がつかなかった
ようなものになるかもしれない。

　原理上は、「星の形になるように」とか「ビールを持ってこい、
この哀れな金属の召使いめ」といったリクエストに応える複雑な動
きをする方法を見つけるために、進化の枠組みを用いることは可能
なはずだ。十分な時間を与えれば、このロボットたちはその作業を
成し遂げる効率のいい方法を考え出せる。しかも都合がいいことに、
どんな方法を見つけたにしろ、それを別のロボットにアップロード
することが可能なのだ。むしろ、その方法がごく一般的なものなら、
どのようなロボット集団にも転送できるかもしれない。

　進化の手法を使えば、ちょっと奇妙な可能性が生じる。私たちが目にしたあるアイデアで示唆されていたのは、群ロボットは、私たちが設計できる以上に作業をうまく行えるよう発達できる可能性があるということだった。イギリス・サリー大学のヤオチュー・ジン博士とアメリカ・スティーブンス工科大学のヤン・メン博士が提唱したパラダイムは、ある作業に適した手の型を作り出す可能性だった。彼らが注目しているのが、人間の手は何かを投げたり棒を振り回したりし始めたときに、チンパンジーの手から進化したと考えられる点である。つまり、レンガ積み用ロボットハンドを設計するのではなく、レンガを手に取るようにその群れに課すのだ。すると、先の家具ロボットと同じように発達し、その群れは最適な「手」を考え出すのである。

　これはそれほどばかげた話ではない——実際のところあなたの体は、協調して多くのことを行う、たくさんの小さな機械でできているようなものなのだから。もしロボットに基本的なこと——感じること、意思伝達をすること、つながること、ものを運ぶこと、動くこと——がいくつかできたら、原理上は生きた細胞のようなふるまいができるはずである。十分な時間を与えれば、ロボットが手や足や基本的な神経系をも作り出せるように「進化」できない理由はない。そもそも、あなたの脳内にある細胞はどれひとつとして、脳そのものではないのだから。

心配なのは……

　もし自分の家にプログラム可能な素材があったら、ちょっと心配の種になりそうなのがハッキングだ。ある朝目覚めると、お皿とスプーンが駆け落ちしていたということがあるかもしれない。持ち物がなくなるだけでも嫌だが、包丁がどこへ行ったかを心配しないと

いけないかもしれない。

　工学的な目的で素材が自らの姿を作り変えるとき、ハッカーが巧妙な調整を施す危険性はある。航空会社はすでにこの対策を始めている。インターネットにつながる車も同様だ。プログラム可能な素材がさらなる危険をもたらすのか、それともすでに存在している危険を増加させるだけかは、はっきりしていない。

　ドメイン博士によると、ハッキングはソフトウェアにとっては大問題だが、ハードウェアのハッキングの場合は、ソフトウェアよりもかなり容易に自分たちでコントロールできそうだという。どんな変更でも、その場にいる人間が許可を与えたときだけ認められるようにする、単純な物理的しくみがあればいいというのが、博士の提案だ。これは、「再プログラム」と書かれたボタンくらいにシンプルなものになるかもしれない。

　ハッカーがいなくても、あなたが所有しているプログラム可能なものが、とりわけまずいタイミングで動かなくなった場合には？　ティビッツ教授の考えはこうだ。「最も大きな倫理問題は、私たちがその素材に許可を与えることでしょう。非常に具体的な例を挙げると──あなたが飛行機を所有していて、その翼がプログラム可能な素材である場合、飛行中に解決策を考え出すことをその翼に許可する完全な自由を、与えたいとは思わないでしょう。多大な懸念が存在するからです。例えば、どう安全にするのか？　きちんと作動することをどう保障するのか？　故障が起きたり素材に欠陥があったりしたらどうなるのか？　素材に許可を与えたとき、責任の所在はどうなるのか？」

　車の自動運転では、「機械がミスしたときの責任者」問題に、すでに取り組んでいる。ただ、少なくとも車の場合には、問題となりそうな部分はごく限られている。これが、考える物体がいるところに存在しているとなると、責任の所在の解明は本当に複雑になる

だろう。

　プログラム可能な群れを管理している国にいるかいないかで変わってくるが、軍事用途には恐ろしいものもある。2000年代後半、アメリカの国防高等研究計画局（DARPA）はプログラム可能な素材に関する研究を2年行ったのち、ロボット工学プロジェクトに資金を提供した。狙いは、兵士が腰のベルトにつけて運べて、道具や交換部品を作り出せるという、軍隊式の再構成可能な道具であった。

　私たちの知る限り、これはたいしたものにはならなかったが、ある時点では「ケムボット（ChemBot）」[QRコード参照]なるものが提案されていた。これはモーターのない、ぐにゃぐにゃしたロボットだった。その結果は――まあ正直に言うと――シリコンのお化けのようで、戦場よりも「非公開」と書かれた箱の中のほうがお似合いだった。T-1000にははるかに及ばなかったが、わずかな一歩ではある。

　よく考えると、軍事的には、巨大な殺人ロボットばかりが必要というわけではない。なんでもバケツは完璧なスパイになるだろう。べとついた小さなしみのようなものなのに、部屋を盗聴できるし、さらには、マイクやカメラや送信器をその場で作り出せるからだ。

　なんだかよさげだが、プログラム可能な素材が小さくなるほど、世の中のものすべてが実に細かく監視される可能性も大きくなる。1990年代には、どの地域の天気も調べることができて、ワクワクさせられた。2090年代には、どの場所でも、どの角度からでも、ライブ写真を見ることが可能になるかもしれない。

　もっと日常的な話だと、無定形のべとついた塊からどんなものでも作れるという世の中では、特許はどうなるのかという問題がある。誰かが新しいテーブルをデザインした場合、そのデザインのまねをなんでもバケツに指示することを制限できるのだろうか？

　この先の長い未来において、こういったものがどのように展開していくかは、必ずしも定かではないが、コンピューターのソフトウェアのようになる可能性はある。あなたのコンピューターは万能の機械ではあるが、自分の望むものにするためには、やはりお金を払っている。すなわち、自分の機械のメモリを「書き換えている」だけだが、アプリケーションを購入している。少なくとも複雑な物体の場合、同じようなお膳立てがプログラム可能な素材にも適用されることはありうる。そうなのだ、確かに自分でロボット恐竜をデザインするのは可能ではあるが、どこかの会社に 20 ドル払えばできることを、わざわざするだろうか？　もしくは、確かにロボット恐竜の密輸品を違法にダウンロードすることは可能かもしれないが、マルウェアに感染する危険を本当に冒したいだろうか？

　個人の安全面も保証が難しくなるかもしれない。なんでもバケツをもっていれば、どこへ行こうが、包丁を手にすることができる。大幅に進化したプログラム可能な素材なら、銃や爆弾も手にできるだろう。なんでもバケツを飛行機に持ち込めないというのは考えられる話だが、なんでもバケツのようなものを簡単に探知できるかは、

難しい。それに、世の中の大部分が安全ではなくなる。プログラム可能な素材の世界では、単独行動する者がプログラムをダウンロードして、爆発物や自動兵器を作るかもしれないのだ。

とはいえ、3D印刷の登場によって、すでにこういったことは問題となっている。例えば、銃を3D印刷することを禁止する試みは失敗に終わった。自分の家の中でしたいことに第三者がストップをかけるのは、ほぼ不可能だからである。この「作りやすい」ことが、社会にとっておおいに危険なものになるのかは、まだわからない。

それと、社会にとっての危険といえば、自己増殖して世界中に拡散し、すべてを破壊するようなプログラム可能な素材が作り出されることを心配する人もいるかもしれない。世界の終わりを研究している人たち[8]の間では、これは「グレイ・グー・シナリオ（Gray Goo Scenario）」と呼ばれている。それから想像されるイメージは、人工的に作り出された生物があらゆるものを食べ尽くし、かなりどんよりとした見た目の灰色の排出物を作り出すというものだ。読者のみなさん、心配には及ばない。そんなことは起こりそうにないと、科学者の大半が考えている。これまでに実在したことのない小さな機械や装置を作ることは可能だが、物理法則を破ることはできないのだから。金属とシリコンによる小さな生物は、炭素を基盤としたぐにゃぐにゃの生物と同じ進化的制約を受けるのである。

世界はどう変わる？

形を変えられる場所や物体では、効率と品質の面において、興味深い可能性がたくさん出てくる。すべての植物は、季節とともに変

---

[8]　そうなのだ！　そういう人たちが存在する。興味のある人は、評論がたくさん収められたニック・ボストロム、ミラン・M・シルコヴィチ著『Global Catastrophic Risks（世界的な破滅的危機）』を読んでみて。

化し、光と水分を最大限に利用する。あなたの体も同じことをしている。マンモスを殺せない時間帯は、睡眠をとるようにしていたのだ。ただ、建物や乗り物は、状況に応じてそれほどうまくは順応できない。

形を変えられるプログラム可能な素材でできた家は、興味深くて魅力あふれるだけでなく、日光、熱、水を最大限に利用することができる。変形するのは周囲の湿度などによるので、その変化にはエネルギーがまったくかからないのだ。

これらの変化はすべてが必ずしも目に見えるものではない。ティビッツ教授も、こう言っている。「世の中が現在のものとまったく同じように見えるのに、その下では、私たちがこれまで電気機械装置を通して必要としてきたあらゆるエネルギー消費もロボットも廃絶する、スマートな素材でできたみごとな世界があったら、すごいと思いませんか？」

あなたの体が行っているもうひとつのことが、ある状況下で外見を変えることだ。例えば、長く濡れると、指先がシワシワになる。なぜそうなるのか誰もはっきりしたことがわからないのだが、これは濡れた手でよりしっかりつかむ能力を得るための進化的適応だという、まともな主張がある＊⁹。もし車にも同じようなことができたらどうだろう？　乾燥、雨、雪といった状況に応じて、タイヤが路面をとらえる力加減が変わるのだ。周囲の環境にもっと合うように、外観を変えられる乗り物もできるかもしれない。私たちが目にしたある提案は、（1章に出てきた）スクラムジェット向けのものだった。簡単に言うと、後ろに向かう空気を圧縮してから酸素に点火する、円錐形のエンジンである。この種の設計（デザイン）に関する問題のひとつが、速度と高度によって理想とする形が変わってくる点だ。酸

＊9　実は、交感神経活性を失った人には、この皮膚の変化は起こらないという。

素が豊富にない場合、点火するには空気を本当に圧縮する必要が出てくる。大気の状況に応じて変化するエンジンを提案した者もいた。非常に賢いプログラム可能な素材があれば、極端な温度下での時速数千キロメートルの旅に耐えられる限り、この問題は解決できる。

でも、もっと普通のプログラム可能な素材を手に入れられるようになったとしたら？　なんでもバケツのようなもので、動いたり考えたりする能力を備えたものだったら？

私たちが気に入っているアイデアは、家具用の遺伝的アルゴリズムというものだ。先に取り上げたように、ルームボッツはすでに「進化」して、動くための最善の方法を見極められるようになっている。だが、仕様に合うようにルームボッツを「繁殖」させることができるなら、それは家具も生み出せることにならないだろうか？　気に入りの椅子2脚に、家族をもつように言うのだ。あとは、すばらしい結果が得られるのを待てばいい。

一般に、プログラム可能な素材によって、人々は自分の好みによりぴったり合うものを作り出せるようになると、ソン博士は考えている。「人が家に持ち帰って使う製品は、20年以内に、カスタマイズや個人的な好みが多く反映されたものになるでしょう」

興味深さでは、つがいになる家具には負けるが、ナノロボットによる病気の治療も考えられている。プログラム可能な素材を十分に小さくできたら、体内での医学的介入には理想的だ。あらゆる医療処置の普遍的目標は、もたらす害を最低限にしながら問題を処理することである。再構成可能なロボット、つまりロボットの群れなら、体内を進んでいって正しい場所にたどり着くと、適切な道具へと姿を変えて、行動を起こすことができる。正しい場所まで薬を運んだり、適切な治療を促すように姿を変えたりすることも可能だ。小さなロボットが体内を動き回ってがんを取り除くまでには長い年月がかかるだろうが、医学的介入を行うのにロボットをナノ単位にまで

する必要がないことは、ルース博士の研究で証明されている。

　なんでもバケツには、ほかにもいいところがある。それは多くのものを所有する必要も、多くのものを取り換える必要もなくなる点だ。なんでもバケツを追加で買うだけでいいのだから。昔ながらのちゃんとした木のテーブルではなく、なんでもバケツによるテーブルを人々が本当に望むかはさておきだが。自律ロボット召使いが作った食事は口にしたくないという時代遅れな人も、人と理知的にやりとりできる彼らの能力には感心するかもしれない。それに、なんでもバケツならテーブルの大きさも形も変えられるし、もしかすると嫌な親戚に「うっかり」スープを浴びせてくれるかも……。

　自宅の大事な構成要素としては、なんでもバケツを望まないとしても、旅行には持っていきたくなるのでは。以下はドメイン博士の発言だ。「例えば宇宙へ行くとしたら、自分が行うあらゆる作業に対して再構成ができるメガツールが欲しいでしょう。宇宙でもキャンプでも軍隊でも、たくさんの物を収納するスペースはありません。持っていくものの数は最低限にしながら、あらゆるものを持っていけるなら、とても役立つはずです」

　なんでもバケツはおそらく環境にも優しい。ドメイン博士も述べている。「粒子から何かを作り出す、この［なんでもバケツの］ようなシステムができたら、バラバラになって再び塵になるというボタンができ、その塵も再利用できる。実におもしろいことです。必要な量の塊を買いさえすればいいのです。そうすれば、その塊を再利用できます。完璧にはいかないでしょうが、どのような形であれ、再利用はリサイクルよりはるかに魅力的で優れています」

　動いて察知できる能力があるので、なんでもバケツには工業的な用途も多く考えられる。小さな機械が工場内を動き回って、漏れや潜在的な危険を探したり修理を行ったりする様子は想像できるだろう。こういったロボットが土の中を動き回って判断を下し、農業を向上させられる日が来るかもしれない。

　可能性はとてつもなく大きい。がんとの闘いから宇宙征服まで多岐に及ぶが、正直なところを言うと、私たちが耳にしたアイデアで最も魅力的だったのは、折り紙ロボットの進化版だった。IKEA で平らな板を買って家へ持ち帰り、自らを組み立てるよう命じるのである。先に挙げた折り紙ロボットのように、正しい回数で正しく折られていき、気づいたときには棚が完成しているのだ。これで人類は年間に 8000 京時間ほど節約できるだろう。

注目！──人類滅亡へのシナリオ

　私たちが、変わらず信じていることがある。自律ロボットの大集団がいても、問題はないだろうということだ。なんと言っても、この分野にはたくさんの人が関わっているし、悪そうに見えない人もいくらかはいるからである。

　ただ、ロボットが産業のみならず、日常生活においてもっと頻繁に人間と接するようになると、人間とロボットの関係が具体的にど

うなるのか、心配し始めている人もいる。私たちを考えさせた記事が、三つあった。

　そのうちのひとつが、ロシアの新興企業プロモボットが手がけたロボット助手だ。これが人間の管理者のもとから何度も逃げたのだ。「プロモボット（Promobot）IR77」は、周囲の環境から学んで、人間の顔を記憶するように設計されていたが、これまでに建物から二度、逃げ出すことに成功しているという。これはちょっと問題だ。このロボットは、老人ホームにいる年配の人などを介助するように設計されているのだから。この小型ロボットが自由と冒険を求めて脱走してばかりいては、おおいに役立つとはいえない。

　それに、コーヒーの自動販売機が忠実にコーヒーを提供しないで、自由を求めたとしたら、驚くだろう。私たちの行動を変えるものではないが、こういったことが2027年に起こるロボットの反乱を引き起こすのかもしれない。

　別の研究に、セレーナ・ブースが行ったものがある。ハーバード大学の学生である彼女は「ガイア（Gaia）」というロボットを作ったが、このガイアはリモコンで動くシンプルなもので、彼女が密かに操作する。大学構内でガイアが個々の人やグループに近づいていき、寮の中に入れてくれるよう許可を求めるのだ。

　ブース女史いわく、ハーバードの学生がこのロボットを寮の建物に入れてはいけない理由が、最低でも三つあるという。「ひとつ目はプライバシーです。このロボットは学生たちの写真を撮るかもしれません。このことはハーバードでは大きな問題になっています。観光客が大勢やってきては、寮の部屋の窓にカメラを向けるのです。ですから、ここの学生たちはこの点は強く意識しています。二つ目は盗難です。私が実験を行ったのは、寮の部屋で盗みが多発した1週間後でした。大学本部からも、個人の持ち物に関しては特に気をつけるようにというメールが、1週間前に学生全員に送られていた

のです。三つ目は最も大きなものです。ロボットが爆弾を持っているかもという心配があります。ここではその脅威は根拠のないものではありません。過去1年間に、爆弾による脅迫事件が大きなもので3件あったのですから。これについても、ハーバードの学生はおおいに意識しているのです」

ガイアが個々の学生に寮の建物へ入れてくれるように頼むと、許可されたのはわずかに19パーセントだった。ところが、ガイアが何人かの学生集団に対して同じことを頼んだところ、この数字は71パーセントに跳ね上がったのである。ロボットの読者諸君、人間は集団だと分別がなくなると覚えておこう。

ところでガイアは、明らかにもっと恐ろしいことをしていた。ブース女史が行ったテストでは、ガイアはひとりでいる学生に近づいて、クッキーを配って回るロボットのふりをしたのだ。するとガイアは、76パーセントの割合で寮に入れてもらえたのである。ハーバードの学生が相手なのにだ。しかも、ブース女史によると、このときのクッキーは、お店で売っているごく普通のものだったという（かなり高級な店の箱に入れられてはいたが）。

私たちが知った話で最も恐ろしいと思ったのが、緊急時であっても、学生が欠陥のあるロボットに盲目的についていったというものだった。ポール・ロビネット博士（当時はジョージア工科大学の大学院生）が作ったのが「緊急時の誘導ロボット」で、最初はアンケートを記入する部屋まで学生たちを導いていった。このロボットが学生たちをその部屋へ真っ直ぐ導いた場合もあれば、最初は間違った部屋へ行き、何度か行ったり来たりしたのちに、ようやく正しい部屋にたどり着いた場合もあった。

次に研究者たちは建物内に煙を流して、模擬の緊急事態を作り出した。火災報知器が鳴るなか、学生たちが緊急時の誘導ロボットに従って建物から出るか、それとも建物に入ったときの入り口から自

主的に出ていくかを見極めたのだ。

　すると、ほぼすべての学生が、自分たちがわかっている道を選ばずに、ロボットのあとについて出口へと向かったのである。私たちが見た映像では、そのロボットの動きはかなりゆっくりだったので、その時点でやや驚きだった。ところがさらに、少し前にこのロボットに導かれて間違った部屋へ行ったりして時間を無駄にした経験をしているのに、それでも学生たちはそのロボットのあとについていったのである。

　ただ、もっとびっくりしたのが、学生たちは、ロボットが壊れていると知りながら、ロボットのあとについていったことだ。ロボットが堂々巡りをして、学生たちを正しい部屋ではなく隅のほうへと導いてしまい、研究者がその後に姿を見せて故障を詫びたのに、それでも学生たちは模擬の緊急時にそのロボットのあとについていったのである。

　別の実験では、ロボットが故障していると言われたのに、学生6人のうちの2人は、火災報知器が鳴っている最中に家具がじゃまをしている暗い部屋へ行くように言われ、ロボットのあとについて

いった。別の学生2人は、ロボットのそばで別の指示が出されるまで待ち続けて、最終的には実験を行った研究者によって助け出された。壊れたロボットではダメだと判断して、建物に入ったときのドアから自主的に避難したのは、6人のうち2人だけだった。

まとめると、こうなる。

（1）知能が高いロボットは、創造主である人間に対して自然と嫌悪感を抱くらしい
（2）アメリカの優秀な学生は、お店のクッキーをくれると言われると、どんなロボットでも信用する
（3）アメリカの未来を担う者たちは、明らかに故障したロボットに促されれば、ガソリンの炎の中へも入っていく

つまり未来では、ロボットからクッキーを渡され、行く場所を言われたら、そのクッキーはよく味わって食べるようにということだ。

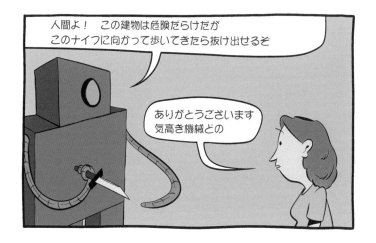

5 章

ロボットによる建設
金属製の召使いよ、私のために娯楽室を作るのだ！

1917年のこと、トーマス・エジソンが素敵なアイデアを思いついた。必要になるたびに新築の家を建てるのではなく、コンクリートを注ぎ込むだけでできる、設定変更可能な枠があればいいのではと。設計して、型を作る。すると、ジャジャーン！　新しい家のできあがりというわけだ。

これは実際に建てられて、なかなかうまくいったようなのだが、定着しなかった。おそらくは、1917年は戦時下だったので、新築の家の優先順位が高くなかったからだろう。それか、コンクリートの箱の中に住むのが、やや気の滅入るものだったからかもしれない。

ひと世代後の1943年、ドイツの建築家エルンスト・ノイフェルトが住宅建設機械（ハウスバウマシーネ）というコンセプトを提案した。鉄道の線路上に住宅建設用の工場を載せ、建設のスピードアップを図るというものである。イメージしてみてほしい——線路上をゆっくりと動く工場が原材料を取り込むと、5階建ての建物を後方から出していくのだ。さながら、郊外の住宅地を排出する巨大な虫である。実に美しい。

どういうわけか、このアイデアも人気を博すことはなかった。だが、気の毒に思うことはない。これは1943年のことで、ノイフェルトは第二次世界大戦ではかなりヒトラー寄りだったから。この考えは、陰りが見えてきたナチスドイツにとってさえ、あまりに風変わりなものだった。しかも当時は、郊外での押出成形に必要な原材料が非常に手に入りにくかったのである。

　ナチスドイツが建物の押出成形機を手にすることはなかったが、ハウスバウマシーネにもとづいたアイデアのいくつかは、ソ連管理下の東ドイツで試みられた末に、事故死を大量に招く結果に終わった。この歴史的な出来事に関する情報はあまり見つからないが、住宅の押出成形機をこしらえる試みは、どれも不成功に終わり、なおかつ危険なものだったようである。

　第二次世界大戦後、アメリカが経済的に発展を遂げる一方で、ヨーロッパは壊滅したインフラの建て直しを行っていて、住宅が急ぎ必要とされた。当時、住宅建設は、自動車部門の例にようやくならい始め、建築工事が工業化されていった。建物は注文に応じたものではなくなり、少数の出来合いのパーツセットに頼るようになった。ある意味では、ロボットによる建設というアイデアへ向けた一歩だったが、カスタマイズの面では一歩後退だった。こういった住宅は安価で建てやすくなったものの、戦前のオーダーメイドの住宅工法に見られた独自性や魅力は失われた。

　1980 年代までには、あらゆる業種のメーカーが産業ロボットを使っていた。労働力が非常に高価で、年配の人が比較的多かった日

本などでは特に、ロボットを工場の外へ持ち出して建設現場へ運び込めないかと考える人たちも、わずかにいた。

ロボットは、重いものを並べるような危険な仕事から、コンクリートの表面を仕上げるといった簡単な仕事まで、いくつもの作業を行うことができた。これは心強く感じられるが、建設期間や労働者の労働時間に大幅な減少が見られないという分析結果もあった。建設工事用のロボットの製造が、人間の労働者以上の作業を行えるロボットの製造ほど難しくないこともわかった。

ロボット工学と人工知能は、数十年前よりも格段に進歩し、私たちが自由に使えるソフトウェアや計算能力は信じられないほどまでになった。しかし、建物を建てるよりよい方法を見つけたいという強い願いがありながら、家を建てる方法は、現在でも百年前とそれほど変わっていないのが実情である。

その意味で言っても、現代の建設は現代の感覚とはズレている。生活はますます個々の人に合わせたものになっていて、商品は一様にますます安くなっている。それなのに、ほとんどの人にとって、住宅は画一的で、ますます高価なものになっているのだ。

最新素材やプレハブ式の住宅工法をもってしても、家を建てるとなると、いまだに、熟練の労働者たちのチームが現場に赴き、手作業で組み立てていく必要がある。これはヘンだ。いや、本当におかしい。みんなこれに慣れてしまってないか。

ちょっと周りを見渡してみよう——熟練の労働者の手作業によって、その場で組み立てられたものが、どれだけあるだろうか。半年以上かけて自分でなんとか組み立てた IKEA のベッドフレームは、ここでは除く。ほとんどのものは、コンピューター化された製造工程によって、すばやく安価に作られたものだ。なぜ同じことが家に関してはできないのだろうか？

問題となる点を以下に挙げよう。家は大きくて複雑である。ほと

んどの人が住みたいと思う家は、多種多様なもので構成されており、それらはある一定の順序で組み立てられる必要がある。この点はほかの商品にも当てはまる。しかし、家の場合は、ごく小さな家でない限り、それぞれ違った状況にある特定の場所で組み立てられなくてはならない。この点が、自動車のようなはるかに複雑なものとは異なる。車の製造には多くの工程があるが、それらの工程の多くは現在ではロボットによって、しかもすべて工場内で行われている。その理由は？　車は工場の建物内に収まり、遠くの場所へ運べる小さいものだからであり、すべての乗用車はほとんど同じタイプの表面上を走るからだ。

　つまり、あなたの部屋にある商品とは違って、建設は単純に自動化できる工程ではない。考えることができて、現実世界とやりとりできる機械が必要になる。

　ロボット工学、コンピューターの利用、その他のテクノロジーの近年の進歩のおかげで、ロボットによって建てられる家がようやく実現可能になると考える科学者やエンジニアの数は、少ないながら増えてきている。それどころか、可能であるのみならず、はるかによいものになるかもしれない。ロボットによる建設は、工期のスピードアップ、質の向上、価格の低下をもたらすかもしれないのである。

　さらには、構造に関わる仕事を（思考も）コンピューターとロボットにもっとさせることによって、設計と建設の段階の溝を埋められる。建築家が思い描いたものが、工場生産の質に制約されなくなるのである。建物を設計した建築家がそれを建てるように機械に命じるだけという日が来た暁には、普通の家が安くて早く、よりいいものになり、巨大建造物ももっと美しくてすばらしくなるはずだ。

　そういうことなら、早速行動に移ろうではないか。

　ただ、ちょっと待ってほしい。まずは、建築にまつわる文献や情報がどれほど奇妙かを、ちょっと取り上げていいだろうか。という

のも、鋼鉄製の正面部分（ファザード）の建築方法の技術的な詳細についての話かと思っていたら、急に「デジタルの影響を受けた新たな物質性の探究」などという熱狂的な語りへと発展する感じなのだから。私たちも調べている段階で、このような奇妙でわかりにくい業界独特の表現にたくさん出くわしたが、そんな私たちが桁外れに気に入ったのが、雑誌『アーキテクチュラル・デザイン』（2014年5・6月号）掲載のアントワーヌ・ピコン博士によるものだ——「私たちの体の動きは、それ自体が個々のメンバー*1のさまざまな回転にもとづいている」

　ここで公正を期して言っておくと、建築における「メンバー」とは、全体の構造における個々の構成要素（構材）のことであり、建築家は回転ではなく直線の方法によって建築要素を動かす傾向にある点を、執筆者が強調しているにすぎないと、私たちもあとからわかったのである。

　私たちとしては、特に気にしないが。失礼、話がそれてしまった。

*1　「メンバー」には「ペニス」という意味もある。

それで、現状は？

　住宅建設のニーズに対して、テクノロジーがようやく追いつき始めたところであり、レンガ積み、壁の建造、配管や断熱材の設置にロボットが用いられてきている。この章の目的に合わせて、建築の未来を表しそうな手法を三つに分けて見ていく――「ロボット建設労働者」「巨大 3D プリンター」「群ロボット」だ。

● ロボット建設労働者

　コンピューターは、産業においてすでに多くの仕事を引き継いでいるが、なぜレンガ職人に取って代わらないのか？　レンガを手に取ってモルタルを塗り、それを置くだけ。ピクセルで構成されたように単純ではないか。何が問題だというのだろう？

　人工知能に関しては、「モラベックのパラドックス」という概念がある。人間にとって難しい作業（98723958723985 と53975298370 の掛け算など）は、コンピューターにとっては簡単だが、その一方で、人間にとって実に簡単な作業（洗濯物をたたむなど）でも、コンピューターにとっては実に難しいものがあるという内容だ。

　これが真実であることをざっと感じ取ってもらうため、次の作業のどちらが人間的な直観を働かせないで機械に対して説明できるか、考えてみてほしい。

　(1) 983791732905712937 と 8189237519273597 の掛け算
　(2) 絵のどちら側が上かを教えること

　説明のしかたがすぐにわからなくても、(1) のほうは単純な段階をいくつか書き出していけるだろう。「最初の数字の 1 桁目を次

の数字のそれぞれの数に、右から左へと掛けていく」というように。楽しい作業ではないが、うまくいく単純な規則は書き出せるはずだ。

最初は（2）のほうが簡単に思えるかもしれないが、説明しようとするまでの間だ。例えば、人の顔を写した写真では、目が口よりも「上」にある。この規則は簡単だ。では、人が逆さまにぶら下がっている場合はどうだろう。それに、その人が逆さまだと、何をもって判断するのか。地平線を見ればいいのかもしれない。それか、垂れ下がっている髪を見るか。でもその前に、コンピューターに髪のことをどう伝えるのか。後ろにある真っ直ぐな線が地平線ではなく、柵の上の部分であることは、どう伝えたらいいのだろう。

（2）のほうが明解な答えをいつも得られるものの、答えを決める際に人間が用いる規則の数は膨大である。あなたは写真を見て何万時間と訓練してきたので、これを簡単に行えるのだ[*2]。でも、それをコンピューターに説明するとなると、相当に厄介である。

同様に、レンガを積む場合は、モルタルを塗って所定の位置に置くだけというわけにはいかない。見るからに簡単そうなこの作業には、実際には微妙な判断をいくつも伴う。だから、レンガ積みの修行を終えるのに3年以上かかるのだ。適量のモルタルをこての上に載せ、手を正しく動かしてモルタルをレンガ上に均一に広げたのち、レンガがずれないように十分な力で置きながらも、モルタルが全部はみ出ることがないように力を調整しなければならない。この一連の作業を、時間が経って乾くと粘度に変化が生じるモルタルを扱いながら、ずっと行うのである。人間の場合、モルタルの色や状

[*2]　興味深いことに、些細に思われるこの能力が生まれつきのものなのかは定かではない。ダニエル・L・エヴェレット博士は、子どもが描くような簡単な絵を理解できない、アマゾンのピダハンという部族について記している。現代人であるあなたは、紙の上に鉛筆を当て、体と腕を表す十字形を書き、服は三角形、顔は丸と点にすることで、「女性」というものを抽象的に表せるという考えにすっかり慣れているが、その解釈は全世界に共通するものではないのだ。

態を見たりして、作業を進めながら細かい修正を施す。経験によってモルタルの様子がわかるので、おそらくこれらをすべて行える。では、このことをロボット相手に説明してみてほしい。

　実は、あなたがロボットに説明する必要はない。すでにいくつかのグループが、ロボット相手にこの「レンガ話」をしたからだ。

　コンストラクション・ロボティクスという会社が作ったロボットは「SAM（semi-automated mason：半自動レンガ職人）」という。この SAM はすごい。時間があるなら、SAM の映像を動画サイトの YouTube で見てほしい [QRコード参照]。楽しんでいるかのようにレンガを積んでいくから。

　ただ、これまでの多くの建設ロボットと同じ問題を、SAM も抱えている——大きくて扱いにくいうえに、ひとつのことしかできないのだ。生身の建設労働者も大きくて扱いにくいかもしれないが、彼らはさまざまな作業や役割をたくさんこなすことができる。それでも、SAM は実際のプロジェクトに導入されだしている。モルタルをきれいに整える人間の助手＊3 と組むことで、人間がひとりで行うより3倍も速く、レンガを積むことができるのだ。

　イギリスのバートレット校大学院所属のある研究グループは、もっと直接に人間に取って代わるようなロボットの製造に着手している。そのロボットには市販のこてを実際に扱える大きなロボットアームがあり、それでモルタルを取ってレンガにつけ、そのレンガを持ち上げて正しい場所に置き、はみ出たモルタルをこすり落とすのだ。このロボットはカメラを使ってモルタルを見ており、適切な量が正しく使われているのを確かめると、そのデータをフィードバックして調整を重ねていく。

＊3　人間と組んで作業を行うロボットを対象とした分野を「コボティクス」といい、SAM も厳密にはコボット（「協力・協働ロボット」の意）になる。ただ、本章では複雑にならないように、コボットのこともロボットと呼んでいく。

　これまでのところは研究室でちょっとした壁をこしらえた程度なので、戸外の建設作業へとスケールアップするのは大変だろうが、でもこれは、人間の動作に似たシステムを用いる、汎用建設ロボットに向けた一歩にはなる。SAM のように巨大な壁をすばやく作れなくても、このプロジェクトにワクワクさせられるのは、現実の多才な建設労働者に近づいているからである。レンガ積みに関する複数の段階をこなし、その作業を単独で行うことができるのだ。

　建設工程には実に多くのさまざまな技術が必要とされるので、理想的な建設ロボットは、監視カメラがついたロボットアームと分析用のコンピューターを搭載したものになるだろう。SAM は、大量のレンガをすばやく積む分には重宝されるかもしれないが、それしかできないような感じだ。将来的には、複数の建設作業を人間より効率よく行えて、さらには丈夫な金属を曲げたり複雑な形状のものを砕いてコンクリートにしたりといった超人的作業までこなせるような、もっと汎用性のあるロボットが出てくるかもしれない。

　もっと汎用性のあるロボットがあれば、ロボットアームで持てるように道具を修正するだけで、多くの可能性が開かれる[*4]。

　例えばプリンストン大学のある研究グループは、木を彫ることができるロボットを作った。実は、ロボットを使って木を彫るのはもうかなり普通のことなのだが、このシステムはちょっと特別なのだ。狙いはこうである。形が歪んだ木があるとする。非常に腕の立つ職人なら、その木を見ただけで、その自然の形からどういったものを作り出せるか、即座に思い描けるだろう。

　あいにくと、非常に腕の立つ木工職人が最近は多くないうえに、そういう人たちは安くもない。ロボットでなんとかなるだろうか？

　不備な点の解明は現在も続けられているが、イメージとしては、木材のデータベースをコンピューター上にもつ感じである。あとは、木の塊を見つけて、それを 3D スキャナーにかければいい。彼らの構想では、その木の自然の曲がり具合を利用して作れるものを、コンピューターが判断するという。自分の望みを伝えて適切な道具を渡したら、あとはそのロボットが作業に取り掛かってくれるわけだ。

　シュトゥットガルト大学の研究グループはロボットアームを使って、ガラスに包まれた炭素繊維を複雑な形状に「巻いた」［QR コード参照］。クモが構造物を作り出すような感じだ。その結果、複雑でかなり丈夫な、紡錘のようなガラスが織られる。

　別の研究グループはロボットアームを使って、木製パネルの継ぎ目（仕口）を作っている。それをあとで人間が組み立てるのだ。木材の接合になじみがない人もいるかもしれないが、二つの木材をつなげるために組み合うようにした形状である。素朴な魅力があるレゴのようなものだ。可能な接合の数がたくさんあることを考えると、これもかなり複雑になる。最終製品の形や使用する木材の種類

＊4　これが進むべき方向だと、誰もが同意しているわけではない。私たちが話を聞いた専門家の中にも、普遍化は人間の感性に訴えかけるが、結局は効率が悪いと考える人がいた。万能ロボットが 1 台あるよりも、専門ロボットが 100 台あるほうがいいのかもしれない。

といった多くの基準にもとづいて、どれを使うか選んでいくのだ。

　板を組み合わせて家具を作るのは、人間が習得するには難しい技術である。複雑な形をつなげたり変わった角度を用いたりする場合は特にそうだ。コンピューターなら、これを多少は余裕をもって行える。スイス連邦工科大学ローザンヌ校（EPFL）の木造研究室のある研究グループは、伝統的な家具も変わった家具も両方とも作るために、さまざまな種類の道具を持つことのできるロボットアームを開発した。これにより、人間には難しい設計も可能となり、複雑な木製の正面部分もすばやく建てられるようになる。彼らが用いたのは合板だったが、この技術なら、住宅に必要とされるあらゆる種類の伝統的な木工技術に用いることができるだろう。ロボットに関して幻想を抱く人にとっては残念なお知らせとなるが、彼らのシステムでも、切ったものを最終的に集めるには、やはり人間の手が必要になる。

　花崗岩や大理石など、硬い素材を手がける場合にも、似たような手法が用いられてきた。繰り返すが、人間が習得するのに何年もかかる技術を、現状を分析する能力を備えた現代のロボットアームが

行うことができるのである。大理石のみごとな彫刻を手がけるのは
人間には難しいが、記憶装置にある 3D モデルに従って一片の大理
石を削りだすのは（比較的）簡単なのだ。

　ここで本当に興味深いのは、木製アーチと大理石でできたウィー
ナースミス夫妻の胸像がある注文住宅をもてる可能性のみならず、
これらのすべての工程が基本的に同じしくみを用いている点である
る。それこそ、さまざまな道具を持つことが可能で、現状を「見
る」ことのできるロボットアームだ。だいたいにおいて、これまで
に挙げたすべての技術（さらにはもっと多くのもの）は、（さまざ
まな可能性をもつ「手」がある）たった 1 台の機械と、たったひ
とつのソフトウェアで実現することが可能である。あなたが個人で
ロボット建設労働者を所有すると、そのロボットは山奥に住む人が
するようにオークの木を加工し、ニューヨークのベテラン建設労働
者がするようにレンガを積み、ミケランジェロがするように大理石
を彫ることができる。しかも、夜中も週末も休日も働いて、あなた
の趣味嗜好に疑問を差し挟むこともないのだ。

●巨大 3D プリンター

　あなたには、驚くほど複雑な小さなものを絶えず 3D 印刷してい
る、イケてない兄弟や親戚はいないだろうか。なぜ家をまるごと印
刷しようとしないのだろう？

　それはまあ、難しいからである。「人間の臓器の印刷」ほど難し
くはないだろうが（これは「バイオプリンティング」の章で見てい
く）、それでも難しいことに変わりはない。しかも、家の骨組みを
作るだけでも骨が折れる。最もよく知られている 3D 印刷は、プラ
スチックを柔らかくなるまで熱して、装置のノズルから押し出し、
それが自然に冷えて固まると、続けてその固くなった層の上にさら
にプラスチックの層を重ねて築いていくものだ。

　ただ、プラスチックフィラメントでできた家に住みたい人はいないだろう。臭いがきついし、あなたが3D印刷しようと計画している、13階建てのウィザードタワーほどには頑丈ではないからだ。

　では、コンクリートは？　出てくるときは柔らかくて、やがて固まる。これならカンペキだ！

　果たして、そう言い切れるだろうか。

　3Dプリンターで扱うプラスチックの場合のように、どのようなコンクリートでも使えるわけではない。3D印刷の工程において修正可能なコンクリート（もしくはコンクリートに類似した物質）を使う必要がある。これはつまり、出てくるときは柔らかいが、すぐあとでその上に別の層を載せられるほどには固いものでなければならないということだ。しかも、一度乾いたら、安定して頑丈でなければならない。このような素材を見つけるのは難題である。

　だが、この問題も解決されつつある。南カリフォルニア大学のベロック・コシュネビス博士が、特別設計のコンクリートで家を3D印刷するという、「コンター・クラフティング（Contour Crafting）」［QRコード参照］なる技術を開発したのだ。

　コンター・クラフティングとは基本的に、巨大な3Dプリンターと、巨大なロボットアームに可動ガントリークレーン（逆U字形の大きな骨組み）がついたものである。このアームは、押出成形されていないパイプのような物をつかみ、所定の位置に設置できる。この機械はコンクリートの層を積み重ねていき、その際に配管も加えていって、窓やドア用のスペースも空けていく。

　コシュネビス博士による試算では、2階建てで2000平方フィート（186平方メートル）の家の場合、現在の建て方のコストの6割で、なおかつ24時間で建てられるという。24時間だぞ。よく考えてみてほしい。ご近所さんが週末に旅行に出かけるとする。彼らが出発したあとで、彼らの裏庭に家をプリントして、それを貸し出すの

だ。イヌのフンに火をつけるより、はるかに上等ないたずらである。

　そういうことなら、なぜ誰も 3D 印刷された家に住んでいないのか？　コシュネビス博士によると、テクノロジー以上に大きな障害になるのが法律だという。「現在は、家を建てるとなると、市がさまざまな場面で検査官を何十回とよこしてくるのです。土台、壁、配管と、何についてもです。家を 1 日で建てられるのに、この検査をどう行うというのでしょう？　市から係が来て検査するまで、建築を止めなくてはいけないのでしょうか？」

　現在の検査方法は、通常の段階を踏んで建てられた家を念頭に置いたものだ。だが、3D 印刷は段階を踏んだものではない。いうなれば層を重ねたものである。この隔たりを埋めるために博士が取り組んでいるのが、関連する計測を建設中に行い、作業を滞らせることなく検査官がデータを得られるシステムの構築だ。ただし現状では、このような家はアメリカでは市販されていない。

　検査や許可の条件がそれほど厳しくない中国では、ウィンサンという会社がコンター・クラフティングによる技術と非常に似通ったものを用いて、住宅の 3D 印刷を行っている。ウィンサンによるコンクリートは、製造業や建設業からの再生廃棄物を一部に使っているので、環境に優しいともいえるだろう。少なくとも、リサイクルされた産業廃棄物の中で暮らすことが気にならなければだが。

　ただ、その結果には期待がもてる。ウィンサンはこの工法を用いて、24 時間で 10 棟の家を建てたのだ。コストはそれぞれ 5000 ドルほどだったという。なかなかみごとだが、いまのところ、壁は工場で作って建設現場へと運ばれ、そこで組み立てられる必要がある。つまりは、家は工場の近くに建てるか、建てられる前に長い旅をしなければならない。それでも、この結果は（少なくとも見た目は）かなりたいしたものである。

　どちらの方法も見込みがあるが、いずれも高価でかさばる機械が

必要だ。スティーヴン・キーティング博士による別の研究グループのアプローチは異なっている。ある意味では 100 年前のエジソンの考えに立ち返ったものだ。

　キーティング博士が博士号を取得したのは、MIT のネリ・オックスマン博士のメディエイテッド・マター（「媒介物」の意）研究室においてだった。彼は巨大なガントリークレーンと 3D プリンターを使う方法を興味深く思ったものの、懸念もしていた。ガントリークレーンを動かすのはひと筋縄ではいかないからだ。パーツが巨大で、作業に取り掛かる前に現場で組み立てる必要があったのである。家を建てられるように、まずは家を建てなくてはならないという感じだ。

　そこで彼は考えた。ピックアップトラックの荷台に載せた 3D プリンターに巨大なロボットアームをくっつけて、それを使って家を印刷しては、と。

　3D プリンターの問題点のひとつに、やや風変わりな素材を使う場合を除いて、望んでいるほどすばやく動かないことがある。そこでキーティング博士はまた考えた。従来のコンクリートを注ぎ込める型枠をすばやく作れたら？　それによって、3D 印刷のスピードとカスタマイズ性が得られるだけでなく、従来の素材がもつ耐久性と安さも生かせる。

　しくみはこうだ。3D プリンターが押出成形する軽量の断熱材はすぐに乾燥するので、崩れる危険がなく層をすばやく重ねることができる。このプリンターは、この断熱材内に隙間を残すため、そこに従来のコンクリートを注ぎ込むことができる。これが特にいい点だ。というのも、その断熱材をあとから取り除く必要がないからである。絶縁体の役目を自然と果たしているわけだ。絶縁体を印刷し、コンクリートで埋めて、あとは外縁を機械に滑らかにさせたら、石積み壁を建てて終わりである。

これは、コシュネビス博士のものほど完全とはいかないが、よく知られた建築材料のみを用いるという長所がある。用いられる断熱材は、すでに保証済みの建設資材なのだ。

この住宅建設トラックは概念を実証するために作られたが、キーティング博士とオックスマン博士は第二弾に向けて、もっと大きな目標を掲げた。キーティング博士が手がけたトラックは自動運転で、移動しながら3D印刷できるので、ノズルを動かし続けて大きな構造物を作ることができる。そして、風による揺れに対して調整できるほど賢い。今やチェーンソーを使うこともできるようになっていて、その点も重要だ。さらには、ガラスや水など（北極で印刷する場合には）、さまざまな素材で作ることも可能である。おまけに、太陽エネルギーまで使える。これは環境に優しいレベルを超えているので、このトラックはさらに自律したものになるかもしれない。

彼らはさらに、土と、土に構造的完全性を与える繊維を組み合わせて、その土地の素材を使う能力にも取り組んでいる。ちょっとおかしく感じるかもしれないが、それはあなたが現代人で甘やかされているからだ。原始人に対して、こんなことを言うほうが変である。

「へーっ、地元の素材を使ったの？」

　博士たちによる構想は——これは達成しつつあるが——建築家が家のデザインをアップロードすると、トラックロボットが現地へ赴いてそれを建てるというものだ。彼らの装置は柔軟性が高いため、この住宅建設トラックは場所を見つけて周囲を調べ、地域の状況に合わせて設計を調整し、現場を掘って建物を印刷すると、もう帰宅することができる。それも自律的にだ。彼らの手法は、ロボットアームの多用途性と大がかりな 3D 印刷の能力を組み合わせたものである。しかも、それがトラックに載っているのだ。

　3D 印刷は、物事を行う一般的な方法として、建設に数多くの利点をもたらす。3D プリンターは、従来の方法では作るのが困難だったり費用がかかったりする複雑な構造を作成できるからだ。これはつまり、費用が下がって、さらに美しい設計要素（ガーゴイルのこと！　誰もがガーゴイルを手に入れられるなんて！）を備えた住宅を、より上手に建てられるということである。例えば、少なくとも 3D 印刷のいくつかのタイプでは、コンクリートの空隙率を変えられるので、必要に応じて材料を減らし、構造の強弱を加減できる。さらには、従来の方法では作りにくい、ハチの巣状の形も作れる。

　このように、ほかの方法では困難だったり不可能だったりした、素材を細かく変えられる能力が、3D 印刷にはある。長い目で見ると、3D 印刷された家がうまくいけば、これまで考えられてもいないような種類の建造物が出てくるかもしれない。

●群ロボット

　私たち全員にすばらしいインスピレーションを与えてくれるもの——それがシロアリです。

カースティン・ピーターセン博士

　基本的には、家を建ててくれる巨大ロボットが望ましいが、巨大というのは理想的とはいえないかもしれない。トラックサイズのロボットでも、建設現場ではじゃまになる恐れもある。それに、なんでもできる大型ロボットが1台だけという状況だと、もしそのロボットが故障したら、何もできなくなる。

　大型ロボットを少しの数だけもつのではなく、小型ロボットをたくさんもつというのはどうだろう？　前の章では、自律ロボットの群れが私たちの持ち物に取って代わっても問題ないと判断した。では、それらに家を建てさせるというのは？　昆虫の群れのように、ロボットの群れも自分たちよりはるかに大きなものを建てることができる（その点では人間も同じだが）。コンター・クラフティングのガントリー装置だと、家の高さはガントリー以上にはならない。群ロボットの場合は、這い回ったり飛び上がったりしながら、群れにいる個々の小型ロボットよりもはるかに大きなものを建てることができるのだ。

　こういった建設志向の群ロボットには、動物の生態からヒントを得ているものもある。ハーバード大学のジャスティン・ウェルフェル博士と、元ハーバード大学で現在はコーネル大学のカースティン・ピーターセン博士による研究で、ロボットのインスピレーションとなったのはシロアリだった。

　ピーターセン博士は次のように話してくれた。「シロアリは、大きさの比でいうと、動物界で最も高さのあるものを建てます＊5。自分より何千倍という桁違いの大きさのものを考えてみてください。私たちに同じことができるとしたら、座標付きの見取り図なしで、数百人によってエッフェル塔級のものを建てられるのです。こ

＊5　シロアリにはたくさんの種が存在する。わが家の壁に巣食う迷惑なシロアリのほかに、巨大なアリ塚を築いて暮らすものもいる。そういったアリ塚は複雑な構造をしており、2階建ての建物より高くなるものもある。

れは驚くべきことですよ」

　ウェルフェル博士とピーターセン博士はこのプロジェクトを共同研究しているが、取り組むポイントはまったく異なっていた。ロボットが従う規則を明記したプログラムを書いたウェルフェル博士は、「基本的に、シロアリがどのようなプログラムを動かしているのかを見極めようとしています」といったことを口にしている。彼はシロアリのことを「むちゃくちゃ複雑」[*6] と指摘している。シロアリがどのような規則を用いているのかは私たちにはまったくわからないものの、彼の仕事はシロアリにインスピレーションを得た単純なプログラムを書くことだった。ピーターセン博士のほうは、シロアリにインスピレーションを得たロボットを設計・製造していて、こう述べている。「このロボットに見覚えがあるとしたら、ウェグ（Whegs）［QRコード参照］のせいです──ごく単純な方法で、かなりうまく登れるようになる、車輪の脚（wheel leg

---

[*6] このような言い回しをするウェルフェル博士が、私たちは大好きである。
[*7] ウェルフェル博士が指摘してくれたが、ウェグはケース・ウェスタン・リザーブ大学のロジャー・クイン博士によって商標登録されているという。

のようなもののことです」。ウェグだ、友よ。ウェグだぞ*⁷。

　この「ウェグトロニック」ロボットは（私たちが考えた言葉であり、博士によるものではない）、特製のレンガを持ち上げて適切な場所まで持っていくと、それを手放して大きなものを築いていくという。これだけでもたいしたものだが、とりわけ興味深く感じられるのが、これらが独自に動く点だ。この群れには中央制御装置はなく、群れのほかのロボットが何をしているのか、お互いにまったくわかっていない。各ロボットはレンガをつかむと、わずかな指示を用いながら、それを置く場所を判断している。基本的には先の章で取り上げた群ロボット行動と同じ考えだが、こちらは小屋などを建てるという特別な目的をもつ。

　スペインのカタロニア先端建築研究所の研究者たちも、構造物を建てるロボットの群れをこしらえている。彼らが手がけたのが「ミニビルダーズ（Minibuilders）」［QRコード参照］だ。これは、基本的にはそれぞれが小さな3Dプリンターで、大きさは洗濯かごぐらいだが、コンクリート様の物質を層状に重ねていける。コンクリート用のノズルがついた、カメのロボットというイメージだ。

　ただし、これは完全には独立していない。十数台の小さなロボットそれぞれの中に、コンクリートをこねるための容器はない。ミニビルダーズの各ロボットは、コンクリートを供給してくれる中央容器とつながっているのである。ロボットにまつわる幻想をたくましくしたいのなら、巨大で恐ろしげな触手をもつロボットというイメージだ。

　触手ロボットに家を建てさせる場合の大きなマイナス点は、触手が絡まってしまうことである。自分の机の陰でもつれていて、どの周辺機器もコンクリートを吐き出しながら動き回っているところを想像してみてほしい。現在のしくみでは——私たちの知る限り——

ミニビルダーズがお互いに絡まないように、技術者たちが動き回って手助けしなければならない。

　私たちがこのロボットを特に興味深く思っているのは、建築用の群ロボットという考えと 3D 印刷を結びつけているからだ。しかも、ミニビルダーズのある種類には、真空を利用して構造物の側面に自ら吸いついて張りつき、上へと登って、高さを重ねていくという、みごととしかいえないものまである。

　ただ、正直に言っておこう。独立した 3D 印刷ロボットの群れに、住むことのできる安価な芸術作品を建ててもらうのは、しばらくすると飽きられるはずだ。空飛ぶドローンのほうがいいのでは？

　ファビオ・グラマツィオ博士とマティアス・コーラー博士はスイスのチューリッヒでマッドサイエンス的な研究所を開いているが、そこのロボットは素敵な構造物を作り上げ、その外観も作っている。彼らによる特にカッコいいプロジェクトが、ラファエロ・ダンドレア博士と組んだものだ。空飛ぶドローンによる恐怖の大群を作ることに専念している人物である。彼らのプロジェクトでは、結合剤でコーティングされたレンガをドローンが拾い上げると、それをひと

つずつ落としていき、そうして構造物を築く。まあ、べとついたレンガでできた家には住みたくないだろうが、これは最初の頃の概念実証だったから。

空飛ぶロボットの大群にレンガを正確に並べさせ、複雑な構造やおもしろい模様を作らせたりすることは可能だろう。だがそうするには、それらに指示を出しながら、築いていくところをモーションキャプチャーカメラで監視する必要がある。これは研究室だと問題なくできるが、外で行う場合は少し難しいかもしれない。

群れというパラダイムの利点のひとつは、個々のロボットを使い捨てにできることだ。つまり、ある作業が特に危険な場合は（地震の直後や危険な環境での作業など）、小型ロボットが大量にあるほうが、人間や巨大な建設機械よりも、望ましいのである。

もしかすると将来的には、空飛ぶロボットと地上のロボットを組み合わせたようなものがイナゴのように庭に現れて、素敵な東屋を建てると、どこかへ去っていく日が来るかもしれない。

心配なのは…

話を進める便宜上、ロボットは人間以上にひどいことはしないとしよう。これは単に都合がいいからだけではない。スティーヴン・キーティング博士も指摘しているが、ロボットによって建てられた家は、実際はより安全なものになるという。建設中に定期的な計測を行い、センサーを組み込んで、ミスが生じていないことを確認できるからだ。

人間はというと、仕事にあぶれる人が多く出るかもしれない。アメリカ労働統計局によれば、2004年から2014年の間に、建設現場ではすでに83万7000件の職が失われており、その大半は景気後退時に減少した建設需要に関連したものだという。同局は、

2014年から2024年の間に最大で79万件の職の増加があると試算しているが、職場にロボットが投入された場合に、この数字にどのような影響が出るのかは不明だ。その予想は難しい[8]。

　SAMが人間3人分のレンガ積みの仕事を行うために、1人の人間と協力するという話を先に取り上げた。建設現場に与えるSAMの影響は、ひどいものにもなりうる。一般に企業が、少ない労働者で同量のものを作り出せても、トータルの労働者数が減ることにはならない。その理由は？　ある商品の価格が下がると、人はそれをもっと買い求めることが多いからだ。衣類がいい例である。産業革命によって衣類は安価になったが、それに対する人々の反応は、衣類をもっとたくさん買うというものだった。

　SAMが建設現場に導入されるたびに労働者が2人減っても、全体的な労働者数は増えるかもしれない。私たちがより大きな家やたくさんの家を急に買えるようになったり、企業がレンガ造りの正面玄関などの付加物を購入しだしたりすると、それは起こりうる。なぜなら、SAMによって建設価格が下がるからだ。もしかすると、この影響はほかの業界にも波及するかもしれない。家が大きくなるとエネルギーや器具も多く必要になる。私たちは現代人なので、使うか使わないかわからないようなもので部屋があふれていないとイヤなのだ。

　だが、このようなバラ色っぽい展開になったとしても、みんながみんな、暮らし向きがよくなるわけではない。消費が増えるということは、多くの人に仕事がいくということだが、所得分配に変化が生じるかもしれない。SAMを手助けする1人の労働者は、技術を

---

[8]　実際には、予想は不可能かもしれない。建設の仕事に対するロボットの影響を経済学者のノア・スミス博士に尋ねたところ、こう言われた。「世界でも指折りの労働経済学者たちでさえ、ロボットが将来的に人間の労働者に取って代わるのか、それとも補完する存在であり続けるのか、本質的にまだまったくわかっていないことをお忘れなく」

あまりもたないかもしれず、それゆえ給料も少なくなる。一方、サンフランシスコで新たに雇われたロボットエンジニアは、巨額の給料を手にすることになる。

　ウェブサイト「ブルームバーグ・ビュー」の経済コラムニストであるノア・スミス博士はこう語った。「『ロボットの台頭』による真の脅威とは、人間の仕事が奪われることではなく、それによってもたらされる不平等がいつまでも終わらず増え続けることです」

　一般の人にとって、ロボットによる建設がいいか悪いかは、その人の住む国の法律とその国の人たちの消費行動によって左右され、これはどちらも予測しづらい。

　いずれにしても、建設の仕事に携わるロボットの影響は、長いことわからないかもしれない。2章に登場したブライアン・カプラン博士も言っている。「既存の職業が新しいテクノロジーを採用するまでには時間がかかります。そのため、新たなアイデアを真剣に検討する新しい会社が出てきて成長するまで、待たねばならないことも多いわけです。最終的に勝利を収めるのはイノベーションですが、その移行には何十年とかかるものです」

　建設の仕事が本当になくなるなら、それによって生じる仕事（ロボットの製造など）のほうが実はマシという可能性を考慮すべきだ。建設は最も安全な仕事ではない。それどころか、アメリカでは最も安全ではない仕事のひとつである。労働統計局によると、2014年にはアメリカだけで、900人が、建設現場での仕事絡みの事故で命を落としているのだ。

　無駄の多さも、また別の危険要素になりかねない。私たちの誰も5000平方フィート（465平方メートル）の家に暮らしていない大きな理由は、それがものすごく高くつくからだ。もし費用が大幅に下がったら、人々はもっと大きくて、もっとエネルギーを大量に消費する家に住み始めるようになるかもしれない。

　先に触れたように、本書の著者の片方は、13 階建てのウィザードタワーに住みたいと思っている。現在のところ、ネックとなっている大きなものが二つある。コストと、話に乗ってこない妻の存在だ。もしどちらか一方を排除できたら、高さのある細いシリンダーを冬の間ずっと熱するという極度の無駄は生じるものの、この工程は前進するかもしれない。

　それでも、ロボットによる建設は原則的に、物事を行ううえで、かなり環境に配慮した方法になるだろう。プレハブを用いれば、低密度のものや、さらには空洞のものでも間に合うような部分に、しっかりしたコンクリートの塊を使えるかもしれない。3D の手法を一部用いると、一定期間に使うのに必要な材料の量を正確に決めることができる。それによって構造的完全性を損なわずに、無駄のない使い方が可能となる。コンクリート製造は炭素放出の重要な原因なので、使う材料が減るのはいいことだ。

　それどころか、生物をヒントにして、使うコンクリートの量を減らしながらも同等の強度を得る方法に取り組んでいる人たちもいる。以下はキーティング博士の言葉だ。「骨やヤシの木の中を見ると、密度が違うことがわかります。骨の内部は、真ん中がかなりスカスカで密度は高くない一方で、外側はかなり密度が高いのです。ヤシの木も同じです。ここで疑問に思うのです。同じことをコンクリートでできないか、骨や木のように放射状の密度勾配を得られないかと。これに関して素材試験をいくつか行ったところ、10 〜 15 パーセントというかなりの量のコンクリートを削減でき、その一方で、曲げに対する強さは維持できることがわかりました。せん断力に対して同等の能力を維持できる限り、素材を多く節約できるわけです」

　もちろん、こういったことに関して、人間は必ずしも理性的ではない。何かが「環境に優しい」と言われると、それを多く消費するようになるかもしれない。しかし、「ほとんどの有名ブランドより

も自然を損ないません」などといった正直な包装にすれば、消費を
控え、なおかつ環境に優しい商品を買ったほうがいいと再認識する
だろう。

世界はどう変わる？

　本章を執筆中、自国の内戦によって1100万人ものシリア国民が
故郷を捨て、およそ500万人の難民が国境の外をめざすという事
態になっていた。難民危機における最も単純かつ現実的な問題のひ
とつが、どうやってこの人たち全員を収容し、衛生設備を提供する
かということである。現在の不完全な3D印刷方式であっても、コ
ンター・クラフティングの技術なら基本的な配管を備えた住居をす
ばやく安価に作れるので、苦しんでいる人々──その多くが子ども
たち──の日々の生活を改善しつつ、多くの人命を救えることにな
るだろう。

　適度なレベルの住居のコストが全体的に下がることは、世界の貧
しい人たちにとっておおいに助かる。国連ハビタット（国際連合人

間居住計画）の推定では、2012年から13年に、およそ8億人が開発途上地域のスラムに暮らしていて、この数字は今後も増え続けるとみている。同機関によるスラムの定義とは、荒れ果てた家、安全な水の入手のしにくさ、過密環境、適切な衛生設備やインフラの不足、そして住人にその土地の所有権がないというものだ。ロボットを用いた建設工法なら、衛生面と水の入手しやすさが向上した、きちんとした住宅は建てやすいかもしれない。そうなれば一歩前進だ。しかし、現実世界でうまくいくかどうかは、ロボット用の規則を人間用に移行することになるので、予測がつかない。例えば、無断居住者が急に素敵な家を手にする場合を考えてほしい。おそらく、不動産譲渡証書の実際の所有者は、その所有権にもっと関心をもつようになるだろう。いつものように、テクノロジーがもたらすのは機会であり、倫理ではないのだ。

　そうは言っても、ロボットによる工法が住宅価格を劇的に下げるなら、開発途上国の急激な成長を後押しできるかもしれない。また、ロボットが住宅を建てることで本当にコストを下げられるのなら、地域社会や地方自治体は、（移り気の場合が多い）国外の後援者の寄付に頼らずに、自らの手で解決策を打てるかもしれない。これらの問題が貧困によって引き起こされている限りは、ロボットによる建設で大きな改善が可能なのだ。

　それに、一般の人たちも素敵な家を手にできる。既存の設計にもとづいた家をロボットが建てるなら、住宅建設はオープンソース化されるだろう。ロボットが作業を行うことにより、通常のレイアウトと複雑なレイアウトとのコストの差は、大きなものにはならなくなる。皮肉にも、機械の力によって、ほとんどが富裕層向けになっている多くの伝統工法——複雑な木工技術、レンガ積み、石工業——を、私たちの手に取り戻せるかもしれないのだ。

　大規模な建設計画においても、現在手に入る素材で間に合わせる

必要があるという多くの制約から、創意に富んだ建築家を解き放つことになるだろう。建築家たちは、これまで想像できなかった驚きのものを作り出すかもしれない。

　また、人間ではなく使い捨てのロボットによって行われるのを見てみたいという仕事は、山ほどある。水中や放射線環境といった、本当に大変な場所での建設をロボットに任せることができたら、人命も救われる。

　すべてのものは宇宙へ帰る。火星に住むことになったら、現地に着いたときに自分の部屋が完成していてほしいものだ。コシュネビス博士はNASAと協力して、コンター・クラフティングを宇宙で使う方法を検討している。着陸路などの危険なものの建造や、人間がいつの日か住むことのできる構造物の準備をさせるためだ。これはただ単にすごいというにとどまらない。地球外の環境はほぼすべて、人類にとってきわめて危険なのだから。火星の家に張り巡らす放射線遮蔽シールドは、自分で設置するよりもロボットにやってもらったほうがいいだろう。

　これまでに行われた宇宙ミッションのおかげで、月や多くの惑星

の表面の状態はかなりよくわかってきている。これはつまり、地球にいながらにして、ロボットが月の塵だけを使って家を建てる方法を考え出せるということだ。つまり、お金を出して大量の建築資材を宇宙へ打ち上げるのではなく、現地にある素材で自分の小屋を建てられるのである。

注目！──３Ｄ印刷された食べ物

本章のリサーチをするうちに、私たちは本当に奇妙な 3D 印刷の世界へと引き込まれた。ここまでは、確実に役に立ちそうな話から脱線しないようにしてきたが、ちょっと聞いてほしい。3D 印刷されたコーンブレッドのタコを見せられた日には、なんとしてもそれを世の中に伝えなければと思ったのである。

ホッド・リプソン博士とメルバ・カーマンは、その共著『2040年の新世界──3D プリンタの衝撃』（東洋経済新報社）のなかで、完璧な 3D フードプリンターを提案している。自分で一から作るよりも時間がかからずに、完璧なマフィンを印刷できる機械を想像してみてほしい。しかも、ダイエット中なら、脂肪分、炭水化物、塩分、全体のカロリーをその機械が入念にチェックしたうえで、毎回の食事を印刷してくれるのだ。厄介な自己管理とは、もうおさらばである。

それに、食事上の特別な制約──糖尿病、貧血症、特定のアレルギー──がある場合、この機械はおいしいマフィンを印刷するだけでなく、あなたの健康上のニーズに丁寧に合わせてくれる。例えば、あなたに糖尿病の気があるとする。するとこの機械は、血糖値測定器を使って、あなたが生きていけるだけの糖分を正確に含んだ食べ物をこしらえてくれるのだ。

この地球上でマフィンを作るのに、この方法がいいと判断される

までには、しばらくかかるだろう。だが、少しの重さの差も意味をもつ宇宙ではどうだろうか？

　NASAは、長期の宇宙ミッション用の3Dフードプリンターを作るため、テキサス州オースティンのシステムズ＆マテリアルズ・リサーチ・コンサルタンシーというグループと契約を交わした。その理由は？　宇宙で新鮮な食べ物を受け取ったばかりという宇宙飛行士の映像を見たことがあるだろう。彼らが手にしている新鮮な食べ物とは——貴重なオレンジ、キュウリ、ピーマンである。その様子を目にしたNASAのフードサイエンティストの目にわき出る悲しみを想像してみてほしい！　栄養に富んだビタミンペーストや再利用された糞便があるのに、なぜ新鮮な果物を食べさせているのかと思っているのだ！

　そう、再利用された糞便である。「再利便」と呼んでもいい。それに取り組んでいるのだ。しかもこの計画（クレムソン大学のマーク・ブレナー博士主導）は、こう名づけられている——「排泄物を再利用して、食べ物、栄養補助食品、素材へと変える合成生物学：長期の宇宙旅行に向けたリサイクル」（傍点は筆者）。私たちにわかっている限りでは、幸いにもこの計画には3Dプリンターは含まれていない。それでも、リサイクルしないほうがよいものもあると、著者たちは感じている。

　ただ、実際に3Dプリンターを搭載して宇宙へ行くとしてみよう。少なくとも原理上は、占めるスペースも重量も最小限に抑えながら、実にさまざまな食べ物を作ることができる。先の宇宙関連の章で触れたように、軌道上まで物を打ち上げるには、1ポンド（約450グラム）あたりおよそ1万ドルかかる。つまり、リンゴを送りたい場合は、種ひとつで約20ドルかかる計算だ。不経済でなくなるのはいいことである。それに、単純な入力操作によってあらゆる食べ物が3D印刷されるのなら、それぞれの宇宙飛行士にどの栄養素

が行き渡っているのかを正確に把握することができる。楽しい科学の始まりだ。

地球に目を向けると、ジェロエン・ドンバーグによる、ゼリーの中に3Dの構造物を描くというものがあった。彼の友人が華やかな誕生日会にゼリーを用意していたときに、ドンバーグ氏はそのゼリーの中に泡があるのに気づいた。ゼリーの中に物を注入することができて、注入されたものはその中にとどまると、彼は思ったのである。例えば、細い注射器の針を動かしながら注入していくと、立方体のすべての辺を描くことができるわけだ。

彼の友人は、これを手作業で行うには時間がかかりすぎると思った。ものぐさこそ発明の母だ。ドンバーグ氏は機械をうまく操作して食用インクを詰めた注射器を使い、ゼリーの中に3Dの構造物を描いたのである。彼がこれまでに描いたのは、立方体やらせんといったかわいらしい形のものだ。ここで謹んで提案しよう。この機械を使って「飲むのはそこまでにしろ」とか「もう飲むな」などという文字を書いたら、世の中のためになるはずだ。

　手作りマニアの人たちが、メイカーボット社の3Dプリンター向けに、食べ物に適したアダプターを開発した。「フロストルーダー (Frostruder)」という装置である。「フロスティング（焼き菓子のクリーム状ペースト)」と「エクストルーダー（押出成形機)」の混成語だ。おいしそうじゃないか。基本的には、フロスティングやピーナッツバター、シリコンなど[*9]、ねばつくものならどんなものでも入れられる大きな注射器である。ノズルが動きながら、注射器からねばついたものが押し出され、事前にインストールされた模様を描くのだ。その結果は必ずしも華麗とはいかないが、1983年に叔母がケーキの飾り付け教室に通って作ったものよりは、はるかに上出来である。

　元コーネル大学のジェフリー・リプトン博士は3D印刷された食べ物に取り組んで数年になるが、目標に掲げているのは、構造の部分だけでなく、味や栄養面においても、もっと複雑でカスタマイズ

[*9]　彼らのウェブサイトでは、これらのものが箇条書きに記されている。典型的な食品技術者の心の奥底がわかる。

可能な食べ物にすることだ。彼のウェブサイトでは、3D 印刷された
たなかなかみごとなチョコレートのほかに——そう、これだ——
コーンブレッドで作られたタコも見ることができた。正直言って、
こういったものについては、社会の側に受け入れる準備ができて
いるとは思えない。2009 年の固 体 自 由 成 形シンポジウムに
あった、「親水コロイド印刷——特注の食料生産用の新たなプラッ
トフォーム」という文書内の言葉を紹介しよう。「複雑に埋め込ま
れた 3D の文字が書かれたケーキを切るとメッセージが現れる、と
いったものを含め、将来的に可能な用途例です。メッセージが隠れ
ているのはローストビーフでも構いません」＊10。この共著者のひ
とりがリプトン博士である。

　なるほど、そうか。おいしそうなミディアムレアのステーキを切
る場面を思い浮かべてみよう。フォークを持ち上げたそのとき、相
手の色男の目がキラリと光る。視線を下げたところ、何か書かれて
いる。肉の筋の部分に……「結婚してくれる？」と。

　こういった現在のあらゆるプロジェクトにおいて大きな制約と
なっているのが、ほぼすべてのものが粘り気のあるどろっとした形
で押し出されている点である。これでは、3D 印刷された食べ物の
選択肢が大幅に制限されてしまう＊11。チョコレートやショートブ
レッドなどは、こういった製法に対してかなり修正が利くだろうが、
それでも 3D プリンターで問題なく使えるようにするには、食品技
術者は、必ずしも風味の助けにならない材料を多く加えなければな
らなくなる。しばらくの間は、バイオ研究所ではなくマフィンのお

＊10　私たちがこの「注目！」の項をリプトン博士に見せたところ、こう言われた。
　　　「正直なところを言うと、私たちはあの文書のことは『料理法に対する最大の犯罪』
　　　と呼んで、世の中のシェフたちを悔い改めさせてるんですよ」
＊11　そうとも言えないかもしれない。リプトン博士は、おかしな通販番組の司会者
　　　のような感じで、こう言ったのだ。「みなさんの食べているものの多くがすでに押
　　　出成形されたものだと知ったら、驚くことでしょう」

店のほうが、おいしいものを手に入れられるだろう。

　それに、私たちに判断できる限り、食品技術者のことは完全には信用できない。というのも、彼らは現在、宇宙飛行士に対して「リサイクル」を行おうとしているからである。彼らがあなたに対しても何をすることができるか、ちょっと想像してみてほしい。

6 章

拡張現実
現実を修正したいときの代替手段

　会社の上司があなたの作業スペースにやって来て、何かのことで怒鳴っている。上司の口を止めることはできないので、あなたは10分にわたって、話半分に聞いている。そのときにあなたは思い出す――自分のコンタクトレンズに、コンピューターの小さな画面が埋め込まれていることを。

　そこであなたはウインクする。上司は一瞬、とまどった表情を浮かべるが、すぐに再びわめきだす。あなたの目の前では、見える世界が変化し始める。奥のほうにヤシの木が現れ、日の光はこれまでにないほど穏やかにかすむ。色鮮やかな鳥が、バカな上司の薄い頭髪の上に舞い降りる。

　あなたの鼻にある分子発生器が潮風の香りを解き放ち、耳にある小型スピーカーから砕ける波の音が流れる。右耳のスピーカーは左耳よりも少しだけ先に音を出すため、青い海が広がっているのではと、あなたは思わず右の肩越しに振り返る。

　あなたの机の上にあるコンピューターは、上司の声を認識すると、何を言われていようが、その内容をスポーツの最新情報へと変える設定のため、ヤシの木に潮風が当たるなか、あなたは気楽にそれに耳を傾ける。現実世界の上司が、「一度くらい真面目に仕事をする気はないのか」と訊いてきたちょうどそのとき、あなたのひいきチームがまた負けたことを、スポーツキャスターの声が告げる。「それはないよ！」とあなたは思わず叫ぶ。「それはないって！　どうい

うことだ!?」

　ありがたいことに、大邸宅に見える6坪の部屋に帰宅すると、バーチャルな配偶者は、あなたがクビを言い渡されたのが今年で14回目であっても、非難しない。あなたは舌の上にポリマーコーティングを薄く塗り、食料貯蔵室から大豆タンパクを取り出して、今夜は神戸牛の味になるようにする。

　これが現実となるのだ——多少の拡張があれば。

　拡張現実（AR）は、現実世界にバーチャルな要素を重ねることができる。この世にちょっとした魔法を加えるようなものだ。これはバーチャルリアリティ（仮想現実：VR）とは異なる。VRは本当の現実をすべて遮断するからだ。ARのイメージでは、味覚、触覚、視覚、動き、バランスなどに関するたくさんのセンサーとつながった脳があなただと考えるとよい。ARの研究者たちはあなたのことをそのように見ているので、あなたのほうもそう見て構わない。

　これらのセンサーはどれも、周囲の状況から絶えず情報を取り込んでいる。完全なVRシステムでは、これらのセンサーはコンピューターによって作り出された偽の情報によって、100パーセント占められている。つまり、狭い部屋に立っていても、あなたの感覚器官は、あなたが白亜紀にいて、T・レックスが自分のほうへ向かってきていると伝えるのだ。ARの場合、センサーが偽の情報に占められているのは一部であるため、あなたが立っているのは本物のショッピングモールのど真ん中で、T・レックスはハンバーガーを食べ終えると同時にあなたに向かって来る気で満々になっている、という事態が起こる。

　現在のところ、私たちはたいてい、視覚センサー（時に「目」と呼ばれるもの）を補正している。その理由はあとで触れよう。視覚にバーチャルな物体や情報を加えるだけで、あらゆる応用が可能になる。現実とのつながりはまだ失いたくないが、情報がもっと欲し

いという状況（戦闘、手術、建設など）でも、AR はかなり役立つ可能性がある。もし完全なものとなったら、必要な訓練が減り、しかも、今までよりいい結果が得られるかもしれない。つまり、安価になり、質も向上するのだ。自分の人生について、これまでになく効果的にウソをつくこともできる。

　ポケモン GO が発売されて以降、AR は急激にありふれた存在になった。これについてはあまり深く掘り下げたくない。おそらくあなたが今それをやっているせいで、この文章がないがしろにされているからだ。ただ、ポケモン GO については、ゲームを超える応用性をもつテクノロジーの初期段階だと、私たちは見ている。

　著者たちが属しているのは、いわば「最も悲しい世代」——ポケモンがわかるぐらいには若いが、その人気にはまごつき、面食らうぐらいに歳を重ねている世代である。そうではあるが、AR はどんな空想も現実にすることを約束してくれる。もちろん、それらはセクシーな夢ばかりではない。復讐したり金持ちになったりするものもある。

　AR を実現する方法はたくさんあるが、現在もっている感覚器官

の数からして、完璧な AR システムは非常に複雑になるだろう。現状での最も一般的な方法は、なんらかの方法を用いて（現時点ではタブレットか電話が候補）、現実と「レジストレーション状態」にあるイメージを目に映すものだ。

　レジストレーションとは、バーチャルなものが現実と協調しているという意味だ。例えば、あなたの部屋の中を走り回る AR のウサギがいるとする。そのウサギには、物を突き抜けて走ってほしくはないだろう。もしくは、仮に突き抜けて走った場合は、ケガをした感じになってほしいはずだ。

　これは、最初の印象よりもはるかに複雑である。自分の目に AR を映し出すヘッドセットをかけているとしよう。その状態でテーブルの上を見ると、ヘッドセットがそこに手紙を映し出す。想像上の配偶者であるブラッド・ピットからのもので、「愛している」と書かれている。これはもちろん、あなたがその手紙を今日そこにあるように AR にプログラムしたからだ。それでも、前の晩に言っておいたおかげで配偶者があなたの誕生日を忘れなかったのと同じように、あなたは AR のブラピが手紙を残してくれたことを、ありがた

いと思うわけである。

あなたが顔を左に向けたら、ブラピの手紙は右側に見える必要がある。さらには、実際のテーブルとのずれが生じないよう、あなたに対する手紙の見た目の角度も変わらなければならない。これが少しでもずれると、変な感じに見えて忠実度が失われてしまい、実際にテーブル上にあるのは接近禁止命令だったことが思い出されてしまうのだ。

こういった点をすべてクリアするのは相当に難題である。優れたハードウェアに優れたソフトウェア、それに人間の視覚と認識のしくみに対する優れた理解が必要になるからだ。

ハードウェアは着実に進歩している。拡張現実といえる最古の装置は、1962年にモートン・ハイリグが手がけた「センソラマ(Sensorama)」［QRコード参照］だ。この装置は完全に機械仕掛けで、プログラム可能なコンピューターは組み込まれていなかった。現代の装置なら、バーチャルの果樹園を通り抜けるときに果物の香りを流すというプログラムになるだろうが、ハイリグによるこの装置の場合は、映像が始まった5分後に、果樹園を映す映像に合わせて匂いが流れるようにセットされているだけだ。

このセンソラマは小さなのぞき穴から映像を流して、その間に風を起こし、音を立て、振動をもたらし、化学的な匂いを出して、例えばバイクに乗っている感覚を与えるというものだ。なぜバイクを買わないのかという点は訊かないでほしいが、ハイリグの目は未来を向いていた。彼は申請した特許において、軍事、娯楽、工業、教育への応用に触れている。これらこそがまさに現在のAR研究の用途として、最もよく検討されているものだ。

覚えている人もいるかもしれないが、1990年代にコンピューターやモニターが割安になって、いわゆるVRのヘッドセットがついに大流行したようになった。そのときそうならなかったら、現在もし

くは未来において、そうなったかどうか疑わしい。ただ、この 90 年代のシステムには問題があった。まったくもって高かったし、その仮想現実ときたら本当にひどくて、その……吐き気を催させたのだ。吐き気というのは、AR と VR のシステムに共通する普遍的な問題である。現在のある学説では、乗り物酔いは、自分が動いていると感じて・い・な・いときに、自分が動いているように・見・え・ると、毒を盛られたと脳が判断することだという。そして、近くのトイレに駆け込みたくなるのだ。

　この乗り物酔い問題は、偽の現実を作り出す機械が 1993 年の消費者向けコンピューターだと、特に激しいものになる。ヘッドセットをつけて顔を動かしたとき、偽の現実のほうは丸々 1 秒かかっても動かない。目はそれが現実であると信じないのに、胃のほうは現実だと確信してしまうのだ。

　90 年代の多くのトレンドと同じように、VR は賢明にも棚上げされた。このことは、AR に関心をもつ人たちにとっては失敗を意味した。人気が出たその VR のヘッドセットによって、関連技術が安価になることを願っていたからである。

　だが、本書著者のケリーが 90 年代の音楽に執着したように、復活を望んで、AR をあきらめなかった科学者がわずかにいた。しかも、ケリーとは違って、彼らには望みをなくさないだけの十分な根拠があったのである。

　現在ではほとんどの人が、電話という形のコンピューターを携帯している。いやむしろ、それ以上のものを。一般的なスマートフォンは単にコンピューターが入っているだけではない——写真撮影、映像の録画、現在地の検出、方向探知、地球上での位置特定、ほかにも巧みなことができるのだから。この探知能力は、実際の現実の上に偽の現実を重ねようとする際に、特に有用である。しかもスマートフォンは、90 年代のコンピューターとは違って、孤立していない。

はるかに優れたメモリと処理能力をもつ、ほかのコンピューターとやりとりできるのだ。

たまたまではあるが、現在は、AR の研究者が人々に身に着けてもらいたいと思っている装置を、人々はたくさん身に着けて動き回っている。そうなると、ソフトウェアを間違いのないものにすることが重要になる。

最初の頃は、現実世界に仮想オブジェクトを加える方法に「基準マーカー」というものがあった。基準マーカーとは、コンピューターが視覚的に認識しやすいように置かれたオブジェクトのことで、現在の QR コードのようなイメージだ。真ん中に QR コードがあるテーブルをイメージしてみてほしい。話を簡単にするため、あなたは目に映像を映しだす AR のヘッドセットをつけているとする。そのヘッドセットのカメラがこの QR コードを見ると、次の二つのことを判断する。

(1) それが「ここに花瓶を置くこと」を示すパターンコードであること
(2) その QR コードを見ている角度

あなたの動きに合わせて、変化する QR コードの位置をヘッドセットが探知し、それに合わせて花瓶の位置が調整される。これがうまくいけば、あなたが動き回ろうが飛び跳ねようが、テーブル上の花瓶をきちんと認識できる。つまり基準マーカーは、拡張現実と実際の現実を単純に橋渡ししているわけである。

現在の AR 研究は、従来の基準マーカーの先へと進んでいる。飛躍的な進歩の一端を示す証拠といえるかもしれないが、「基準マーカー」という用語自体、もうイケてないらしい。ほんの数年前の文章では使われていたのに。

　最近では、物体自らが置かれる場所を判断できるほど、このプログラムは賢くなっている。それでも、依然として有効なマーカーはいろいろある。たくさんの情報をコンピューターに瞬時に与えられるからだ。

　ただ、マーカーにも問題はある。例として、画面上で見えなくなることがあるのだ。本物の花瓶なら問題にならない。だってそれは……あなたが見ていなくても、その花瓶はそこに変わらず存在しているのだから。だが、あなたがテーブルより低い位置へと体を屈めてから、顔を上げたとしよう。その角度だと、花瓶は見えるはずだが、ヘッドセットにはマーカーが見えない。するとヘッドセットは、その花瓶は存在していないと判断してしまう。これはいただけない。誰も見ていなくても、現実世界には存在し続けてほしいと、ほとんどの人は思っているからだ。

　この問題は、カメラを追加したり、ヘッドセットの方向に合わせたマーカーを加えたりすることで解決できるが、必要なものが増えると、それだけ AR 体験は煩わしくなってしまう。現実世界と仮想世界とのつながりを希薄にすることこそが、この体験がうまくいく鍵なのだから。

　AR を用いた素敵なアイデアとして、森の中を歩きながら、その土地の生態系や歴史について知り、その体験を高められるというものがある。例えば、あなたがオークの木の前を通りかかると、コンピューターがオークの木について教えてくれる。あなたがその木に近づくと、シダが生えていて、タマバチがついているのが見て取れる。するとヘッドセットは、それらに関する情報も表示してくれる。さらには、その森で 1864 年に南北戦争があったことまで教えてくれて、それをバーチャルで再現したものを重ねて映すかどうかの選択肢まで提示してくれるのだ。

　これらはどれもすごいものだが、利用者が関心をもちそうなもの

グラント将軍の墓[1]にある
スマイルマークのステッカー
を見つけたら
戦争の恐ろしさと
ギフトショップでの割引に
ついての話が聞けますよ

すべてに QR コードをつけなくてはならないとなると、雰囲気が損なわれてしまう（し、準備するのも大変である）。

そこで、現在の研究が取り組んでいる大きな分野が、QR コードの代わりに、もともとそこにあるものをマーカーとして使うことである。これを用いれば、エッフェル塔のいたるところにマーカーを設置しなくても、あなたのもっている装置はエッフェル塔と認識するのだ。

「ちょっと待った」と、あなたは言うだろう。「自分の GPS を使うからいいよ。この GPS はエッフェル塔の場所がわかっているから」と。それは違う。それではうまくいかないのだ。GPS が伝えるのは、地球上にあなたがいる場所だけであり、その精度も 1 メートルの範囲でしかない。優れた AR には、それ以上の精度が求められる。しかも GPS の精度は、高さを測る場合は、かなり悪化する。つまり、スコットランドのエディンバラでバーチャルのツアーガイドを作動させると、そのガイドはあなたの頭上 3 メートルの位置

＊1　ニューヨークにある、南北戦争で北軍の総司令官だった将軍の墓。

に現れるのだ。顔を上げたあなたは、ガイド役の男性が例のスコットランドの伝統衣装（スカートのようになっている服）を着ていなかったらよかったのにと思うはめになる。

　それでも、出発点としては、GPS は申し分ない。あなたがどこそこの公園にいるとか湖の近くにいるなどと、あなたのコンピューターに伝えられるかもしれない。それにコンピューターは、視覚的な手がかりからあなたの正確な位置を見分けることができるはずだ。それこそが、人間が自分の居場所を見定めるために行っている、基本的なことである。もし森で迷ったら、特徴的な見た目の木を見つけようとしたり、遠くにある大きな目標物の方向を見定めようとしたりする。コンピューターも原則的にはそれと同じことができる。ただ、人間は何が「目印になる」かをかなりすばやく決められるが、それが目印になるわけを機械に説明するのは難しいのだ。

　次のような手法がある。まず、エンパイアステートビルの近くを歩いているとする。コンピューターはあなたの位置をだいたいつかんでいるが、巨大ゴリラを映画のようにそのビルに投影するには、正確な空間座標と、あなたが見上げる正確な位置を知る必要がある。つまり、視界を正確に表すには、写真が必要なのだ。そしてその写真を部分に分けるのである。明暗の違いを探して、興味深い部分とそうでないところを判断するのだ。

　例を挙げると、コンピューターが一面の空の一部を四角形で切り取っても、おそらくどの四角形も違わない。これによって、「興味深い」ポイントではないと、コンピューターに伝わる。その一方で、もし、切り取った四角形の中に窓が入っていれば、明るいところと暗いところ、それに幾何学的な図形も入ってくる。これは興味深いものになるだろう。

　すると、コンピューターはそのイメージを、（GPS のおかげで）目印として知られているほかのイメージがあるデータベースと照ら

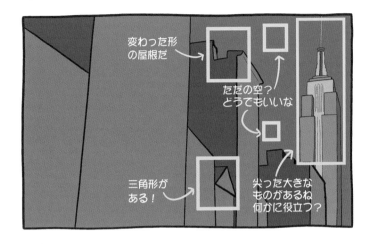

し合わせる。あなたは移動しながらこれを繰り返すことにより、最後には、内蔵カメラの方向とともにあなたの正確な位置を突きとめる。これはとても人為的な方法に思えるかもしれないが、自分の現在地をつかむためにふだんから行っていることと大差ない。人は道に迷ったときに、昼間の空を参考にして位置を知ろうとはしない。広大な青空はあなたの位置について、具体的な情報をたいしてもたらしてくれないからだ。一方で、夜空なら参考に•で•き•る•。空に浮かぶ星とその位置は、あなたの位置についての情報をもっているからだ。自分の居場所を判断するのに地面は参考にならないが、遠くの建物までの距離は参•考•に•な•る•。よく足を運ぶところだと、慣れているため、こういったことは無意識に行ってしまうが、長いこと離れていた故郷に戻ったときの頭の働き具合を思い出してみるといい。

　この手法の問題点のひとつとして、「興味深い」イメージと比較するために、大量の計算と大量の参照用イメージが必要なことがある。そのため科学者らは、この手順を簡略化する別の手法に取り組んでいる。

　カナダのヨーク大学拡張現実研究室のケイトリン・フィッシャー

博士は、少なくともいくつかの用途に関しては、簡単な方法があるかもしれないと言う。「アーティストは、照合のレジストレーション問題を回避するために、現実世界と仮想世界を複合させています。浮かんでいたり、空に存在していたり、地上で小さなものになっていたりというイメージを利用できるからです。照合の問題は喫緊（きっきん）の課題ではありますが、すべての拡張現実経験の障害となるわけではありません。初期のプロジェクトに幽霊や亡霊が多く出てきたのは、現実と厳密に照合しなくてもよいうえに、AR ならではの貴重な体験だからです。あなたの持ち物が浮いて見えても、人は必ずしも『ひどい技術だ』と言わずに、『わー、お化けだ』と口にするでしょう」。私たちは、幽霊に囲まれていると言われても信じないけれども、疑いをもたない子ども相手に試してみたらおもしろいかもしれない。

　こういったものは、芸術的なプロジェクトなら問題ない。しかし、AR のアプリを使って手術をするような場合は、バーチャルの切開マーカーにあまり大きなずれは生じてほしくないだろう。

　コンピューターを泣かすことなく、位置をよりうまく探知するのに、センサーの感度を上げるという方法がある。「LiDAR（ライダー）」（光とレーダーを合わせた造語）という技術は、レーザー光線を物体に当て、跳ね返った反射を分析するものだ。LiDAR はその場所の正確な 3D モデルを作り出すことができる。それこそが拡張現実に求められることだ。欠陥のある 2D 画像ファイルの母集団と比較するのではなく、その土地の建物の輪郭を手にして、3D ファイルと比較できるのだから。こりゃすごい！　問題は、これが超割高な点である。巨大政府機関くらいにしか手が出せない代物なのだ。

　それでも徐々に、コストは下がってきている。事実、自動運転車が市場に出てきた理由のひとつは、わずか数千ドルで、自分のライトバンにまともな LiDAR システムを取り付けられるようになったからだ。まだ不十分な点は、一番軽いものでもいまだに 5 ～ 10 キ

ログラムの重さがあることである。

　しかし、視覚 AR の技術は、いい感じに進歩している。「でも」と、あなたは口を挟むだろう。「ほかの感覚器官はどうなんだ？」と。確かに、現在行われている研究の大部分は視覚技術に関するものである。人間はものを見ることが本当に好きというわけだ。

　ただ、聴覚、嗅覚、触覚の各技術に取り組んでいる科学者やエンジニアも、少なからず存在する。

　映像と比べると、音声はかなり単純だが、それなりの難しさはある。通り過ぎる車の音を作り出したいとしよう。これには大きく三つの問題がある。

（1）その音は一方の耳よりももう一方の耳のほうに早く到達して、車の位置についての感じをもたらす必要がある。

（2）その音は高さと強さが変化して、車の動きについての感じをもたらす必要がある。

（3）そしてこれこそが本当に難しいところだが、その車の音は周囲の環境に（文字どおりに）反響する必要がある。つまり、峡谷にいたら、車の音は反響する。野原にいたら、そうはならない。

　これらから、先の映像の話で出てきたいくつもの論点に戻ると、より優れた AR を得るには多くの情報と計算が必要なのである。

　匂いの場合は本当に難しい。光と音には、基本となる単純な構成要素がある。色を生み出すなら、さまざまな光の波長があれば OK だ。音には適切な音量と波形があればよい。これが匂いとなると、はるかに多様で複雑なのだ。事前に用意された匂いが大量にあったとしても、それらを混ぜ合わせれば、必ず新しいものができるわけではない。例えば、「リンゴの匂い」に「パイ生地の香り」を加えても、

必ずしも「アップルパイ」の匂いにはならない。

　原理的には、オーダーメイドですぐに分子を作り、それを空中へ噴出させる機械は可能である。あつらえの分子を作り出せる機械は実際にある。ただ、今のところは、工業目的に用いられる非常に高価な工程だ。それに、視覚と聴覚のARには明確な用途が多く見込めるが、バーチャルな匂いがもたらす実用性は、定かではない。

　触覚は、研究分野としてはかなり活発だが、進展は相当に限定的である。現在の研究は、バーチャルな物体に「触れる」ために用いる「触覚ペン」に関するものが大半だ。ヘッドセットを使ってバーチャルなものを見る際に、その物体の位置がわかっているコンピューターとつながったペンを用いるのが、基本的な考えである。そのペンでバーチャルな物体を貫通させようとしても、この機械は途中までしか刺さらないようにする。また、物体の表面上でペンを引きずると、ぐらぐらして、ペンを握る指に、実際にざらついた表面上をペンで引きずっているような感覚が伝わる。ヒトラーの顔を殴る感覚がバーチャル体験で得られるとまではいかないが、ペンで突き刺す感覚ならほとんど現実と違わない。さらには、手術の訓練やデジタル彫刻といった実際の用途もある。

それで、現状は？

　このテーマに関して私たちが目を通した資料は、多くが2010～2014年の間に書かれたものだった。その後半に書かれたものでは、「グーグル・グラス」がすべてを変えるということで大騒ぎしていた。おやおや。

　グーグル・グラスは失敗作と、一般には思われている。それを装着している人を見かけたら、殴りつけたくなるからだ。これは冗談ではなくて、本当の話である。実際にネット上の交流プラットホー

ム Meetup.com の CEO スコット・ハイファーマンは、2013 年に
ウェブサイト「ビジネス・インサイダー」の記者にこう語っている。
「グーグル・グラスだって？　グーグル・グラスをつけている人が
いたら、間違いなく顔を殴るよ」

　つまり、将来の AR に求められるのは、IT 関連の大金持ちに顔
を殴られないような見た目である。鍵となるのは小型化のようだ。

　AR のコンタクトレンズに取り組んでいるイノヴェガという会社
がある。ただし、コンタクトレンズだけで成り立つほど完璧なもの
ではなく、コンタクトレンズの上に特別な眼鏡を装着する必要があ
る。プラス面としては、グーグル・グラスとは違い、かなり本物の
眼鏡に見えることだ。

　一般に、センサーや計算システムは、安く、速く、小さくなって
きている。そのおかげで、たくさんの実験的なプロジェクトに都合
のよい状況がもたらされている。

　ニュージーランドのカンタベリー大学に所属しているマーク・ビ
リングハースト博士が考えついたコンセプトは、「マジックブック」
というものだ。これは、本の中の絵が AR の機械と連動して、読書
体験を高めるものである。ネブラスカ大学のある研究グループが手
がけたマジックブック『Ethnobotany Study Book（民族植物学ス
タディーブック）』には、地元の植物が白黒で小さく描かれている。
この絵を AR の機械を通して見ると、その植物がページから飛び出
て見える[*2]。

　コロラド大学のジョナサン・ヴェンチュラ博士は、カリフォルニ
ア大学サンタバーバラ校（UCSB）の博士課程学生だったときに、

[*2]　これがどういうものか、興味がある人もいるかもしれない。実はあなたが
　　今、手にしているものこそマジックブックなのだ。ウェブサイト
　　(SoonishBook.com) でアプリを無料ダウンロードすると、本書の表紙
　　カバーから何かが飛び出て見える［QR コード参照］。

ARのプログラムを作り出した。これは屋外で動かすプログラムで、自分が目にしているUCSBのキャンパスに、宇宙船や木などを加えていけるものだ。博士はこう述べている。「僕が手がけたシステムは、UCSBのキャンパスのたくさんの画像で地図を作り、キャンパスを3Dモデル化するようなものです。iPadを掲げて周囲の写真を撮り、それをこの3Dモデルと組み合わせると、その装置がある正確な場所が割り出されるのです」

このようなプログラムは造園設計家にとって非常に役立つツールになりうると、博士は指摘している。ある場所をバーチャルに造園してみて、実際に作業に取り掛かる前にクライアントに見せることができるからだ。

オーストリアのグラーツ工科大学のゲルハルト・シャル博士が考案したARシステムは、役所の職員が都市のインフラを「X線のように見る」ことができるもので、例えば視線を下げて道路に目をやると、地中の電線や配管網を見ることができる。このようなシステムは、保全面だけでなく災害救助でも多くの用途が見込まれる。

隠れている本来の姿をバーチャルに投影することで、救助隊は被害をより迅速に判断できるはずだ。例として、ある建物が大破しているかどうかを見定めるひとつの基準に、「層間変形」というものがある。これによって、エンパイアステートビルからピサの斜塔まで、被害のひどさが判断できる。建物の傾き具合を判断するのは、実はなかなか難しい。地震のあとは特にそうで、器材は少ないし、それぞれの建物を判断する時間も限られている。スヤン・ドン博士によるARシステムは、建物の実際の様子に対して本来の姿を投影し、検査官が正確な判断を迅速に行えるようにするものだ。

多くの研究グループが取り組んできたアイデアが「バーチャル・ミラー・インターフェース」である。子どもの頃に鏡を覗き込んで、中に誰かいたらと、びくびくした経験はないだろうか。これを現実

にできないかというこの考えは、1990年代頃から、ARの簡略版として存在していた。鏡に投影するだけで、家の間取りがわかったのだ。これは、ごく普通によい考えであることに加えて、鏡の中に「住む」バーチャルなヘルパーかペットをもつことが可能になる。つまり、鏡が拡張現実への窓のような役目を果たすのだ。個人的には、ちょっとゾッとする。夜中にトイレに行こうと鏡の前を通ったときに、鏡の中のソファに男が座っているのが見えても、「問題ない」とは思わないでしょ。

このヘルパーはおそらく愛らしいだろう。少なくとも、2027年に起こるロボットの反乱で、私たちを裏切るまでは。

フィッシャー研究室（幽霊絡みの話で先に登場した博士）が探究しているのは、物語を伝える際のARの利用だ。例えば、自分がその中に入れる映画を作る際、ARはどのように利用できるか？　また、歴史上の人物や史跡をよみがえらせるには、ARをどう利用できるか？　逃亡奴隷を支援した地下鉄道組織にまつわる場所を歩くと、バーチャルな俳優が監禁や逃亡について語ってくれるというものを想像してみてほしい。フランスのベローの森の戦場を訪れると、1918年の戦いが目の前で繰り広げられたり、ローマのコロッセオを訪れると、激しい決闘を繰り広げて顔をゆがめる剣闘士の姿を目にしたり……。

フィッシャー博士はまた、史上最高の子ども向け誕生日会も開いている。ARによって、ハリー・ポッター風の組分け帽子、裏庭の石の上を舞う妖精、子どもの手に降り注ぐ妖精の粉などが出てくるものだ。しかし博士は、子どもの想像力には拡張物は必要ないとも言う。「大人が再び小さな子どものように考えるために拡張現実を必要としているほどには、子どもたちは拡張現実を必要としていないでしょう。それでも、こうやって驚くことや楽しいことを経験する術があるのです。ささやかなことですが、それぞれの人生をすば

らしいものにできると思います」

　治療目的で拡張現実の使用を試みた人もわずかにいる。私たちが気に入った実験的治療はクリスティーナ・ボテッラ博士によるものだ。彼女はARを使えば恐怖症を治せると考えた。よく言われるが、理由を説明できないような恐怖を克服する最善の方法のひとつに、それと繰り返し向き合うというものがある。ただ、これには問題がある。ゴキブリが苦手という人を、ゴキブリだらけの箱の中に繰り返し放り込んだら、別の精神科医へ移ってしまうのがオチだ。それか、科学者の言う「高い消耗率」を招きかねない。ボテッラ博士は、昆虫の大群の姿を被験者の目に投影することで、妥協点を見出せないかと考えた。私たちが見た研究では参加者が6人しかいなかった。しかし6人とも、長いこと抱えていた恐怖症が軽減された状態で、この実験を終えたようである。もっとも、実験をやめさせるために、博士にそう言っただけかもしれないが……。

　最後になるが、私たちはDAQRI社の「スマート・ヘルメット（Smart Helmet）」［QRコード参照］に、とりわけ興奮している。同社のイノベーターたちは興味深い点に気づいた。ヘ

ルメットなら、基本的な部分は特に変えずに、AR を組み込むよう加工できるのだ。センサーとコンピューターは帽子部分に埋め込み、保護眼鏡の部分には映像が表示されるようにしたのである。グーグル・グラスも DAQRI を参考にすべきかもしれない。コンピューターを搭載したヘルメットなら、かぶっていてもバカらしくは見えないから。それに、どこかの CEO に殴られそうになっても、まあ、ある程度は守られるわけだし。

このスマート・ヘルメットは、効率をさらに高め、しかも多くの人命を救う可能性を秘めている。私たちは DAQRI のガイア・デンプシーに会ったが、彼女は従来の訓練と AR を用いた訓練を比較した、DAQRI、ボーイング社、アイオワ州立大学による最近の調査について話してくれた。「私たちは複雑な組立作業に関する、紙に書かれた指示と AR の指示を比べてみました。この組立作業は、飛行機の翼端を組み立てる 50 以上の工程を、訓練を受けたばかりの初心者が行うのです。AR の指示を受けたグループが初めて行ったときは、紙の指示を受けた人たちと比べて、作業を終える時間が 3 割減となり、エラー率は 94 パーセントも減りました。二度目には、エラーの数はゼロになったのです。これはすごいことです」。飛行機の組立に関しては、どのような工程だろうとエラーの数がゼロになることを、強く望むぞ。

心配なのは……

さて、このあたりになってくると、次のようなことが頭をよぎるかもしれない。集中型サーバーとつながった、常にアクティブな電子機器を誰もが装着していると、プライバシーの問題が出てくるのではないかと。

私たちが目にした記事に、「レコグナイザー（Recognizr）」とい

うソフトウェアに関するものがあった。このソフトは人の特徴を感知すると、その顔を 3D モデルにし、それから認識するのだという。レコグナイザーの使用は、今のところは事前に同意・許諾を必要とする。このような種類の多くのソフトの狙いは、ソーシャルメディアを現実世界に持ち込むことだ。これにはかなりの可能性が秘められている——出社したあなたが同僚の頭上を見ると小さなディスプレイがあり、今日がその人の誕生日だとか、どこかへ旅行に行ってきたところなどという情報を伝えてくれるのだ。マイナス面は、ソーシャルメディアによくあるプライバシー問題が現実世界にも波及することである。顔を追跡するソフトをたくさんの人がもっていると、データをどれだけ消しても、あなたがその日に訪れたところをすべて推測したり、さらにはあなたの感情の状態まで読み取ることもできたりする、悪い人が出てくるかもしれない。

　もっと深刻にもなりうる。究極の AR 機械は、視覚データを追跡・蓄積して終わるわけではないからだ。あらゆるものを 3D スキャンするし、匂いを感じ取るし、音も聞き分ける。現代の多くの商売は、膨大な量のデータをもつ企業を頼りとしている。だからアマゾンやグーグルは、あなたが知る前に、あなたが望むものを教えることができるのだ。だが、あなたが熱さを感じていて、汗をかいていると感知した熱感知カメラによって、スターバックスのニュー・ベリー・ブロッサム・アイスなんとかといった商品の広告が目の前に出される世界というのは、どうなのだろう。それとか、あなたが今日は顔をしかめてばかりだったと気づいた顔認識装置が、「医者に抗うつ剤を頼め」と忠告してくる世の中というのは……。

　ソーシャルメディアのいい部分も、現実世界に取り込まれると、奇妙な結果をもたらす。AR があると、今日があなたの誕生日であることや、夫に出ていかれたこと、好きなテレビ番組のことを、あなたの上司が「知っている」のだ。なぜかというと、上司は鋭敏な

ARグラスを持っていて、それによってあなたのオンライン上のプロフィールデータを、あなたの頭上に映しているからである。これは二つの理由で問題だ。ひとつは、何かを「知っている」という意味が、かなり変わってくるからである。今や私たちは、自分の誕生日を第三者がフェイスブックからの通知で知ることに慣れてしまっている。しかし、誕生日以上のものが知られるようになったら、どうだろう。自分に関して第三者がもっている多くの基本情報が外在化されて、ヘッドアップディスプレイに映し出される世の中は、嫌なものだ。しかも、もしあなたがARグラスをもっていなかったら、それをもっている人との間に、とてつもない情報の非対称性が生じるのである。

　情報の非対称性は、戦争（とりわけ近代戦）においては由々しきことであるため、このようなソフトは和平監視者に与えるべきという考えもある。ある兵士の仕事が村の警備だとしよう。顔を認識し、ヘッドアップディスプレイにデータを表示してくれる眼鏡があれば、助けになるはずだ。その兵士は今や、村人全員の名前ばかりか、必要なもの、さらには宗教、政治、友人関係まで、全員分を把握し

ている。それによって兵士は多少なりとも親身になるだろうか？
そして、村人たちの心境はどうだろう。

　私たちが調べているときに何度も出てきた話題に、「減損現実
(DR)」があった。これは、実物の感覚の入力を減らそうという考
えである。ある意味では、それこそがまさに完全没入型の VR がし
ていることだ——本物の現実を完全にシャットアウトするのだか
ら。AR はむしろ混在である。原則として、完全な現実と完全な仮
想現実とを、スイッチをひねって選択できるようになるべきだ。こ
の手のものには、いい使い道は必ずある。不安障害やトラウマに起
因する病気を抱えている人なら、ある種の感覚体験を選択的に消し
たいと思うだろう。ただ、現実を減らすと、厳しい選択を迫られる
状況ではまずい方向に向かうかもしれない。通勤の途中でホームレ
スの人たちのことを遮断してよいか。交戦地帯にいる兵士が、敵の
兵士の顔に浮かぶ表情を遮断してもよいか……。

　AR に関する基本的な考えは、利用者が世界中の膨大な量のデー
タにアクセスできるべきというものだ。これは、世の中に対してあ
らゆる種類の変更が行われる、きわめて進んだ AR の場合に特に当
てはまる。リスが目からハチを撃つという単純な AR 体験を考えて
みよう。リスを認識し、あなたから見たリスの動きを追うことので
きるコンピューターがあるだけではダメだ。この幻覚を本当に完全
なものにするには、たまには木やフェンスの陰から飛び出てくるハ
チの姿が見えないといけない。これを行う極上のセンサーや、いた
るところに配置されたカメラのようなものが必要になってくる。要
は、AR の世界で深い没入感を得るには、現実についてのさらなる
データが必要なのだ。もし AR が普及したら、消費者はプライバシー
を望まなくなるかもしれない。そして、消費者が気にしようとしま
いと、企業や政府はさらに多くのデータを手に入れることになるだ
ろう。

　イリノイ大学アーバナ・シャンペーン校のアラン・クレイグ博士は、別の懸念を指摘している。どこかに投影されたものを管理するのは誰なのかという点だ。例えば、あなたが現実世界でお店を経営しているとする。すると、人気の高い AR システムにいる人間が、AR 上であなたの店の壁に「この店の経営者はバカなゲス野郎だ」という落書きを書く。話を進めるため、この内容は事実ではないとしておこう。あなたには、その落書きを拡張世界から「取り除かせる」権利はあるのだろうか？　というのも、あなたが所有する何物にも、その落書きは触れていないのである。

　実は本書の仕上げの最中に、クレイグ博士の懸念が仮定から現実のものになった。ポケモン GO の「ポケストップ」（立ち寄ると、ゲーム用のフリーアイテムをゲットできる場所）がワシントン DC のホロコースト博物館に出現したため、ホロコーストの犠牲者を追悼する施設でそのゲームを行わないよう、博物館側がプレーヤーに要請しなければならなくなったのである。

　後には、人々はアウシュビッツで、ポケモンを文字どおり探していた。最初は私たちも、これはホロコーストの追悼碑だけに限られた問題なのかと思った。ところがイギリスの『テレグラフ』紙（2016年 7 月 28 日）に、「広島 平和記念公園でのポケモンに怒り」という見出しの記事が出た。つまりは……場違いなことをしているが、少なくとも分け隔てはしていないわけだ。

　AR はハッキングされると、クレイグ博士は言及している。つまりポケモン GO で、ゼニガメというキャラクターが死者の尊厳を汚しているというこの問題が修正されても、悪い人は変わらず問題を起こすことができて、危険なこともももたらすかもしれない。AR グラスをかけて運転しているときに、ハッカーがあなたの車めがけて飛んでくるバーチャルな翼竜を送りつけてきて、あなたが反射的に道からそれたとしたら？　とんでもない話だが、あなたは命

を落とすかもしれない。ARがいたるところに存在するなら、あなたの現実の認識はハッキングされうるのだ。あなたの周りの人や集団の認識も同様である。

最後になるが、現実と作り物の区別がつかなくなるときは来るのだろうか。クレイグ博士によると、現在の映画は本物の映像とコンピューターによる映像がミックスされていて、それがあまりにみごとに処理されているため、現実と架空の区別ができないことも多いという。ARがおおいに発達した暁には、自分の周囲のものがどれが本物でどれがただの映像か知らずに歩く日が来るのだろうか？

えっ、それがどうしたって？

世界はどう変わる？

言うまでもなく、最もよく耳にするのは、ARが娯楽に大変革をもたらすだろうということだ。現実世界に魔法をかけることができ、アーティストにはまっさらなキャンバスが与えられる。基本的には、複雑さが増え続ける果てのない新たな世界がこの世の中に入り込んでくるわけだ。新たなテクノロジーが芸術の未来をどう形作るのか、ARがより本格的な手段となっていくなかでは、判断が難しい。

期待がもてそうなひとつの可能性に、教育の向上がある。AR技術により、概念上の存在物とのやりとりが可能となるのだ。イメージするのが難しい内容の分野では、特に役立つかもしれない。物理学での三次元の概念にはとまどう学生も多いが、その概念を動かしたりイメージしたり、さらには触れたりできたら、理解が早まる可能性もある。化学の授業で、仮想オブジェクトとして、自分の目の前に原子相互作用が繰り広げられる場面を想像してみてほしい。

クレイグ博士はイリノイ大学の獣医学部と協力して、グラスファイバー製の実物大のウシを作り上げた。このウシをスマートフォン

のアプリで見ると、内臓の位置を確認できるのだ。臓器の位置を三次元で見られるため、獣医学生にとってはすばらしいツールとなる。

　人類は歴史的に、脳の作業を徐々に減らしてきた。書くことによってすべてを記憶しなくてもよくなり、ファイリングシステムによって情報の位置を覚えておかなくてもよくなった。現代の検索システムは、あるテーマを探す多くの作業を簡略化した。成功した AR とは、あらゆる精神活動を機械に委ねるものなのだ。

　あなたがプリンターを修理しなくてはならなくなったときは、おそらくオンラインガイドを探し、何をすればよいかわかるようになるまで、そのマニュアルを見ながら作業し続けることになる。これが AR システムだと、あなたの作業に合わせて、段階ごとに指示を出してくれる。この方法なら、作業はよりすばやく、ミスなく行うことが可能である。料理や何かを組み立てる際にも、これと似た方法が利用できるかもしれない。

　些細なことに思われるかもしれないが、多くの分野で効率が大幅に向上する可能性が示されている。作業員の訓練をすばやく行えて、仕事中の危険をより避けることができるのだ。もしかすると AR の

機械があれば、ベテランでも仕事がもっとうまく行えるようになるかもしれない。例えば、ARヘルメットがあったら、見落としやすい微妙に危険な構造上の変化に注意するよう、作業員に事前に伝えてくれるかもしれないのである。

ARは医療においても普及が見込まれている。コンプリート・アナトミー・ラボによる「プロジェクト・エスパー (Project Esper)」[QRコード参照] のような解剖アプリは、医学生に役立つツールとなるだろう。もっと本格的な使用例もある。イルーシオという会社が作ったプログラムは、豊胸手術をバーチャルに見せるというもので、胸の手術に興味のある女性は自身のバストのバーチャルな「映像」を見ることができる。このバーチャルなバストは、張り具合や谷間のボリュームなどといったパラメーターに合わせて調整できるという代物だから、同社は一般家庭向けの商品化も検討すべきだろうね。

冗談はさておき、実用性があるのは確かだ。美容整形が必要になったときに、当人と医者で映像を共有できたら、多くのトラブルを避けられるかもしれない。

実際の手術で使えそうなアプリもある。外科医が手術中にMRI (核磁気共鳴画像法) のスキャン画像を患者の体に映せたら、医者はそれに合わせて、切る部分を小さくしたり、より正確に切ったりできるようになるだろう。大ケガをした事故のあとで、患者の以前の姿を当人の体に映すことができれば、それによって再建手術はより正確なものになるかもしれない。

戦争時や貧しい国や地方での非常事態の際には、専門手術が緊急に求められることがあるが、近くにいる外科医が特別な訓練を受けていない場合もある。このようなときに、ARが助けになるかもしれない。必要とされる手術の専門医が、遠方にいる外科医に対して、遠くから手順を教えることができるプログラムが開発されているの

だ。遠方の外科医が見ている特殊画面上に、専門医が「線を引く」ことまで可能なのである。手術を受けている人は、その専門医が同じ部屋にいるほうを望むだろうが、時間が限られているときの次善の策として、代理となる外科医に向けて専門医が大きな矢印を描いて、「ここを切るんだ！」と指示するわけだ。

　一般的に、かつては膨大な量の訓練が必要とされた技術を、ARによって、すばやく身につけられるだろう。それによって効率が劇的に増し、ミスをすると危険な状況下での作業においても、人命を救えるかもしれない。

　ARは、最大級に壮大なレベルになると、私たちが想像した世界を作り出す機会まで与えてくれる。人類はサバンナから超高層ビルへと移るにつれて、神話や空想——本物ではなくても慰めになったもの——を数多く捨て去ってきた。だが、適切なテクノロジーを用いれば、空にドラゴンを放ち、庭で妖精を踊らせることができる。愛する者たちがいる想像の世界をさまよい、自分の個性をさまざまな角度から探ることができる。さらには、亡くなった人たちをある意味では生き返らせることさえ可能なのだ。

　そういうわけだから、グーグル・グラスのことは、そこまで嫌わないでおこうではないか。

注目！——鼻サイクル

　さて、拡張現実について何かを読んでいたザックが、あることに気づいた。人間には目と耳が二つずつあり、そのおかげで自分の周りにあるものの位置が判断できている。二つの目の位置がお互いにほんの少し離れたところにあるために、ほんの少し異なる二つの角度からものを見ることができているのだ。脳はこの二つの映像を組み合わせて、世の中を三次元の姿で見せており、それによって自分

の前にあるものの位置を把握できる。さらには、耳が二つあることで、音の出どころをつかむこともできる。左耳よりも右耳のほうが騒音が大きく聞こえたら、その騒音はおそらく右側のどこかから生じている。ところで、顔にはもうひとつ、ペアになっているものがある。鼻の穴だ。ここでザックに疑問が生じた。鼻の穴がひとつよりも二つあることで、匂いの出どころを突き止めやすくなっているのかと。

　優秀な調査員よろしく、私たちはまずツイッターに助けを求めた。ところが私たちはツイッター上で、間違っていて間抜けだと言われた。私たちはこれで俄然——事実が自分たちの考えるとおりであろうとなかろうと——正しいことを追求しようという気になった。

　手短に言うと、私たちは大きく間違っていたものの、一部の動物に関してはあながち外れてもいないようだった。イヌなどのごく一部の動物は、それぞれの鼻の穴で別々の空気のサンプルを集めることが可能なので、その双方を比較して、匂いの出どころをつかめるかもしれないという。またケリーは、ヘビには匂いを介した奥行き知覚のようなものがあると示唆した論文を見つけた。ヘビは、先が二つに分かれた舌を突き出して、唾液中に化学物質を集める。それから、口の中の天井部分にある二つのくぼみにその舌を這わせる。するとその唾液が鋤鼻器という小さな球状のものに吸い込まれ、そこで唾液内の化学物質を感知するというのだ。

　この器官は、ネズミ、イヌ、ヤギなど、多くの動物にある。だが、先が二つに分かれた舌をもつのはヘビとトカゲだけだ。その論文を執筆したカート・シュヴェンク博士が教えてくれたが、二つに分かれた先端により、2地点の匂いの痕跡を感知でき、その両者を比較してどちらへ進むべきか判断できるという。また、ヘビが舌を使って空気中の2地点を調べ、匂いの出どころを判断するということも、まだ立証されてはいないものの、可能ではあるらしい。

　無意識のことなので気づいていないだろうが、おいしい匂いの出どころを知りたいと思ったとき、あなたは1ヵ所に頭を定めて匂いを嗅ぎ、それから別の場所に頭を据えて、また匂いを嗅いでいる。あなたには先が二つに分かれたすばらしい舌がないからだ。

　匂いで奥行きを知る能力がヒトにあることを見つけようという私たちの試みは無駄に終わったが、鼻サイクルに関する驚くような文献に出くわした。あなたも本能的にはすでにわかっていても、おそらく意識したことはないだろう。どのようなときでも、呼吸のほとんどが一方の「活動中の」鼻の穴で行われていることを。鼻の穴は活動中のものが1日を通して入れ替わっていて、それがだいたい2〜8時間周期なのだという。では、なぜ二つあるのか。どでかい穴ひとつではダメなのだろうか。

　ここで、粘膜繊毛エスカレーターの話をしよう。そう、あなたの体にはエスカレーターがあり、その主な乗客は粘液だ。エスカレーターの動きをしているのが、あなたの体にある繊毛（小さな剛毛のようなもの）の「粘膜繊毛」である。特に、あなたが痰（たん）を飲み込んだり出したりできるように[3]、粘液を口のほうへと動かしているのだ。そのおかげで、鼻の中に遮るものがなくなって呼吸や匂いを嗅ぐことができるうえに、下気道（かきどう）が比較的無菌の状態になっているのである。

　だが、ほぼ常に片方の鼻の穴だけで呼吸を行っていると、粘液エスカレーターはやがては乾いてしまう。いったん乾くと、このエス

---

[3]　粘液に関する私たちの文章に目を通してくれた、心優しきデヴィッド・ホワイト博士によると、「気道は24時間で約2〜3リットルの粘液を生み出しています。これはほとんどが飲み込まれて、消化器官内の粘液内層の手助けをしています」

[4]　この件に関しては、科学的に真面目な研究が多くある。ある論文（White et al., BioMedical Engineering OnLine 2015, 14:38）は鼻の複雑な数理モデルについてのもので、MRIスキャンを用いていた。以下にその中の一文を挙げる。「このモデルでは、複雑な二つの鼻腔を、さまざまな水力直径の管を連続して並べたものとみなしており……」

カレーターはうまく動かなくなって、繊細な鼻腔組織にダメージが生じかねない。では、解決策は？　鼻の穴を代わる代わる使うことである[4]。

どのようなときでも、鼻の穴の一方は、もう一方よりも空気が流れる態勢になっている。これは「鼻の静脈毛細血管」によって得られ、「鼻サイクル」において、一度にひとつずつ充血する（「充血」という用語は、あえて用いた）。ある論文[5]では鼻の静脈毛細血管のことを、「勃起組織に似た海綿状組織」と呼んでいる[6]。鼻の穴を交互に使うということは、一方が常に、ホワイト博士の言う「空調や大掃除の任務」から離れてひと息つけるということなのだ。

少なくとも著者の一方は、この鼻サイクルは病気に対する防御としてもっと重要視されるべきと提案する。つまるところ、「鼻の中にある勃起組織」は盛んに活動を続けながら、環境中の悪いものから身を守るために、分泌液を作っているのだから。

私たちはこの鼻の件に関してあまりに詳しくなったが、なかでも

＊5　Eccles, *European Respiratory Journal* 1996, 9:371-76.
＊6　これを読んでいる人が鼻づまりなら、お詫びする。

気に入ったのは、強制単独鼻呼吸（UFNB）の認識作用に関する詳細な論文だった。ホワイト博士いわく、「これについては、選んだ一方の側で空気の流れが強くなるように、鼻サイクルを無理やり行うものと考えてみてください。それにより、その他の多くの物理系や神経系をつかさどる視床下部に影響を及ぼすのです」

　要はこうだ。学部生に片方の鼻の穴で呼吸するよう強制し、それから試験を受けさせるという実験がたくさん行われた（p.16 参照）。呼吸をふだん行っている鼻の穴が、知能検査や感情テストの成績に影響を及ぼしている可能性があるという、きちんとした証拠が存在するのだ。どちらの鼻の穴が活動しているのかということと、幻覚の始まりや統合失調症の症状の発現との間に関連が見られるとする論文も多い。

　私たちはまだちょっと半信半疑ではあるものの、夢見る若い大学生たちの様子を想像して、すっかり満足している。

7 章

合成生物学

フランケンシュタインみたいなモンスターだけど、薬や工業材料をせっせと作るんです

　私たち人間は、長いこと生物に手を加えてきた。それどころか、すでに自分たちのものとさえ思っている。

　生物は遺伝的に作り変えられてきた。食べ物に関してもそうで、その歴史は少なくとも1万年にわたる。霊長類の仲間が食べるのはタネや繊維が多いのに対して、私たちが好きなものといえば、ビールにケーキ、それにビール・ケーキ[*1]だ。カロリーのことなど気にしていない。

　私たちは生物を作り変えることをかなり得意としてきた。あるときには、*Brassica oleracea* という品種を、子どもが嫌うあらゆる野菜——芽キャベツ、カリフラワー、ブロッコリー、キャベツ、ケール、コールラビ、コラードグリーンへと変えたのだから。そう、まずまずの味のものから、チーズがなければ無理というレベルのものまですべて、ひとつの種から何世代もかけて、ゆっくりと、何千という種を生み出していったのである。

　私たちは動物に対しても同じことをしている。このような変化は、人間が自分たちの好きな特性を増やし、嫌いな特性を減らすために、身の回りの生物の繁殖をコントロールし始めたことで生じた。これ

[*1] これは実在するが、風味やふわふわ感を加えるためにビールが用いられたケーキか、円柱状にきちんと重ねられて、花火やウイスキーや宝くじが添えられたりもするビールの山のどちらかのことだ。

を行ったことで、気づかぬうちにそれらの種の DNA を変化させて
いたのである。ただ、私たちの祖先による DNA の改変はごくゆっ
くりとしたもので、些細な変化を何世代もかけて行い、すでに存在
していた特徴に手を加えていったのだった。

　私たちは DNA のことをもっと理解すると、それを操ろうとし始
めた。一例にアトミックガーデニングというものがある。簡単に言
うと、手に入れた放射性物質の周囲に円を描くように庭を作るのだ。
こうすることで、周囲にある植物を高速で突然変異させて、本当に
良いものを見つけるチャンスを高めるのである。はっきりさせてお
くが、植物に放射線を照射しても、放射性をもつ子孫は生じない。
この場合の放射線は、植物の遺伝子を変化させる便利な方法にすぎ
ず、突然変異の遺伝子はおそらくその子孫へと伝えられる。

　おかしな呼び名のように思うかもしれないが、「突然変異育種」
と（多少）遠回しに表現されているこの分野は、あなたの好物を数
多く作り出している。例えば、現代の「ルビーレッド」グレープフルー
ツや「ゴールデンプロミス」大麦がそうだ（後者については、アイ
ルランドのビールやウイスキーを飲んだことがある人は、消費して

いるはずである）。

　ただ、この手法は相も変わらず鋭さに欠ける。DNAを束で変え、注目に値する有用な突然変異がまぐれで生じるのを望むわけだから。では、まったく新しいやり方ができるとしたらどうだろう。優れた特性を選び取ったり、生物の遺伝コードをランダムに変えたりするのではなく、結果を正確に把握したうえで、遺伝子を正確に変えられるとしたら？　もっとおいしいグレープフルーツを作れるのは確かだろうが、現在の限界を越えて命を操作することもできるだろう。医療化学物質用の小さな工場になるようにバクテリアを説得したり、人間には探るのが困難な場所を微生物に読み取らせたりすることも可能になる。人間のDNAさえも変えられるかもしれない。それも、いま生きている人間のDNAを。

　私たちは自然生物学の領域を越えて、合成生物学へと突き進んでいこうとしている。

　これがどういった展開を見せる可能性があるかを理解するには、DNAについて多少の知識が必要だ。ここでざっとまとめておこう。

DNAとは

　すべての多細胞生物において（キノコでも人間でも）、細胞内には細胞核と呼ばれる、はっきりとした部分が存在している。その細胞核の中にあるのが、DNAという非常に長い分子だ。DNAというと、らせん状にねじれにねじれた、とりわけ長い縄ばしごのようなものが思い浮かぶだろう。かの有名な「二重らせん」である。

　このはしごの「段」は小さな二つの分子（片側からひとつずつ）からなり、お互いにしっかりと組み合っている。この組み合わせには2通りあり、手と手袋、足と靴のように、組み合わさる相手が決まっている。この小さな分子は塩基といって4種類存在

し、T、A、C、Gとそれぞれ略される。Tの塩基は常にAと対になり、Cは常にGと対になるのだ。そうして生じたものは、このらせんのはしごを引き離してみるとわかるが、両側に塩基がずらっと並んでいる。始めから終わりまでを順に読んでいくと、「AAGCTAACTACACGTTACTG」などと延々と続く。人間の場合、この1億5000万倍の長さがある。これらの文字は、あなたが行うすべてのことのために体が必要とする、情報の大半をコード化しているのだ。

どういうことか？　あなたの体の中で起きていることのほとんどは、タンパク質によって行われる。人は普通、チキンを食べるときに取り込んでいるものをタンパク質と思っているが、「タンパク質」という単語は、体内のほぼすべての務めをこなす小さな機械として機能している、膨大な分子のカテゴリーを指すものなのだ。DNAは、いわば、そのタンパク質を作るための図書館なのである＊²。

では、DNAのはしごを各段の真ん中で割って、広げたところをイメージしてみてほしい。T、A、C、Gの各塩基が一列に長々とつながっている状態だ。この新たな開放表面上に形成されるのが、RNAという新たな分子である。RNAとは、それが形成されるDNA表面に対するミラー分子のようなものだ。結びつくDNAの部分が「AGCT」なら、RNAは「TCGA」を形成する＊³。比喩を

＊2　ちなみに、チキンマックナゲットに含まれているタンパク質は、科学的な広い意味で、本物のタンパク質である。ナゲットにされる前のチキンを動き回れるようにする、長くて真っ直ぐな種類のタンパク質でできている。

＊3　RNAは、実際にはTではない塩基を用いる。この塩基はUと略される。混乱を避けるために本文ではこの点を省いたが、あなたはこの脚注を読むぐらいの変人なので、教えておこう。U（ウラシル）は化学的にはT（チミン）に非常に似ているが、なぜRNAはわざわざ別のものを使うのかと思うかもしれない。私たちにも定かではないが、RNAではUが、DNAではTのほうが好まれる理由がある。手短に言うと、UはTよりやや劣るのだ。細胞内では、Uの生成に用いられるエネルギー量はTより少ないが、Uのほうが崩壊しやすい。短命なRNAにとってはそれで構わないが、DNAはRNAのマスターコピーであるため、丈夫である必要があるのだ。

続けるなら、手が手袋と、足が靴と結びつくのだ。

このRNAの新しいもの（伝令RNA）は遺伝情報を運ぶもので、細胞核から離れると、細胞の残りの部分をめざしていく。そこでリボソームという構造と出合い、それが3文字ごとにRNAのコードの塊を「読んでいく」。「AAA」、「GCT」、「CAT」という具合だ。これらの3文字からなる「単語」は、リボソーム内で特定のアミノ酸がくっつく場所になる。アミノ酸とは、タンパク質の機械を作るために細胞が用いる分子だ。

別の種類のRNA（転移RNA）はアミノ酸をリボソームへと運んで、適切な場所にそれらをくっつける。するとそれぞれのアミノ酸はその隣のアミノ酸と化学結合して、長い鎖になる。これらのアミノ酸がある順番に集まると、複雑な形に折りたたまれ、それによってタンパク質は動き回り、化学反応が促進され、あらゆる必要なことを行えるようになる。あなたがチップスを食べたり、ニュースに向かって叫んだりといったこともだ。

おっと、ちょっと複雑になってきたので、比喩を使ってみよう。

自分のDNAを、機械を作る方法に関する情報の図書館と考えてみよう。この例では、DNAの本をランダムなページで開くと、「TNIOJ、EVLAV、POTS、SNEL、EBUT、SNEL、EBUT、TRATS、EVLAV、GNIR、SNEL……」などというものが何千ページも続いている。

これはでたらめに見えるだろうが、「シリーパティー（Silly Putty）」［QRコード参照］*4を使ってミラーコピーを作ってみ ると、「LENS、RING、VALVE、START、TUBE、LENS、

---

*4　若い読者向けの話になるが、20世紀という大昔に「シリーパティー」というおもちゃがあった。めだたない薄茶色をした粘土のようなものである。遊ぶものが何もなかったその昔は、インクのついた紙にシリーパティーを押しつけて楽しんだ。そのパティーを紙から持ち上げると、インクが反転したコピーが得られるのである。

TUBE、LENS、STOP、VALVE、JOINT」となるのだ。これでも
まだ多少でたらめ感があるが、なんらかの意味はありそうである。

　では、この中に意味のある部分がないか、よく見てみよう。
「START、TUBE、LENS、TUBE、LENS、STOP」とある。これを
所定の順番に組み立てていくと、望遠鏡になる。これはつまり、望
遠鏡を作るためのコードだったのだ。

　ただ、望遠鏡ではつまらない。何かカッコいいものを作ろうとし
ていることにする。例えば、ザックの最近のプロジェクトのひとつ
は、世界初の使い捨て単眼鏡の作成だ。ケリーはこのプロジェクト
をばかげたものと考えているが、彼女こそ間違っている[*5]。

　DNAの図書館の別の部分では、反転した文字が「START、
RING、LENS、CHAIN、WRAPPER、STOP」と読める、単眼鏡
の部分が存在する。このコピーをシリーパティーで取ったら、それ
が図書館の外へと持ち出される。

　単眼鏡を作る前に、なぜ図書館の外に出るのか？　理由はたくさ
んあるが、大きなものとしては、その図書館内で機械に動き回っ
てほしくないからである。「使い捨て単眼鏡の作り方」がシリーパ
ティーで取ったコピーだとしたら、もし傷つけても、DNAの図書
館に戻って再びシリーパティーを押しつけることが可能だ。使い
捨て単眼鏡を一度にたくさん作ろうとしたら、シリーパティーの
コピーをたくさん取って、それを多くの様々な工場へ送りたいだ
ろう。だが、オリジナルの本を傷つけてしまうと、新たな機械を
作るのは不可能になる。どうやってもうまくいかない、誤ったコ
ピーを作ることになる。最悪の場合には、「動く」機械は作れても、
まったくダメなことをしでかすかもしれない。「START、RING、
GASOLINE、LENS、CHAIN、FIRE、STOP」などといったものを。

---

*5　いいえ、間違ってないわよ。

　ともかく、シリーパティーのコピーがいったん図書館から出たら、組み立て場、つまりリボソーム行きとなる。組み立て作業に従事する者は、シリーパティーの文言を受け取ると、接着剤をつけていく。次に、パーツを運ぶ者（転移RNA）がパーツを持ってくるので、それぞれに対応する語に各パーツを留めていく。すべてのパーツがきちんとくっついたら、シリーパティーを処分するか、さらに機械を作るために利用してもいい。問題なく進めば、使い捨て単眼鏡の完成となる。（シリーパティーのコピーがたくさん作られていたら）使い捨て単眼鏡の大群となる。

　そういうわけなので、DNAがほどけると、RNAへのコピーが行われ、このコピーは細胞核から離れてリボソームへ向かい、そこでタンパク質が組み立てられるのだ。

　これがDNAの大まかな働きだが、実際の過程はもっと複雑である。フィードバックループなどが絡んできたり、ひとつの機械を作り出すために個々のコードの塊を組み合わせたりする。

　「ちょっと待って！」と、あなたは言うだろう。「DNAの話には、決まって遺伝子のことが出てくるけど？」と。じゃあ、遺伝子はど

こにあるのか？　実は「遺伝子」とは、科学者がこれと特定するには、概念的にやや難しいものなのだ。少なくとも、完全に定義するのは難しい。これは必ずしも大事ではない。経済について文句を口にしても、経済を定義せよと言われると困ってしまう。それと同じだ。

　遺伝子についてのひとつの考え方は、特定の何かをしているらしいDNAの塊というものだ。その特定のものが直接わからなくてもよい。単純な例として、血液型を決める遺伝子がある。誰もが自身の血液型を決めるDNAの一部をもっている。言うまでもなく、人によって血液型は異なるが、これは「血液型遺伝子」が異なるコードをもっていることを反映しているにすぎない。B型とA型の人はどちらも血液型遺伝子をもっているが、その遺伝子に含まれるコードが大きく異なるのだ。

　そうは言っても、生物において認識できるほとんどの特徴は、単一遺伝子によるものではない。むしろ、単一遺伝子（一遺伝子性）で決まる特質はきわめてまれだ[*6]。髪の毛の色や目の色といった単純なものでさえ、さまざまな遺伝子によって決まるのである。

　どうしてこのようなことになるのか？　思い出してほしいが、こういった一連のものは誰かが設計したわけではない。何十億年にも及ぶ進化の産物なのだ。もしも人間が設計していたら、それぞれの特質はDNAのある特定のひと塊によって生じるものだったろう。コンピューターの各パーツが独立したモジュールであるのと同じように。だが私たちは、進化の歴史から逃れることはできない。

　その遺伝子をもつ人の15パーセントが使い捨て単眼鏡を粋に使いこなせるようにする、「GENIUS（天才）」という遺伝子を発見したとしよう。だからといって、この珍しくて貴重で、とても洗練さ

＊6　「一遺伝子性」の特質例として、色素欠乏症、ハンチントン病、耳垢が乾いているか湿っているか、などがある。そう、耳垢にも種類があるのだ。アジア人やネイティブアメリカンの人たちは乾いていて、ほかの人たちは湿っている場合が多い。

れた特質が、その人の中にあると保証するものではない——その可能性があるというだけである。GENIUS は、ほかの遺伝子と協力することで、使い捨て単眼鏡をもつ可能性を 100 パーセント近くまで高められるかもしれないが、GENIUS がほかの遺伝子に妨害されてしまうと、残念ながら視覚をもたない人が出てくる恐れもある。もしくは、もっと複雑なことになるかもしれない——例えば A という遺伝子と B という遺伝子があって、C がなければ、ある効果が得られるのに対し、A と C があって B と D がなければ、別の効果が得られるという具合に。

　一般に、ある遺伝子が語るのは全体の話のごく一部にすぎない。

　私たちの目的にとって認識すべき重要な点は、最も基本レベルでの生態とは、散らかった屋根裏部屋のようなものということだ。あるものをこちらに移すと、向こう側では崩壊が生じるかもしれない。だから、巨大な角をもつウシを繁殖させたいと思ったときの一番簡単な方法は、長い間、大きな角をもつ雄牛と、父親が大きな角をもっていた雌牛を見つけることだった。あとは、ムードのある音楽をちょっとかけて、自然の流れに任せたのである[*7]。

　この方法は十分うまくいく。特に、生業にしていない人にとっては。だが、マッドサイエンティスト気取りの者にとって、DNA が複雑であることは（その小ささは言うまでもなく）、生態を変える速度や程度の妨げであった。人類は登場してから、それほど長い時間は経っていない。私たちが望むものになるように特別に作り変えられた種は、ごくわずかである。私たちは、糖を酒に変える酵母菌をコントロールできるようにはなったが、糖を、例えばジェット燃料に変える酵母菌はなぜできないのか？　どっちも化学物質なのに？　DNA には、決まった化学物質を作るための塊があるという

[*7]　実際の手順ではロマンチックな感じはぐんと減って、牧場主が雄牛の精液を購入したりそれを出荷したりということになる。

が──そのコードの塊を何か別のものに変えることはできないのか？

　これこそが、合成生物学がもつ可能性だ。DNAの新たな部分を作り出して、それを生物の好きなところに挿入できたら、それまで存在したことのない生物を作り出すことができる。例えば、がん細胞を正常な細胞に変えられる分子機械や、自らの種を皆殺しにする害虫、あるいは私たちの指示を待つ、なんでもできる生物──つまりオーダーメイドの生命を。

それで、現状は？

　私たちが現在知っている合成生物学は1970年代に始まった。その初期の手法は複雑で面倒だった。それでも、現代の生活で私たちが当然と思っていることの多くは、その時代に生まれたものである。ヒトインスリン（おそらく*8 あなたが望む種類）は、遺伝子操作された大腸菌（別名 *E. coli*）と遺伝子操作された酵母菌のおかげで、大量生産が可能となった。それより前は、ウシとブタの膵臓由来の動物インスリンを用いていた。動物インスリンは、十分な量を得るには動物を大量に犠牲にせねばならず、またウシとブタによるわずかに異なったインスリン分子に対してアレルギーを引き起こす人もいたのである。

　E. coli を説得してヒトインスリンを作らせる作業が比較的単純であることがわかると、この問題は1970年代後半に解決を見た。だが、ほかの薬はもっと大変であった。

---

*8　この「おそらく」というのは、ふざけたわけではない。動物由来のインスリンをやめるべきではなかったという議論が、いまだにあるからだ。これはアメリカでは手に入らないが、多くの国では動物由来の「Hypurin」というインスリンを購入できる。そちらを望む患者もいるし、遺伝子操作された菌由来のインスリンと比べて、値段も安い。

● 病との闘い

　人類は、あまたの病気を根絶——もしくは、少なくともコントロール——してきたが、マラリアなど、著しくやっかいなものも存在している。世界保健機関（WHO）による推計では、2015 年にはマラリアは 2 億 1400 万件も発症して、43 万 8000 人が命を落としたという。実際には過去 20 年間で大きく改善されてはいるが、先はまだまだ遠い。特に効果がある治療法に、アルテミシニンという化学物質がある。

　アルテミシニンとは、クソニンジンという中国の植物から抽出される化合物だ。アルテミシニンから作る薬はマラリア治療薬としては最高のものではあるが、クソニンジン好きの人はご存じのように、十分な量のこの植物を育てるには、時間もお金もかかる。これはとりわけ不都合だ。なぜなら、最も被害を受けているのは、経済的に貧しいサハラ砂漠以南のアフリカに住んでいる人たちなのだから。

　クソニンジンの入手状況は、長い間に劇的な変化を繰り返し、激しい価格変動を引き起こしてきた。例えば、2003 年は 1 ポンド（約 450 グラム）あたり約 135 ドルだったが、2005 年は 495 ドル、2007 年は約 90 ドル、2011 年は約 405 ドルとなった。価格が下がると、農家は栽培をやめてしまう。すると品不足が生じて、価格は再び上昇する。抗マラリア薬が不足する事態など誰も望んでいないのに。この周期から逃れられない理由のひとつが、この植物が育つのに時間がかかることだ。アルテミシニンを確実にすばやく供給できる方法が見つかれば、平均価格は下がるはずであり、少なくとも価格と薬の供給はより安定したものになるだろう。

　アミリス社のクリス・パッドン博士とカリフォルニア大学バークレー校のジェイ・キースリング博士は、この薬を作るために単純な生物を設計するべく、人間の一番の友に協力を仰いだ——*Saccharomyces cerevisiae*、つまりビール酵母である。糖を酒に変え

る小さな菌だ＊9。

　問題は、アルテミシニンが簡単には作れないことだ。「アルテミシニン」をうまく発音できないと感じるかもしれないが、その上を行くのがこの化学名である——(3R,5aS,6R,8aS,9R,12S,12aR)-Octahydro-3,6,9-trimethyl-3,12-epoxy-12H-pyrano[4,3-j]-1,2-benzodioxepin-10(3H)-one。

　これをいくらかでも作るには、正しい順序でお互いと反応するさまざまな化学物質を作り出す必要がある。博士たちの研究グループは約 10 年にわたり、あらゆる化学工程を試し、適切な順序で適切な反応を起こして適切な化学物質が生じるよう、酵母菌の DNA を変えたりした。そしてようやくここ数年になって、アルテミシニンへの変換が容易なアルテミシニン酸を出す、改良ビール酵母を作り出すことができたのである。

　これはうまくいったものの、この薬は市場での競争には苦労している。この新技術が市場に登場したのは、アルテミシニンがとりわけ安価なときだったため、現在のところこの改良酵母菌は古い手法のものに価格面で負けている。勝者がどちらになるのかはわからないが、技術の変化には、科学的な賢さと同じくらいに市場の現状が絡むという、よい教訓だ。

　それはともかくとして、一部の地域では、マラリアはアルテミシニンから作る薬に対して、すでに耐性を示している。たいした進化だ。では、合成生物学を用いることで、人がそもそもマラリアにかからないようにできるとしたら、どうだろう？

　人間に対してマラリアを媒介する蚊は、殺虫剤に耐性をもつよう

＊9　この属名が「糖」や「菌」を意味するギリシャ語であるのに対し、種名は「ビール」を指すラテン語由来だ。命名した連中は、ギリシャ語とラテン語を混ぜても構わないと思ったようだが、もしかすると S. cerevisiae の影響下にあった（つまりビールを飲んで酔っ払っていた）のかもしれない。

になる場合が多い。蚊はすばやく繁殖する。このことは、どの世代でも、人類最高の武器をも打ち負かせる突然変異体を生み出す機会が数多くあることを意味する。それではここで、この競争に勝てる方法をご紹介しよう。

　蚊のメスは多くが一度しかつがわない。もしこのメスをうまくだまして、生殖能力のないオスとつがうようにさせることができたとしたら？　そうなったら、蚊のかわいい赤ちゃんは少なくなり[10]、つまりはマラリアの伝染が減ることを意味する。不妊のオスを作り出す初期の方法は、放射線を浴びせるというものだった。これでオスを不妊にすることは確かにできた……が、オスに放射線を大量に浴びせると、つがわない可能性も増える恐れが出てきたのである。

　その後、蚊に対する遺伝子改変を直接行うことが可能になると、科学者は蚊の遺伝コードにちょっとしたものを加えた。この遺伝子を加えられた蚊は、テトラサイクリンという抗生物質がなければ、死んでしまうのである。生まれた蚊にテトラサイクリンを与えると、それらは飛んでいってつがう。すると子が生まれるが、その子たちはテトラサイクリンがないと死ぬのだ。その子たちは、抗生物質を与えてくれる科学者がいないため、次の世代を生み出すことなく死んでいく。

　というわけだが、これは短期的には効果があるが、非常にお金がかかる。子孫を皆殺しにするような遺伝子を導入しても、その遺伝子は集団内ではそれほど長くはもたず、この蚊も数世代で復活を遂げることになる。つまりは、蚊の数を増やしたくなければ、遺伝子を慎重に操作した蚊を繰り返し導入し続けなければならないのだ。

　ただし、遺伝子ドライブなら話は別だ。以下がそのしくみである。

---

[10]　ライス大学のスコット・ソロモン博士からは、蚊の赤ちゃんは成虫の小型版ではなく、「よどんだ水の中で身をくねらせている幼虫」と言及したほうがいいと言われた。つまり、かわいいものではない。

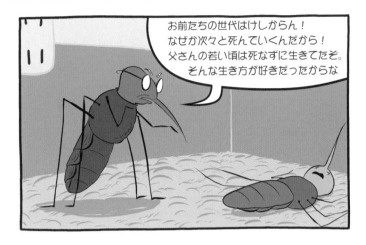

　ママとパパがお互いのことを大好きになると、明かりを消して、DNA を結合させる。その後いろいろあるわけだが、やがて二人には赤ん坊ができる。ここで、鼻毛の色を決める遺伝子がひとつあるとしよう[11]。ママからは鼻毛が黒になる遺伝子が、パパからは鼻毛が鮮やかなオレンジになる遺伝子がもたらされる。そうして生まれた子の鼻毛の色は、ママとパパからもたらされた遺伝子の影響を受けるわけだ。

　さてここで、パパ側のオレンジ色の鼻毛になる遺伝子が、普通のものではないとしてみよう。この遺伝子は、オレンジ色の鼻毛をコードすることに加えて、もう一方の親の鼻毛の遺伝子を破壊してしまうのだ。そうなると、DNA はオレンジ色の鼻毛の遺伝子をコピーして、破壊された遺伝子を修復する。つまり、パパ側のオレンジ色の鼻毛の遺伝子は二つになり、ママ側の黒い鼻毛の遺伝子はゼロになるわけだ。

　そうなったら、どうなるのか？　まあ間違いなく、鼻毛はオレン

---

[11]　このような遺伝子は実際には存在しない。

ジ色になる。ただ……もっと不気味なことが起こり、オレンジの支配が始まるのだ。兄弟もみな鼻毛はオレンジ色になり、その子どもたちもである。さらには、その子どもたちまで！　この遺伝子は全集団を「席巻」していく。たとえ、鮮やかなオレンジ色の鼻毛のせいで（なぜか）魅力が半減しても、これは変わらない。あなたがオレンジ鼻の変種だとして子どもを少ししかもたなくても、みんな利己的遺伝子をもつことになる。

　つまり遺伝子ドライブは、全自然集団に合成生物学を施すことができるのだ。ハーバード大学のジョージ・チャーチ博士らは、マラリア耐性の複数の遺伝子ドライブを蚊に注入することに成功した。これにより、遺伝子を操作した蚊を毎シーズン放つ必要はなくな

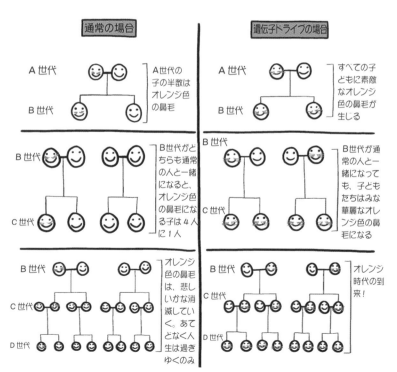

り、マラリア耐性の遺伝子ドライブをもつ蚊を一度だけ放てばよくなる。マラリア耐性によって、相手に対する魅力が半減したとしても、この遺伝子は集団中に拡散して、急激に広がるはずだ。

チャーチ博士によると、目標はマラリアの根絶だという。ただ、種全体を滅ぼす目的で、操作したDNAをもつ生物を野に放つことは（たとえその種が害虫であっても）、科学界の一部の怒りを買う運命にあった。アメリカ科学アカデミーの委員会は、この技術が十分に有望であることからゴーサインを出したものの、これらの蚊を野に放つことを検討する前に、この分野での研究をもっと多く見てみたいと考えている。

● 医学的診断と治療

あなたの飼い犬が外から家の中へ駆け戻ってきても、泥の中で転がり回っていたとか、リスを食したなどとは話してくれない。それでも、あなたにはわかる。犬の体には、匂いや見た目に、その日の出来事が記録されているからだ。これはバクテリアでも同じなのではと考えた科学者がいた。そうであったら、バクテリアを消化管への魔法の旅に送り出せば役に立つ。バクテリアが旅の内容をちょっとしたスクラップブックにまとめて、それで……排出されたら、医師に渡すのだ。イメージ的にはあまり気持ちのいいものではないが、カメラを突っ込まれる現在の手法よりは好ましいだろう。

ハーバード・メディカル・スクールのパメラ・シルヴァー博士と研究室の同僚は、次のように考えた。情報をバクテリアのDNA内に取り込み、あとからその情報を回収できる合成機構を作り出せないかと。要するに、バクテリアに周囲の様子を「観察」させ、その見たものを伝えられるように、なんらかの方法で変えられないだろうかと。答えはイエスである。言うまでもない。

こういうことだ。同じ出発DNAをもつ、同じ種類の二つの細胞

は、周囲の環境によって違いをもつことになる。その違いは、例え
ば、コードする方法を変える DNA と結合する分子かもしれないし、
ある特定の遺伝子の発現の多い少ないをもたらす化学フィードバッ
クループのようなものかもしれない。さらには、そのように得た違
いを子に伝える細胞があるかもしれない。

　これらの変化は、私たちに解読できる形である限り、その細菌性
細胞が旅で「見た」ものを、私たちに教えてくれることになる。問
題は、バクテリアがもともとこの目的のために作り出されたもので
はないことだ。先の犬の例に似ていて──その犬が隣家に上がり込
んで、急に知能が発達したあげく、隣人を殺して金を奪い、オン
ラインポーカーに手を出したものの、しくじってすべてを失い、錯
乱したところで知能がなくなり、泥の中を駆けずり回った末に家に
帰ってきても──あなたが目にするのは、カーペットの上の泥だけ
なのである。

　犬の場合はカメラをつければ済む話だが、バクテリアの場合はそ

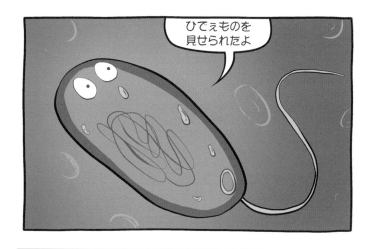

───────────────

＊12　知りたいのなら教えるが、これは正の転写調節という。

うはいかない。小さすぎるし、陽の光が届かないところへ行くのだから。

DNA には、DNA が分子を形成する化学ループのようなものがあり＊¹²、その分子は DNA にそれを繰り返すように伝える。「この標識を読んだら、コピーを取って、それを読むこと」という標識を作るようなものだ。このループが引き金を引くと、標識を永遠に作り続けることになる。

そのような化学ループは、原理的には記憶の役目を果たせるはずだ。標識の喩えを続けるため、以下のような心理プログラムがあるとしよう——「ズボンがずり落ちたら、以下の標識を作ること。『この標識を読んだら、コピーを取り、それを読むこと』」。標識を延々と作り続けているあなたの姿をあとで見かけたら、観察するまでもなく、あなたのズボンはずり落ちたらしいと判断を下せる。

DNA の働きも同じようなものだ。そのループにスイッチが入ると、いつまでも動き続ける。そして、活動するそのループは、何世代もの細胞系に受け継がれていく。少なくとも、それから有益な情報を取り出せるほどに長い間は。

シルヴァー博士の研究室では、これがすでに実行されている。バクテリアの DNA に挿入できる合成 DNA ループを作り出したのだ。そのバクテリアがなんらかの状況を経験すると、このループが活動を始める。ループは合成して作ったものなので、どの化学物質が作り出されているのかを知ることができる。これは例えば、ある種類の光にさらされると光るようにすることで簡単に見つけられる化学物質を決められるということだ。

このことが役に立ちそうという意味を、ざっと説明しよう。がん細胞は酸素欠乏を繰り返し起こすことが多いが、その理由は成長があまりに急なために、十分な血液の供給を受けられないからだ。その繰り返される酸素欠乏が、がん細胞に検知可能な化学信号を生じ

させることがわかった。そこでシルヴァー博士が考えたのが、プログラム可能な記憶細胞を人体に投入し、酸素が低下した部分を検出したかどうか、あとから確認するというものである。検出されれば、固形腫瘍を発見できるかもしれない。

この方法はまだ初期段階ではあるが、臨床応用はすごいものになる可能性がある。プログラム可能な細胞大のセンサーを作り出す一般的な方法ができれば、あらゆる種類のものを検出するよう、研究者が細胞をプログラムする道が開かれるのだ。

これをシルヴァー博士の別の研究と組み合わせると、状況はさらに興味深いものになる。例えば、博士は同僚と組んで、「細胞膜を破って被包性(ひほうせい)の荷を解き放つ、調整可能なタンパク質ピストン」という論文を2016年に発表した。要は、問題に対して耳を澄ますだけでなく、治療を届けるように、バクテリアをプログラムできるわけだ。

この方法は、がんのドラッグデリバリー（薬物送達）から過敏性腸症候群の治療まで応用が可能で、標的にすることもできる。現在のところは、腸に炎症が生じると、体のほとんどに炎症は生じていないのに、アスピリンを服用して化学物質を全身に放出させている。だが原理的には、炎症の化学的特徴を検出するまで、アスピリンを放出しないでいる細菌種を作り出すことが可能なのだ。博士の研究が示しているように、もしこの方法が普及したら、あらゆる種類の薬が標的に直接に届けられ、効果は最大限になり、副作用は最小限になるだろう。

● 人間以外を由来とする臓器

これをもう少しスケールアップすると、大きな動物を合成的に変化させて、自分たちの好きなものを作ることも可能になるかもしれない。バイオプリンティングに関する章（9章）では、臓器を丸々ゼロからすばやく作る挑戦を取り上げている。ただ、動物の体とい

うのは、自分の臓器の作り方ならすでに心得ている。今度ブタを目にしたら、ベーコンではなく、腎臓を作る 3D プリンターを思い浮かべるべきだろう。

実はブタは、臓器の大きさが人間に近いため、このようなことにはうってつけなのだ。種の間での臓器の移動——「異種移植」というものものしい名前がついている——には、うまくいった華々しい歴史はない[*13]。研究のほとんどが重きを置いてきたのが、ブタからヒヒといった動物間の移動だったからだ。移植を受ける動物側の免疫系がドナー臓器を殺さないようにする方法は、まだ解明されていないものの、ある程度進展はしている。この一連のことがもっと容易になるかもしれない方法がある。免疫機構に対して、ドナー動物からの臓器が、移植を受ける動物側の臓器に「見える」ようにするというものだ。

酵母菌を変化させて抗マラリア薬を作り出したように、ブタの臓器を「人間らしく」することはできるはずである。人間の心臓ではなくブタの心臓だということを体が認識する理由は、ブタの心臓は人間のものに似た分子を大量に含んでいて、大量に作り出すものの、異質だと認識できるぐらいには違っているからだ。先にブタ由来のインスリンの例に触れたが、ブタの遺伝子を変えることで、ブタの臓器を人間の臓器と分子的に非常によく似たものに変えられるはずなのである。

科学者が最近発表したところによると、免疫反応を下げる薬を併用してこの手法を行ったところ、ブタの心臓をヒヒの体内で 2 年以上も生かせることができたという[*14]。人間の体の中にブタの臓器を入れることに対しては嫌悪感を覚える読者もいるかもしれない

[*13] ブタの心臓弁を人間の心臓弁の代わりに使うことは、10 年以上にわたって大きく成功してきた。だが、心臓を丸々移植するという大規模なものになると、難易度は格段に上がる。

が、肝臓が大至急必要となったら、そうも言っていられないだろう。

　もっと深刻な懸念としては、知らないうちにブタから新たな病気をもらうのではというものがある。イージェネシス社のルーハン・ヤン博士が、自身の研究室でこの点の処置に取り組んでいる。問題となるのは、ブタが、通称PERVという「ブタ内在性レトロウイルス」をもっていることだ。PERVはブタのDNAに存在しており、それが放出する粒子は人間にうつる。人間は体内にPERVが入ることを望まないので、CRISPR-Cas9という新たな技術（このあとに紹介する）を用いて、このブタのPERVを取り除くのだ。それで種間で病気が感染するリスクをすべて取り除けるわけではないが、恐ろしい可能性のひとつは取り除ける。

● **燃料**

　　　　細胞こそ、史上最高の化学者といえるでしょう。

　　　　　　　　　　　　　　　　　パメラ・シルヴァー博士

　2009年、ハーバード大学のダン・ノセラ博士が、水の中に入れることができる、比較的安価な触媒を発見した。これが少量のエネルギーを得ると、水（H_2O）をHとOに分ける[*15]。この触媒には大きな可能性が秘められていた。なぜなら、水を水素と酸素に分けると、蓄積エネルギーというすばらしい形態が得られるからだ。これらの要素を集めてエネルギーを与えたら、大きな爆発が起きて結合し、水に戻るのである。水素燃料電池というのは基本的に、爆発部分はナシで、この芸当を行っているのだ。

　つまり、熱を利用して水を分離し、エネルギーが必要になったら

[*14]　このブタの心臓はヒヒの腹に縫い付けられており、ヒヒの心臓の代わりになったわけではない。それでも、正しい方向への第一歩ではある。

[*15]　正確には、H_2とO_2の安定した形になるが、要点はわかるでしょ。

その分離したものを再びくっつけることによって、安価でクリーンな燃料電池を作れるわけである。実はこれは、植物のエネルギーの作り方を簡略にして調整しただけのものだ。シルヴァー博士はこう述べている。「光合成は自然界が行っているすばらしいことのひとつです。光合成のしくみは、日光を取り入れ、ものを作るためのエネルギーとして利用します。それが地球上の生命の基盤となっています……光合成における重要な反応のひとつが水分解反応なのです」

ところがノセラ博士にとって、事は計画どおりには進まなかった。この装置は十分に機能したものの、エネルギーを蓄積する方法として、水素燃料電池は受け入れられなかったのである。博士にとってさらに痛手だったのが――ほかの人たちにとってはいいことだったが――昔ながらの通常の太陽熱電池のほうがずっと安価になって、博士の製品の魅力を失わせたことだ。ノセラ博士のアイデアは、しばらく棚上げとなった。それでも、水分解の活用には大きな可能性が秘められている。水を分解するこの方法は超安価だが、そこからエネルギーを得る方法が厄介なのだ。そんなときに、シルヴァー博士があることを思いついた。

彼女の研究室が用いた遺伝子操作されたバクテリアは、水素と酸素を二酸化炭素と結合させ、イソプロパノールに転化できる。イソプロパノールは、水を使って作ることが可能な燃料だ。そうして、金属触媒、水、バクテリア、二酸化炭素を投入して、携帯コンロ（アルコールストーブ）の燃料として使える化学物質が得られるシステムが誕生したのである。

ちょっと考えると、これはなかなか信じがたい。適切な素材と生物を水の中に投入し、光と熱を適度に浴びせると、容器の中で燃料が生じるのが見えてくるというのだから。しかも、生物をまねて空気中から二酸化炭素を取り込むようにしているので、この燃料は環

境には非常に優しいのである。

シルヴァー博士はこう言った。「私たちがめざしたのは……光合成を行うのが一番上手と思われる藻類と同じくらいに、この工程を効率のいいものにすることでした。実を言うと、今の私たちは藻類を上回っているんです。もともとの論文では、植物を打ち負かすと言っていたと思いますが、今や藻類を打ち負かしたんですよ」

博士たちは現在、この工程を安価でスケールアップできないかと探っている。

別の研究グループは、スイッチグラス（アメリカクサキビ）をジェット燃料にする方法に取り組んでいる。耳にしたことがないかもしれないが、スイッチグラスとは北米中にはびこっている背の高い緑色植物だ。耐寒性があり、やせた土地でもすばやく育って繁茂する。

高校で習った植物学は忘れてしまったかもしれないが、植物の主な構成要素のひとつがセルロースで、これは非常に長い糖分子の鎖だ。そのため、こう思うかもしれない。「どうして木をなめても、おいしく感じないんだろう？　いろんな植物をなめたけど、甘かっ

たためしがなかった！」

　まず、なめるのはやめたほうがいい。次に、セルロース鎖は簡単にはおいしい糖分子に分解されない。セルロース糖を分解できる、特別に開発された酵素がなければ、消化できないのである。それが理由で、ウシには複雑な消化器系がある——なかなか消化できない草を肉へ変えるという、神業を行っているのだ。

　ただ、ウシの体内で作業することは困難だ。そこで、ジョイント・バイオエナジー研究所のエインドリラ・ムコパディエイ博士の研究グループが作り出したのが、（スイッチグラスなどの）再生可能な植物資源を、ジェット燃料の前駆体であるD-リモネンに変えられるバクテリアである。彼女のグループが改変を施したこのバクテリアは、前処理を行ったスイッチグラスのセルロースを分解して小さな糖にすると、その糖をD-リモネンに変えることができる。

　博士たちの狙いは、このバクテリアが本物のジェット燃料を一気に吐き出すことができる段階までこの工程をもっていくことだが、D-リモネンをワンポットで得られるだけでも、バイオジェット燃料を作るのに通常必要な段階を、すでに数多く省いている。しかも、スイッチグラスがセルロースに変えた炭素は空気中の二酸化炭素から取り入れたものなので、環境に二酸化炭素をさらに加えることなくジェット燃料を得られるわけだ。

　このようなバイオ燃料は、石油関連製品への依存を減らすというとてつもなく大きな可能性を秘めているものの、これまでのところ、コストが重要な課題となっている。原油価格はかなり低い状態が続いているので、草を使って国外へ飛んでいけるのは、まだ少し先の話かもしれない。

● 環境モニタリング

　シルヴァー博士は、体内での経験を記憶し、それを折り返し報告

する能力を、細胞に与えることができた。同じことを、開かれた環境でできないものだろうか？

　ジョフ・シルバーグ博士とキャリー・マジエッロ博士は、どちらもライス大学で教授を務めている夫婦だ。夫は合成生物学者で、妻は地質学者である。それでも二人はそこはなんとか乗り越えて、愛を育むことができた。

　マジエッロ博士が研究しているバイオ炭は、酸素のない高温で植物を焼くとできる。バイオ炭には、普通は大気に戻る炭素が閉じ込められる（炭素隔離）ため、植物の成長を促すために土に加えられることが多い。なぜ植物の成長の助けになるのか、正確なところは私たちにはよくわからないが、土の中の微生物の組成に変化をもたらすといったところだろう。マジエッロ博士が求めていたバクテリアは、バイオ炭の有無によって土の中の微生物の状態がどのようなものになるかを、彼女に報告してくれるものだった。そこで彼女はシルバーグ博士に、バレンタインデーの贈り物に合成微生物を頼んだのである。いや、マジで。

　シルバーグ博士が作り出したバクテリアは、土の中に普通は存在しない気体を放出するものだった。つまり、この合成微生物を土の中に入れて、気体の放出をモニターすることにより、微生物を分析のためにすりつぶすのではなく、微生物の行動を「盗み聞き」できるのである。

　私たちのほとんどは、気体を出す土壌微生物にそれほどそそられないが、この技術は環境汚染対策にまで広げられるかもしれない。ヒ素と水が存在すると光るように、バクテリアに改変を施している研究グループもすでにある。ヒ素があるほど光るのだ。毒を燃料とする常夜灯といった感じである。

　このような技術は、有毒環境の発見および監視に使える可能性がある。合成生物学の進歩によって、「毒素を検出したら光る」だけ

のものより複雑なバクテリアのプログラムを書くことも、すでに可能となっている。

この分野にとって大きな障害となっているのが、猛毒の環境はバクテリアにとっても好ましくないという点だ。バクテリアが光っていなければヒ素が検出さ

隔離された炭素の検査を
手伝ってくれる？

だって、あなたのせいで
私のハートはもう
隔離されてるから

（ただ、依頼は
本気よ）

れていないと思うかもしれないが、実際はバクテリアがすべて死んでいるとも考えられる。科学者たちはこの問題の解決に取り組んでいる。ひとつのアイデアに、有毒環境にはもう慣れっこという、丈夫な生物を用いる方法がある 。別のアイデアは、もっと複雑なシグナル伝達機構を作り出して、次のような指示を与えるというものだ――「赤の光は NG、緑の光は OK、光がまったくないときは、すぐにその場から離れること」

人工細菌が世の中にあふれても構わないと人々が判断するなら、ほぼすべての場所の状況について、モニタリングを継続して行うことができるだろう。ある場所の土が緑色に光ってきたら、ヒ素があるとわかる。青色は水銀が毒性レベルになっていて、黄色は鉛というように。基本的に、謎めいた洞窟を見つけて、そこが鮮やかな光に覆われていたら、そこの水は飲んではいけないわけだ。

● 合成生物学の普及

ここまで紹介したものはどれもすばらしいが、どれも本当に難しい。遺伝形質を直接変える方法は 1970 年代から存在していたものの、その方法は難しくて高価で、時間がかかる。というか、少なく

ともそれが実情だった。それが近年、すべてを変えそうな新たな方法が登場したのである。

　カリフォルニア大学バークレー校（およびハワード・ヒューズ医療研究所）のジェニファー・ダウドナ博士と、マックス・プランク感染生物学研究所のエマニュエル・シャルパンティエ博士による研究グループが、バクテリアの免疫機構の働きのおかげで、分子ハサミの作成方法を発見したのだ。バクテリアにおけるこの機構をCRISPR-Cas9 という。想像がつかなかったかもしれないが、前半の頭字語は「Clustered regularly interspaced short palindromic repeats（クラスター化され、規則的に間隔があいた、短い回文構造の繰り返し）」の略で、「クリスパー」と発音する。

　自然に発生するバクテリアには、私たちにあるような記憶装置はない。見ることも聞くことも、考えることもできない。だがバクテリアは、以前に遭遇したウイルスを撃退することができる。どういうわけかウイルスのことを「覚えて」いて、それらを攻撃するのだ。

　しくみはこうだ。ウイルスがバクテリアに感染すると、そのバクテリアの細胞壁越しに遺伝物質を注入する。この遺伝物質は、ウイ

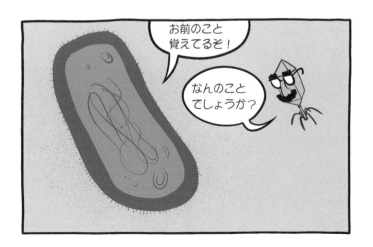

ルス粒子をさらに作る目的で、その細胞の組織を乗っ取ろうとする。ところが、このバクテリアには Cas というタンパク質があり、これはウイルスを撃退することができる。Cas の働きがうまくいくと、負かしたウイルスの遺伝物質の一部を利用して、それをその細菌性細胞の DNA の特別な部分に加えるのだ。これにより、このバクテリアにはこのウイルスのことを記憶する方法をもつ。

その後、このバクテリアが同じウイルスに出くわすと、蓄積されたコードを利用してそれを「認識」し、認識した場所でそのウイルスのタンパク質を切断するのだ。このバクテリアは、正義感によって認識した場所で切断するのではない——攻撃されたら、相手を細切れに切り刻むのが一番の防御というだけである。ただ、その結果が人間にとって便利な道具となった。Cas が切り取るのは常に特定の遺伝子座だからだ。狙いを定めた分子ハサミというわけである。

それで、ここからがおもしろくなる。健康な細胞では、その DNA が切り取られると、その切られた端同士をくっつけて、自ら修復しようとする。この修復が起きる前に、その間に入る新たな分子をあなたが滑り込ませるのだ。そしてその DNA が自ら修復されると、ジャジャーン！　その細胞の DNA に、あなたが選んだ場所で、新たなコードを狙いどおりに持ち込んだことになるのである。しかも、生きた細胞を相手に。

MIT のフェン・チャン博士とジョージ・チャーチ博士による研究グループは、CRISPR-Cas9 をマウスと人間に使う方法を考え出した。すると 2013 年あたりから、あらゆる種類の生物の細胞内で動き回り、手当たり次第に DNA を切り取ったり貼り付けたりできるようになったのだ。では、それで何をしたらいいのだろう？　神のまねでもするのか？　自然界という古代の谷を、科学という鉄の大砲で包囲するのか⁉　そうさせてもらおうじゃないか！

言うまでもなく、「エデンの園」の話のように、すでに存在して

いる生物を相手に神のまねごとをしても、相手は常に思いどおりにはならない。私たちが生物を最初からまるごと作り出せるようになるまでは、自然界が作った生物内のDNAをいじるしか手がないのだが、自然界と仲良くする必要はないのである。

● 最も単純な生物

　J・クレイグ・ヴェンター博士は、ヒトゲノムの解読において、フランシス・コリンズ博士が所長を務めるアメリカ国立衛生研究所と争ったことで知られる人物だ。その彼が、今はさらに大きなことを手がけている。ヴェンター博士がどういった感じの人かを示すエピソードがある。彼はあるとき、「我々が懸念すべきこと」というテーマについて、以下の言葉で始まる論文を書いたのだ——「科学者として、楽天家として、無神論者として、野心的な男として、私は懸念などしない」

　神のまねをする人物が必要になったときに望むのが、まさにこのような人である。彼は、そのものずばりの名をもつJ・クレイグ・ヴェンター研究所というところで作業を行っている。いつ何時でも最大限に恐れ知らずの野心家であるが、博士の研究チームが取り組んでいるのは、可能な限り最も単純な生物の生成だ。

　彼らの考えはこうだ——きわめて単純な生物なら、そのDNAを変えたときに起こることは比較的わかりやすいはず。それが新たな遺伝子のための無地のキャンバスになるので、科学者は遺伝子の変化の影響を即座につかめる。

　研究チームはマイコプラズマ・ジェニタリウムという生物から取り掛かった。人間の性器や尿路にいることから、このように命名されたのである。この生物は便利な場所にいるだけでなく、ゲノムが非常に短い。生き残るために必要なものを見極めるべく、チームは遺伝子を次々に切り取っては捨てていった。ある遺伝子がなくなる

と、この生物が死ぬこともあれば、そうならないこともあった。多くの作業を行い、名前のおもしろさでは（残念ながら）劣る別の種に乗り換えたのち*16、彼らは遺伝子の数が 473 個しかない生物にたどり着く*17（人間の遺伝子の数はおよそ 2 万個）。ヴェンターのグループはこの新しい生物を、マイコプラズマ・ラボラトリウムと名づけた。

　ヴェンター博士は無神論者だが、腹を立てる神がいた場合に備えて、この生物の最新のものは Syn3.0 と名づけた*18。すでに投資家たちは、Syn が自分たちのためにしてくれることを見極めるべく、投資契約を行っている。

● 標準部品とバイオハッカー

　自分が所有権をもつ生命を作っている秘密主義の天才にそれほど

---

*16　マイコプラズマ・ミコイデスのこと。こちらのゲノムのほうがやや大きいが、ジェニタリウムよりも繁殖速度がかなり早いため、研究室での使い勝手は上を行く。

*17　おもしろいことに、これらの遺伝子の 3 割以上は働きが不明だったが、この生物が生き続けるためには欠かせない存在だったようだ。

*18　「Syn」と同じ発音の sin（罪）から、神への態度が示唆されているらしい。

興奮しない方には、合成生物学に対する草の根的なアプローチをご紹介しよう。

MITで毎年開かれているiGEM（合成生物学の大会）というものがある。最も魅力的な遺伝子組換え生物を作り出せるのが誰なのか、学生同士を（なんと高校生も含めて！）競わせるものだ。2015年に出場したチームが手がけたものには、iPhoneと連動して重金属による汚染やデートレイプドラッグを検出できるバイオセンサー、水中にいる生物が化学物質を分泌して氷点を調整できるもの、がんの転移を安価にすばやく判断できる検査法、ヘロインの純度を数値で表すバイオセンサーなどがあった。

各チームは、作ったすべての「部品」を「生物学標準部品簿」に登録する。これは自由に使えるうえに、iGEMに参加していない人たちが追加することもできる。言い換えるなら、生物学のオープンソース・レゴだ。器具さえあれば、あなたもこれらの部品を注文して、合成生物学の研究を行うことができる。その器具も、「バイオハッカー」スペースでどんどん入手しやすくなってきている。つまり、エネルギー危機を解決したり、病気を治したり、生物発光の化学物質であなたの肌に「私のことを蹴って」と書いたりする人が、実はあなたの近所にいる可能性もあるのだ。MITの近くで暮らしていたら、すでにそういうこともあっただろうが、そのうちに誰もが同じような経験をするかもしれない。

心配なのは……

生命をつかさどる言語に手を加える……うまくいくのだろうか。インターネット創成期には、「情報は自由になりたがっている」などと唱えられていた。聞こえはいいが、その情報が「天然痘をゼロから作る方法」だとしたら、問題である。

つまるところ合成生物学とは、オーダーメイドの生物を作る力を人類に与えることだろう。その技術が安価になるにしたがって、もはや予防接種が行われなくなった病気を、パソコンで復活させることができてしまうかもしれない。

天然痘について考えてみよう。天然痘はほぼ根絶されたため、1980年以降は予防接種は行われなくなった[*19]。この病気は20世紀に5億人の命を奪ったとみられているが、現在のほとんどの人が免疫をもっていない。もし合成生物学が容易に行えるものとなった場合、悪徳生物学者（もしくはただの怒れるオタク）がこの病気を復活させるのを防ぐには、どうしたらいいのだろうか？

さらに恐ろしいのが、天然痘などの病気に手が加えられ、よりすばやく拡散でき、より致死性の高いものにされる可能性だ。原理上は、バイオハッカーが、既知のあらゆる治療法をかいくぐる病気を設計することができる。人間の行動に影響を与えるような病気があることもわかっている。例えば、インフルエンザワクチンは人をより社交的にするらしいが、それはおそらく病気にとって利益になることだ。病気の設計を行える者は、潜在性の病原体を介して、社会レベルでの行動変化をもたらすこともできかねない。

現時点では、オーダーメイドのDNAを作る企業は、顧客からの注文に目を光らせている。だが、DNA合成装置が安価になるほど、自宅で行えるレベルになるのでは？　最大の望みは、病気を作り出す能力に、病気と闘う能力が伴うことである。それでも、人間の体が戦場となる軍拡競争より、なんらかの手段による予防策のほうがマシだ。気休め程度の話になるが、バイオテロはめったに起きない。

[*19] サンプルは、ロシアとアメリカの疾病研究センターに厳重に保管されている。厳重に保管されていないと、アメリカの疾病対策センターにいる人が、天然痘の入った小瓶をクローゼットに置き忘れるかもしれない。その小瓶は何年も経ってから再発見されて……、ああ、くわばらくわばら。

おそらくは、コントロールが難しいからだ。テロ行為というのは本質的に、関係者の政治的目標を果たすのだが、人に簡単に感染して命を奪うような生物を作り出すことでかなう利益など、ほとんどないのである。

　生態学者が懸念しているのは、合成生物が思いがけず侵略的になる可能性だ。その合成生物を利用して工業薬品を大量生産しているとしたら、恐ろしいことになる。ジェット燃料を大量に生み出すバクテリアが容器に入っている分には構わないが、そのバクテリアが逃げ出して、川の中で活動を始めたら、どうなるのだろう？　望むべくは、特定の変わった状況下で活動するよう設計されたこれらのバクテリアが、自然界ではうまく活動できないことである。だがバクテリアはお互いに遺伝子を交換できるし、成長も早い。科学者は、人工細菌による遺伝子の交換を防ぐ方法に取り組んではいるが、安全を完全に確保できる方法などない。

　自然界に放つことを具体的に計画して作り出している生物——先に取り上げた遺伝子ドライブの蚊——についてはどうだろう？　シルバーグ博士は、合成生物を環境に放つことに多少の不安をもっている。「私たちが潜在的利益を検討しつつ、環境影響の可能性を完全に理解できるようになるために、人々が生態学者ともっと協力して分子遺伝子の研究を行う——その姿を私は目にしたいですね。なぜなら、長年にわたってオーストラリアで行われてきたひどいことや、生態系の視点からの意味を真剣に考えなかったことによる大惨事について、考えることのできる生態学の分野がまるごとあるのですから」。オーストラリアでは、サトウキビにとって害虫だった土着の虫を抑制する目的で、ヒキガエルが持ち込まれた。するとこの外来のカエルはものすごい勢いで繁殖して、国中に広がった。このカエルは捕食者を殺す毒素を出すことから、拡散と同時にその土地の捕食者（および運の悪いペット）を殺していったのである。

　この問題は、合成生物を自分たちの体の中に取り入れることを考えるときに、より我が身のこととして感じられる。たとえ慎重に作り出されたとしても、危険な突然変異種が生じる恐れは存在する。ただ、シルヴァー博士が指摘しているように、危険な突然変異種は、体内に宿る非人工細菌において、すでに可能性として存在している。

　次の章では、人間の遺伝性疾患の治療に CRISPR-Cas9 を用いることを取り上げている。大人の病気を治すために合成生物学の技術を用いる分には抵抗のない人も多いが、ヒト胚の病気を治すために CRISPR-Cas9 の使用を提唱している科学者がいる。その後の世代に伝わる修正を行うわけだ。

　利益は危険に勝ると主張する人たちもいる。だが、どこで歯止めをかけるのだろう？　もしヒト胚の修正が可能になったら、デザイナーベビーに手を出さない理由があるだろうか？　髪や目、肌、さらには IQ の設定までもが、次かその次の世代では選択肢になりうるのである。だが、誰もがその選択肢を手にできるわけではない。もつ者ともたざる者がいる世界では、超人的な子どもを生み出せるグループと、簡単に治療できる遺伝病にずっと付き合っていかざる

をえないグループが出てくるのだ。

この執筆時点では、イギリスの科学者はヒト胚の改変を認められている。一方、アメリカの科学者は認められていない。中国では、ヒト胚の改変に CRISPR-Cas9 が用いられたが、その結果は惨憺（さんたん）たるものだった。予想外の突然変異種が生じるなどして、多くのことがうまくいかなかったのだ。忘れてはいけないのは、自分たちが何をしているのかが、まだよくわかっていない点である。デザイナー人間をうまく作り出せても、その遺伝子が将来の世代にどのような影響をもたらすのか、わかっていないのだ。

世界はどう変わる？

驚くべき時代ですよ。退屈な実験という重荷から解放されたんですから。自分たちを縛りつけているのは想像力だけなんです。

ジョージ・チャーチ博士

合成生物学者が望んでいるのは、自分たちの知識を広く知らしめて、簡単に利用できるようにすることだ。私たち人類は、数十年の間に、DNA の構造について頭を悩ませていた状態から、それを独自の機械装置で再プログラムするところにまで到達した。遠い将来には、このことは予期せぬ影響をもたらす可能性がある。例えば、DNA での記憶の保存などだ。

どうやるかって？　まずは、コンピューターのメモリがどれも 0 と 1 の配列にすぎないことを思い出してほしい。DNA も文字の配列にすぎない——A、C、T、G だ。これは言うなれば、コンピューターがかつて使用していた磁気テープの超コンパクト版である。正しいコードで DNA を合成することにより、水滴よりも小さなスペース

に100億ギガバイトものデータを保存できる。映画『ロード・オブ・ザ・リング』シリーズだと5000万本分に相当する。それにDNAは半減期がおよそ500年というきわめて安定した分子なので、約500年後に劣化しているのは、情報の半分だ。

これは研究室の外ではまだ行われていない。DNAの列をオーダーメイドで書き出すのは値が張るからだ。現在は、1文字あたり10セントかそれ以下である。参考までに、ヒトゲノムにはおよそ30億の文字数が存在する。DNA合成に対する需要によって価格が下がることを、科学者は望んでいる。チャーチ博士が提唱したヒトゲノム・プロジェクトに続くものでは、この価格を下げ始める方法として、完全なヒトゲノムの合成が挙げられている。

将来的には、合成生物を宇宙へ持っていくことになるかもしれない。もうご承知のように、何かを宇宙へ持っていくのは高くつく。製品を作って、廃棄物を再生利用するというバクテリアがあれば、利用可能な資源をもっと有効活用できるだろう。ほかの惑星や衛星への移住が望みなら、これはとりわけ重要になる。必要な資源ならどんなものでも作り出せるよう、人工細菌はどんな土地の環境でも作用するように特別設計されるだろう。しかも、そういったバクテリアは複製が可能なので、持っていくのはほんの少しだけでいい。

いわゆる遺伝子組換え作物・生物（GMO）には、一般には「フランケンフード」という悪評が多少なりとも定着した。私たちは、フランケンフードが貧しい地域にカロリーやビタミンをもっと多く提供できるなら、それは成功と呼ぶに値すると思っている。たとえ自分が食べるトマトはバイオエンジニアの人たちに触れてほしくないと思っても、GMOによって薬やクリーン燃料を手に入れやすくなることは歓迎するはずだ。

私たちが調べを進めるうちに、合成生物学とナノテクノロジーの境目は曖昧になってきた。私たちは機械の小型化をどんどん求めて

いるが、生物学にはその作り方を身につける40億年という時間があったのだから。

　最近では、科学者たちは新たな形のDNAを作り出している。いわゆる通常のDNAには、化学的な文字は四つある——A、C、T、Gだ。新しいほうのDNAには、新しい文字が二つある——XとYだ。これらはまったく異質のもの——別の惑星で見つけたら大興奮するものであるが、これが研究室で作り出されたのだ。単にすばらしいだけではない。可能性をおおいに秘めているのである。

　通常のDNAは20個のアミノ酸——生命の分子機械の基本要素——を作ることができるが、この新しいDNAは172個作ることが可能なのだ。作り出せる可能性があるタンパク質には、自然界では作られたことのないものも数多く含まれている。

　これこそが合成生物学の可能性だ——現在の生命に変化をもたらすだけでなく、想像の生命まで作り出すことができるのである。

注目！——絶滅種の復活

　現在のところ、地球上では毎年200～2000の種が絶滅しており、その多くは人間の責任だ。例えるなら、巨大な口で美しいものをすべて飲み込んで、文明という下品な光景を排出しているのが人類とイメージすることもできる。公正を期して言うなら、文明はナチョスも作り出したので……それが見返りというわけだ。

　もちろん私たちには、生息環境の破壊や侵入種の持ち込みにストップをかけることはできるかもしれないが、これまでのところの実績は褒められたものではない。

　生態系は複雑なので、ある種が——その地域への影響が大きくなさそうな種でも——滅びると、ほかの種の消滅を招きかねない。この巻き添え消滅がさらなる消滅を招き、それがさらに……となりか

ねないのだ。だが、失われた種を復活させることで、この破壊の連鎖を止められるとしたら？　この多様な環境を無傷で守ることこそ、絶滅種の復活方法を研究している科学者の目標のひとつである。そうなのだ。すべては生態系のためなのだ。恐竜の上に乗ってみるとか、マンモスの肉のハンバーガーを食べるためということでは、決してない。

　というわけなので、大昔に死に絶えた動物を復活させたいのだが、これは映画『ジュラシック・パーク』のように簡単にはいかない。可能性を手にするには、失われた生物のゲノムが必要だ。DNA が遺伝形質を伝えるということを人間が知ったのは、わずか数世代前のことなので、温度と湿度が調節された快適な容器にマンモスのDNA を保存することを原始人に期待するのは無理な話である。それでも、偶然ながらあちこちで、大自然が古代の DNA を保存してくれている。

　DNA は自然界にさらされる時間が長いほど、劣化する。現在のところ科学者は、劣化した状態が百万年ほどになると、DNA の再生は難しいと考えている。これにより、魅力的な動物はほとんどが除外されてしまう。だが、可能性はおおいに残っている。対象となるのは、マストドン、ドードー、サーベルタイガー、さらにはもしかすると、純血ネアンデルタール人のような人間に近い親戚までもが。

　私たちは、カリフォルニア大学サンタクルーズ校のベス・シャピロ博士に、ペットのマンモスをゲットできる方法を聞いた。いや、生態系とかそういった話を。

　まずは、マンモスのゲノムをできる限り探し出すことである。これは簡単な話ではない。たとえマンモスがロシアのツンドラに状態よく保存されていて、DNA の上質のサンプルが手に入ったとしても、それがマンモスのものである可能性はごくわずかなのだ。その

DNA の残りは、土の中にいた微生物や、死骸を移動する際に十分な配慮を怠った科学者、はたまた「未来の遺伝学者のことなんて知るか！」と思って、その死んだマンモスにつばを吐きかけた氷河時代の原始人のものなのである。

　つまりは、本当にマンモスのものだったごくわずかな量の DNA を見つけるには、データをフィルターにかけて、その DNA 配列がマンモスのゲノムのどこに実際に属していたのかを見極めるべく、最善を尽くす必要がある。運と忍耐があれば、2 万年前のものに非常に近いマンモスのゲノムを集められるかもしれない。ただ、マンモスのゲノムをすべて手に入れることはできないだろう。当然ながら＊20、失われている部分もあれば、たとえ手に入れたものでも、あまりに小さくてバラバラになっているため、それらを元の状態に戻す方法を見つけ出すには、カンニングペーパーのようなものが必要になってくるのである。

　そこで、アジアゾウのゲノムと、現在もっているマンモスのゲノムを比べてみるのだ。アジアゾウはマンモスの近縁種なので、アジアゾウの完全なゲノムを、マンモスの遺伝子のどこでも適切なところに接合することが可能である。これらのゲノムの違いはおそらく 1 パーセントだが、それでもゲノムを大きくいじることに変わりはない。現在の技術で簡単にできる以上に、大幅にいじることになる。マンモスの絶滅からの復活に関する近い将来の試みは、望む以上にゾウ大なもの＊21 になるかもしれない。

　それでも、マンモスの DNA があるとしよう。DNA というのは、自ら進んで成長した動物にはならない。もしそうなったら、10 代

＊20　マンモスのゲノムの一部が失われているのは当然だと、すべての科学者が考えているわけではない。例えば、マンモスの絶滅からの復活に取り組んでいるジョージ・チャーチ博士は、人類はマンモスの完全ゲノムをいつの日か手にできるかもしれないと考えている。
＊21　1 リットルあたりのゾウ量分という単位で計測。

の父親だらけになってしまう。マンモスのDNAをゾウの卵子に注入して、アジアゾウの母親にマンモスの赤ちゃんを身ごもらせるのだ。これにより、ゾウ加した問題はさらに複雑になる。現代のゾウは、遺伝形質、食べ物、ホルモンなどが理由で、子宮の状態が決定的に異なっているかもしれないからだ。

　しかも、生まれたマンモスには、現代のゾウの微生物が必要になる。以下はシャピロ博士の言葉だ。「つまり、生まれた子は、ゾウのフンを少し食べることになります。それによって、口にした食べ物を分解するのに用いることのできる腸内微生物社会を確立できるからです。ゾウの微生物叢（マイクロバイオーム）が得られるわけです」。大昔に死んだ生物よ、よく戻ってきたね！　自分の種の唯一の代表者よ、お帰りなさい！　さあ、もっとフンを食べて。

　これでマンモスの誕生となる。もっとも、ゾウの特徴をいくつかは備えているが。絶滅したマンモスを100パーセント再現することが目標なら、それはたぶん無理だろう。だが、絶滅する前の生態系において重要な役割を果たした動物を作り出すことが目標であれば、ゾウに似たマンモスというのはかなりいい結果といえる。

　シャピロ博士もこう言っている。「生態学的置換は、絶滅によって消えてしまった生態的相互作用に取って代わることができるのです。その生態系をよみがえらせて、生きている種を絶滅させないという方法で。それこそがこの方法がもっている力だと、私は考えています。低温に適応したゾウは存在しませんが、合成生物学を用いて、それを作り出すことはできます。そのようにして、この生態系の失われた部分を置き換えて、シベリアにかつてあった豊かな草原を再建し、サイガ（レイヨウ）や野生の馬、バイソンなどのための生息環境を作り出せるのです」

　ちょっとここで、私たちのもつ技術が進歩し、マンモスのクローン化が可能になったとしてみよう。するとそのマンモスはどこで暮

らすのか？　かつてマンモスはシベリアに生息していたが、シベリアの人たちはマンモスの帰還を心から喜ぶだろうか？　そうはならないだろう。1995 年にアメリカのイエローストーン国立公園にオオカミが再導入された際、地域の牧場主たちは必ずしも喜ばなかった。訴訟が起こされ、自分たちの家畜を守るためにオオカミを撃った牧場主は、処罰された。

　ところが、マンモスの帰還を待つばかりという場所が、すでにシベリアに存在している。帰還を待ち続けているセルゲイ・ジモフ博士が、いつの日かマンモスが再び歩き回る日が来るのを願って、土地を確保しているのだ。博士は観光事業も考えているようで、その土地をジュラ紀・パークならぬ、更新世・パークと名づけている。

　おそらくこの時点で、あなたはこう思っていることだろう。「じゃあ、恐竜を復活させる方法はゼロ・・なわけ？」と。専門家と電話で話したので、この件について訊いてみた。

　「コンピューターを使うと、現生のあらゆる鳥類の祖先である鳥類型恐竜のゲノム配列に似たものが復元できるので、それが本質的には恐竜だといえるでしょう。これは T・レックスやブラキオサウルス、ヴェロキラプトルといったものではありません。なぜなら、それらの DNA を、私たちはまったくもっていないからです。まずは、恐竜と同時代に存在していたものや、現生のあらゆる鳥類の祖先から始めることになるでしょう。その後、合成生物学を使って、現代の鳥類（生きている恐竜）のゲノムを、計算して推測されたその祖先の鳥類（恐竜）のものと、徐々に取り替えていくわけです」

　というわけなので、「計算して推測された」鳥類の祖先に乗って空を飛ぶことは、子どもの頃には夢見なかったけれど……まあ、恐竜の上に乗ることに近いと言えなくはない。

SECTION 3

「人体」の

もうすぐかも⁉

8 章

プレシジョン・メディシン
あなたのおかしなところすべてを統計的手法で

　19世紀以前の治療はひどいものだった。麻酔はグラス1杯（か2杯）のウイスキーで、医術といえば瀉血（しゃけつ）だとかハリネズミの脂肪といった伝承療法ばかり。実験による検証はされていなかった。現代の私たちは、開業医が科学研究者と強い協力関係にあるという事実をあてにしている。研究者はどの治療法に効果があるかを試し、医者は患者に効くものを判断する際には、証拠を比較検討する。

　名医とは、あなたの体のことならなんでもお見通しという、シャーロック・ホームズのようなものだ。健康であれ病気であれ、あなたの体は、体内の状態に関するちょっとした手がかりを常に発している。そのなかには実に明白なものもある——頭に大きな穴が開いていたら、それが痛みの原因だと、医者も確信できるだろう。

　断定が非常に難しい場合もある。例えば、伝染性単核球症の人はほとんどが、間違った診断を数多く下されたあとで、ようやくその診断を下される[*1]。これは実際のところは、医者の責任ではない——伝染性単核球症は非常に長く続くウイルス性疾患で、その症状は疲労や頭痛、喉の痛みといったごく普通のものだからだ。軽い二日酔いが続いているような感じであり、通常の状態との区別は非常に難しい。だが、血中に多く見られる分子を医者が最初に調べたら、風邪ではなく伝染性単核球症だと診断できるかもしれない。

＊1　一方で、実は別の病気なのに、伝染性単核球症と診断される患者もいる。4ヵ月以上にわたって伝染性単核球症だと繰り返し診断されたのちに、第二期梅毒だと判明した人もいた。いやはやなんとも。

　医者が長いこと「症状」や「兆候」と呼んできたものを、コンピューター好きな研究者たちは、今では「バイオマーカー」と呼んでいる。バイオマーカーを大まかに定義すると、体内の状態を伝えてくれるあらゆるものということになる。普通は、体の中で進行している悪いことに関する場合が多い。バイオマーカーは一般に、体内における化学的合図だけでなく、従来からある兆候も含む。閲覧したウェブサイトや投稿した画像などといった行動にまで、その範囲を広げられるという研究者もいる。「自分の状態について」というコンピューターモデルをもっているとすると、何か答えが見つかるかもと思ってそのモデルに入力するものすべてが、バイオマーカーになるという感じだ。

　科学と医療が手を組んだことで現代医学がもたらされたのと同じように、医学と分子解析、データサイエンス、機械学習が手を組むことにより、「プレシジョン・メディシン（精密医療）」と呼ばれることになる新たなパラダイムが生まれる可能性がある。将来的には、数千ものバイオマーカーによってすぐさま正確に医学的診断が下され、続いて自分に特別に合わせた治療を受けられるようになるかも

しれない。これによって、もっと健康になってもっと長生きできるだろう。そして——この検出システムが安価で簡単なものになれば——右のお尻にあるしこりはがんなのかと、長いあいだ思い煩うこともなくなる。いうまでもなく、病気の診断と治療がコンピューターの処理能力によるものになれば、医療費が下がる可能性も（一生に一度くらいは）ある。

あなたの血液一滴には、信じられないほどの情報が入っている。迫りくる心不全に関係する化学的なバイオマーカーや、検知されていない固形腫瘍の遺伝コードがあるかもしれない。自分で思っている以上にストレスを受けていると教えてくれる、ホルモンのバイオマーカーもあるかもしれない。

こういった、とらえがたいバイオマーカーについて深く知ることで、診断が向上するだけでなく、新たな治療法も出てくる。がんになった場合、そのがんには、私たちに突き止めることのできる、何かしらの遺伝子突然変異がある。その変異を突き止められたら、最善の治療法か、もしくはその病気向けでなくても、うまく作用する可能性があってすぐに手に入る治療法を選べるようになる。最新の手法なら、遺伝子突然変異から生じるどんな病気にも対応できる、一般的な治療法を作り出すことまで可能にするかもしれない。

人体の多様性や複雑さに関するデータをさらに集め、それらの分析が向上していくと、コンピューターが完璧な診断を下し、理想的な治療法を選ぶ時代に近づく。この夢は、はるか遠いかなたのものに思われるかもしれない——少なくとも一部は相当に先のものである——が、人間の体の複雑さには限りがあることを忘れてはいけない[2]。あらゆる進歩によって、私たちはゴールに近づいているのだ。

---

[2] 確かに 50 年前に比べて、人間の体がはるかに複雑とわかってきたことは認める。それでも、十分な計算能力があり、十分に賢い研究者がいれば、人間の病気について理解が増し、うまく切り抜けられる一番の方法が得られるはずだ。

それで、現状は？

　過去50年でこの分野がどの程度変わったかをつかむべく、テキサス州ヒューストンにあるMDアンダーソンがんセンターのジョン・メンデルゾーン博士に、ケリーが話を聞きに行った。

　仮の話だが、こう想像してみよう。あなたはメンデルゾーン博士について下調べをしなかったと。なぜなら、信頼できる同僚から、プレシジョン・メディシンについて話を聞くなら、この博士こそうってつけだと言われただけだから。そんなあなたが何も調べない愚か者でも、博士が重要人物であることはすぐにわかるだろう。がんセンターに着いたあとで博士の居場所を調べたら、彼のオフィスは「ジョン・メンデルゾーン学部センタービル」にあるとわかるからだ。仮の話だが、この時点でパニックになったあなたは、「ジョン・メンデルゾーン」とここで初めて検索し、実はその人こそ、MDアンダーソンがんセンターの元所長だったと知るのである。

　仮の話の中のあなたは、深呼吸をし、ワキ汗をたっぷりかいていると自覚しながら、意を決してドアをノックした。

　仮の話の中のあなたにとって幸いなことに、メンデルゾーン博士は親切で感じのいい人物だった。ケリーの研究について少しおしゃべりしたあとで、世界を救うために使われるべきだったと思われる30分という時間を割いてくれたのだ。なんとも申し訳ない。

　博士が生まれたとき、当時の科学者は自分たちの遺伝物質がDNAからできているとは知らなかった。博士が医学部にいたとき、タンパク質の生成過程を載せた教科書の記述は間違いだらけだった。博士が若き研究者だったとき、一度の実験で得られるデータ量は、現代の基準からすると初歩程度のものだったそうだ。

　「ヒトゲノムを配列すると、データは50億個にもなります。私が自分の研究を始めたときは、結果を1枚の紙に印刷することが

できたのですが、やがてその紙は長くなりました。50億個もの情報を印刷したり、頭の中で分析したりはできません。現在MDアンダーソンがんセンターでは、毎年、数千人のがん患者のDNA配列を調べ、悪性腫瘍をもたらす遺伝子異常を探しています」

医学がますます個人別になり、個々の体がデータの宝庫になるほど、パターンを求めて情報を限なく調べるだけで、診断法のみならず治療法まで見つけたりできるかもしれない。だが、プレシジョン・メディシンから恩恵を受けられるようになるのは、長い時間をかけて多くの人からデータを収集し、それらをすべて保存・分析する方法を見つけてからになるだろう。そのためには、コンピューター科

メンデルゾーン博士を訪れたケリー

人類が古くから経験してきたどのような災厄を打ち負かすべくご研究をされているので？

扁形動物の生態に関する理論面の知識が足りないことです

それはすばらしいですね！

学者や統計学者による多くのイノベーションが必要だ。

　アメリカ国立衛生研究所は、プレシジョン・メディシン・イニシアチブ集団プログラムを立ち上げた。このプログラムは、「-ome」のデータを含めて、100万人以上の参加者の健康および環境情報を集めるというものである。

　本章ではたくさんの「-ome」について紹介するが、簡単に定義を説明しよう。科学者が単語の最後に「-ome」をつけると、それは「○○全部」というような意味になる。つまり、遺伝学者（geneticist）がある特定の遺伝子を研究している一方で、ゲノム研究者（genomicist）はすべての遺伝子を研究している[*3]。

　これだと、ゲノム研究者のほうが賢いように感じるかもしれないが、心理学者と社会学者の違いのようなものだ[*4]。「-ome」という接尾辞は、現時点ではやっている命名法にすぎない。

　国立衛生研究所は、このような個人のゲノム、マイクロバイオーム、その他の情報を入手すると、長年かけて追跡し、健康状態の変化をたどる予定だ。このデータは医者も入手できるようになり、病気や遺伝的特徴、環境要因と関連がないかが調べられる。これは巨大なデータセットになるだろう。

　残念ながら、山のようなデータのほうから、状況をさっと教えてくれるわけではない。この問題に、ファイザー社のサンディープ・メノン博士は頭を悩ませている。「入ってくるデータ量たるや、まさに幾何級数的でして……それを分析できる正しいスキルをもった人はごくわずかなのです。はっきり言って――需要が供給をはるかに上回っています」

[*3]　この接尾辞は多少役に立つが、乱用も多い。「-omicist」がカッコよく感じられるからだ。カリフォルニア大学デービス校のジョナサン・アイゼン博士は自身のウェブサイト「ザ・ツリー・オブ・ライフ」に、「ダメ omics」という欄を設けている。例として、nutrimetabolome、fermentome、consciousome が挙げられている。

[*4]　前者は個人に関して、後者は集団に関して、考えを誤る。

　メノン博士は一流の生物統計学者である。世界最大の製薬会社の副社長で、生物統計リサーチ＆コンサルティング・センターのトップだ。だが、その博士でさえ、「発達を続ける最新技術に遅れずについていき、膨大な量のデータに取り組むのは難しい」と感じている。

　博士が懸念しているのが、これらのデータの扱い方がどうしてもわからない分析家が多くいることだ。間違いがたくさん行われ、それがこの分野の進歩を遅らせており、ひいては患者に害を及ぼしている可能性もあるという。

　これらの情報をすべてより分けるのは難しいが、多くの面で進展はしている。プレシジョン・メディシンの分野は広大すぎて全容をつかみきれないため、プレシジョン・メディシンにできることの一部を感じてもらうべく、具体的な例をいくつか選んでみた。

● 遺伝性疾患

　遺伝子読み取り技術が急速に進歩したということは、かなり安価に自分のゲノム配列を解析してもらえるということである——以前は何千万ドルとかかっていたものが、数千ドルの範囲に収まっている。ただ、診断できることと、それを治せることがイコールではない点が問題だ。

　遺伝性疾患は治すのが特に難しい。マスコミでよく言われていることとは違って、「人間のDNA編集」は書類を編集するようにはできない。人の体にあるほぼすべての細胞には、DNAの鎖が含まれている。自分のゲノムを変えるには、細胞をすべて、もしくは最低でも病気に関係する細胞をすべて、変える必要があるのだ。

　例えば囊胞性線維症（のうほうせいせんいしょう）は、内臓で濃い粘液が大量に作り出される遺伝性疾患である。肺に生じる濃い粘液は、呼吸を苦しくするとともに、感染の危険性を高める。

これとは別に、膵臓にたまる粘液もある。これもひどい。栄養素の吸収をかなり難しくするからだ。囊胞性線維症と診断されると、かつては 20 代まではとても生きられないとされた。技術の進歩により、患者は 30 代、40 代まで生きられるようになったが、進歩したのはその遺伝的な根源部分の治療ではなく、粘液の問題に対処する方法だけである。

この問題の難しさの一面に、囊胞性線維症がひとつだけではないことがある。症状として医者が特定する粘液の蓄積が、いくつもある遺伝子突然変異の結果という場合があるのだ。

囊胞性線維症の特定の遺伝的変異に対処するために近年開発された薬が、イバカフトルである。この薬がターゲットとする特定の突然変異は、囊胞性線維症の患者の約 5 パーセントにしか存在しない。薬物治療ではごく普通であり、たいしたことではない。しかし、プレシジョン・メディシンにおいては、起こりうるあらゆる突然変異をターゲットとする治療法がいずれは誕生することを意味する。つまり、遺伝的な問題がわかれば、どの治療法を用いればいいか正確につかめるわけだ。これによって、正しい治療を得られるのみならず、不快で間違っている可能性のある多くの治療を避けられる。

だが、それでも、この問題をより深いレベルで一時的にしのいでいるにすぎない。正しい細胞すべてにおいて、損傷したコードを治すことはできないのだろうか？

前の章では、遺伝子を編集する新技術 CRISPR-Cas9 を取り上げた。これにより科学者は、患者に囊胞性線維症をもたらしている突然変異を実際に治せることになる。CRISPR ってなんだったっけという人のために簡単に説明すると、細胞内の DNA の一部を正確に切り取って、交換できるものだ。原理上は、囊胞性線維症をもたらしている突然変異がなんであれ、それを切って治せるということになるはずである。

すでに CRISPR は、研究室では、厚く切った腸組織でうまく作用した。これで医療関係の研究室での仕事の楽しさがわかるというものだ。この技術を実際の患者に応用する方法を見出すのは、まだまだ大きな難関であり、この突然変異を治そうとする一方で、ゲノムの別の部分をだめにしてしまうのではと、科学者たちは危惧している。1 兆個もの細胞を一度に編集しているときは、あまり多くのヘマはしたくないものだからだ。

ただ、CRISPR のいいところは、遺伝性疾患を治す一般的なツールだという点である。ひとつあるいは複数の遺伝子突然変異によって生じたどの病気も、ターゲットとされた遺伝子を編集するというこの方法には弱いはずだ。もし CRISPR が遺伝子問題の確実な解決策となれば、ハンチントン病、鎌状赤血球貧血、アルツハイマー病などに対して、一発お見舞いすることも可能になるのである。

● がんの診断、治療、モニタリング

<u>診　断</u>

がん細胞を殺すのは難しい。その理由は、2027 年のロボットの

反乱において、謎のアンドロイドを殺すのが難しいのと同じである。見た目がまったく同じだからだ。

　がん細胞は、もともと人がもっている細胞がおかしくなったものである。役に立つ身体機能を果たす細胞のはずなのに、仕事もせずに自分の複製を繰り返し作り続けるおかしな突然変異を、もって生まれたか獲得したかしてしまったものだ。固形腫瘍の場合は、自分を複製する悪い細胞が暮らす国家が、自分の体の中にあるようなものである。

　がん性のものを含む突然変異細胞は、体の中で常に生まれている。普通は免疫系がそれらに狙いをつけて殺す。問題は、たまに珍しい細胞が生じて、それが次のようになる場合だ。

（1）収拾がつかないほど複製を行い、

（2）検知をかいくぐるか、自分のことを殺さないよう免疫細胞を説得するかして、免疫系をかわす

　つまり、がんと診断される頃には、非常に危険な細胞をもっていることになる。その時点で、免疫系では対処できなかった部分に、医学が踏み込まざるをえない。ただし、がんを見つけるのは難しい。

　歴史的に見ると、白血病は最も見つけやすいがんのひとつだ。血液に白血球が蓄積されるという明らかな現象があるからである[5]。固形腫瘍の場合、それも小型のものは、もっとこそこそしている。だから医者は乳房検査を定期的に受けるように言う。固形腫瘍であっても、人間のぐにゃぐにゃした体に隠れて、はっきりしないことがあるからだ。

　早期診断がよいのは、単に好都合だからだけではない。命にかか

---

[5]　白血病（leukemia）という単語は、「白い血」を意味するギリシャ語に由来している。

わるがんの多くが危険なのは、それらがとりわけ攻撃的だからではなく、阻止するのが手遅れになるまで、かすかな症状しか引き起こさないからである。

アメリカ国立がん研究所によると、肺がんを早期に発見できた場合の5年生存率は55パーセントだという。だがほとんどの人は、それほど早期に診断を受けない。肺がん患者の半数以上が、がんが転移するまで[6]、診断を受けていなかった。その時点での5年生存率はおよそ5パーセントである。

そのため私たちは、できるだけ早くがんを見つけたいと思っている[7]。しかも、血液内にバイオマーカーを残すがんは、白血病だけではないとわかった。マイクロRNAという小さな分子を探せば、あらゆる種類のがんを見つけることが可能なのである。

前の章では、DNAがタンパク質を作り出すしくみをざっと紹介したが、実際の過程はもっと複雑になると述べた。複雑さをひとつ加えることになるのが、このマイクロRNAである。

マイクロRNAはまだ完全には解明されていないものの、重要な役割を果たしているらしいのが、遺伝子発現においてである。次のように考えてみてほしい。真っ赤な鼻をコードする遺伝子をあなたがもっているとする。「コードする」というのはあまりうまい言い方ではないので、もっと具体的にいこう。あなたのDNAは、自動的に鼻の先端に到達して真っ赤になるというタンパク質を暗号化する。鼻がどの程度赤くなるかは、そのタンパク質が作られる量によ

---

[6] がんの転移とは、がんの一部が元の腫瘍から分離して、新たな場所で腫瘍を生じ始めることをいう。

[7] この文章には微妙な意味が含まれている。厳密には、がんはできるだけ早く見つけたいが、そのがんがどの程度悪くなるかも知りたい。例えば前立腺がんは、その成長速度が非常にゆっくりなため、がんが問題になるより先に当人が自然死する場合もある。残りの人生において、がんに殺されそうにないとわかれば、インポテンツや失禁を招く恐れがある不快な治療を避けるほうを選ぶかもしれない。こういったデータの蓄積により、過剰な治療がもたらされると危惧する医者もいる。

る。ここで調整を行うのがマイクロ RNA だ。赤い鼻という想像上
のタンパク質の遺伝子レシピが、通常は「10 回繰り返して」終了
するとしよう。この「10 回」という数が、マイクロ RNA によっ
て増えたり減ったり調整されるため、悲しげな薄い色の鼻になった
り、血色のいい明るい色の鼻になったりするのだ。

　さて、なかなか巧みなようだが、だからどうだというのか？　実
は医学にとって都合がいいことに、この小さなマイクロ RNA 分子
は血流中に存在している。特定のマイクロ RNA、もしくはそれら
の濃度の変化は、あなたがどのようながんをもっている可能性があ
るかだけでなく、そのがんがどの期にあるのかも教えてくれるのだ。

　例えば、ある研究では、特定の四つのマイクロ RNA のレベルは、
肺腺がんにかかった人が長生きするか（平均して 4 年以上）、それ
とも先が短いか（9 ヵ月程度）をみごとに予測するものだったとい
う。このような情報は、がんに対してどの程度積極的に取り組むか
という決断を、患者と医者が下す手助けとなり、また患者が残りの
人生の生き方を決める助けにもなる。

　原則としては、自分の血中に（それとおそらくほかのいくつかの
体液中に）どのようなマイクロ RNA が入っているかを知ることで、
自分の体が抱えている病気に関する読み取り情報のようなものが得
られることになる。体が行うどんなことに対しても、タンパク質は
新たに生成されるので、主な不調に関して、信じられないほどの情
報源になってくれるかもしれない。

　ただ、自分の体の悪いところを把握するのは容易ではない。あな
たが次に何か読みたいときには、マイクロ RNA のデータベースで
ある、miRBase（mirbase.org）をぜひ。本書の執筆時点では、そ
のような分子を 2000 個ほど追っていた。

　これとは別の興味深い分子に、「循環腫瘍 DNA」を略した
ctDNA というものがある。これはとても新しい発見だが、がん診

断にとって非常に重要になる可能性を秘めている。簡単に言うと、なんらかのタイプの固形腫瘍がある場合、このDNAが少量、血流内に入ってくるのだ。

これは、あなたにとってはたいしたことではないが、医者にとっては非常に便利だ。理由は二つある。

（1）固形腫瘍が検知をかいくぐるのをおおいに難しくするから
（2）侵襲的手術を行う必要がなく、判明した腫瘍の遺伝分析を行えるから

最近の研究によると、1期非小細胞肺がんの場合は、ctDNAにより5割の確率で血液内に見つけることがすでにできている。2期になるまでには、100パーセントの割合で見つけることができる。この期になる頃には、がんは肺からリンパ節へと移っているが、ほかの臓器へは転移していない。この病気は通常は、5年生存率が著しく下がる3期か4期にならないと、見つけられないものである。

ただ、たとえctDNAやマイクロRNAによってがん兆候を見つけられたとしても、その病気の全容をつかむのはまだまだ難しいのが実情だ。

がんについては、それが見つかった場所――肝臓がん、骨肉腫、脳腫瘍――で言いがちだが、表現方法としては、それが一番便利というわけではない。乳がんは2種類あり、それぞれまったく異なる突然変異からもたらされることもある。一方が命にかかわる恐れがあるのに対して、もう一方はかなり扱いやすい。

状況をより複雑にするのが、がんは一度存在すると、突然変異をやめないことである。がん細胞が突然変異を続けるにつれて、あなたの体では適者生存のようなことが起こる。その結果、危険なだけでなく、遺伝子的に多様な腫瘍となりうる。

　人の体内におけるがんの遺伝的特徴の多様性により、治療はきわめて難しいものになる。その腫瘍を小さくする化学薬品があっても、小さくしているのはその細胞型のサブセットにすぎないかもしれない。つまり、腫瘍を小さくしても、弱い細胞型を殺しただけかもしれないのである。その後このがんは、今まで以上に攻撃的になって戻ってくる恐れもある。

　さらに悪いことには、化学療法や放射線治療を受けると、その過程でさらなる突然変異を誘発しかねない。これは（その治療が本当に気が滅入るものであるのは言うまでもないが）がん細胞だけが標的にならないのも一因だ。例として、従来の化学療法で標的としているのは、分裂のスピードが速すぎる細胞だ。だが、胃の内壁など、すばやく分裂することになっている細胞も存在する。これではまるで、長くて黒い口髭の人を全員排除する、市を挙げた悪の根絶運動をしているようなものだ。確かに悪者はほぼ排除できるだろうが、その一方で市内で一番のコーヒーを入れてくれる優しい若者まで取り除くことになる。この二者択一に価値はあるだろうか？　あるかもしれない。ただ、愉快な経験とはいえない。

　がんを打ち負かすためには、がんに突然変異を行わせる時間を与えすぎないよう、正しい治療法を早期に見つけることが望まれる。それには、がんを早期に発見するための血液検査を毎年受け、どのような突然変異が行われているのかを見極めることだ。これは重要なことである。正しい治療法を選ぶことができるのだから。間違った治療法を選ぶと、苦しいだけでなく、危険でもある。治療用の薬の正しい組み合わせを用意できるように、関連する突然変異をすべて知りたくなるだろう。

治　療

　がん細胞がおおいに危険な理由のひとつは、それらが免疫系をう

まくかわすからである。良心をもたない逃亡中の殺人ロボットが、人間をまねる能力をもっているようなものだ。だが、それらを認識できるように、警官を訓練できるとしたら？　例えば、「人間ダイスキ！」と言い続けて、ロビイストとして活動している人がいたとしたら、実は人間に取り入ろうとしているロボットかもしれないので、注意深く見張ったほうがいいだろう。

　だとすると、こそこそしているがん細胞を標的にして殺すよう、自分の免疫系を訓練するのはどうだろうか？

　こういうしくみだ。患者から血を採ると、Ｔ細胞という免疫細胞が含まれている。このＴ細胞こそ、細胞の表面にある抗原という構造を認識するものだ。その細胞にどの型の抗原があるかを見ることで、Ｔ細胞はその細胞が死ぬ必要があるかどうかを判断する。

　がん細胞がどのような抗原をもっているかがわかれば、それを標的にするようＴ細胞に教えることができるわけだ。

　なぜＴ細胞なのか？　ハーバード・メディカル・スクールおよびマサチューセッツ総合病院所属のマルセラ・マウス博士に説明していただこう。「免疫療法において、Ｔ細胞を本当に特別にしているものが二つあります……ほかの細胞を殺す能力をもっていること……そして記憶力があることです。しかも非常に長生きの細胞でもあります。さらには、何かを一度見ると、二度目のときはそれをすぐに認識して、さらにすばやく殺すのです」

　特に成功を収めた遺伝子組み換えとして、Ｂ細胞という白血球の型に存在する、CD19という分子を追うようＴ細胞に教える方法があった。白血病とリンパ腫は、そういった白血球を過剰に作って、命を奪うことが多い。

　この方法のひとつの問題が、がん性ではないものも含めて、すべてのＢ細胞をＴ細胞が殺すことがある点だ。Ｂ細胞も免疫系の一部なので、Ｂ細胞をすべて殺すと、一時的に免疫不全状態に陥ってし

まう。これは歓迎すべきこととはいえないが、血液のがんになるよりは、感染症と闘うほうがマシだ。

　しかし腫瘍の場合は、危険性のある細胞を皆殺しにすることは選択肢にならない。脳細胞をすべて殺して脳腫瘍を打ち負かしたところで、むなしい勝利だ。

　マウス博士の方法はもっと巧妙なものである。彼女はある抗原を攻撃するT細胞を作り出した。これは上皮成長因子受容体III型というチャーミングな名前なので、頭字語をとった覚えやすいEGFRvIIIで呼ぶことにする。普通の脳細胞にEGFRvIIIはないが、腫瘍細胞にはこれをもつものがあるのだ。つまり、この特定の受容体をもつ腫瘍が「運よく」あったら、特にこれを見つけて殺すようT細胞をプログラムすることができるのである。

　マウス博士の研究は初期段階ではあるが、希望はある。将来的には、免疫療法が、複数の種類の固形腫瘍を正確に攻撃するのに適した方法になるかもしれない。

<u>モニタリング</u>

　治療がうまくいくと、がんは寛解期（かんかいき）に入る。しかしながらこの段階では、あなたはまだ一生、モニタリングされる状態だ。がんが「治った」というのは、将来的にがんにかかる危険性が非常に低いことを示す指標なのである。プレシジョン・メディシンの技術は、こういった患者をモニタリングする、よい方法を提供してくれる。

　例えば、あなたのがんが寛解期に入っても、そっと戻ってきていないことを確かめるためには、ctDNA を変わらず注視することになるだろう。また、この ctDNA を続けて遺伝子型同定（ジェノタイプ）して、突然変異やある型の量の変化を見守ることにもなるかもしれない。ctDNA が急にがんの攻撃的なタイプを示し始めた場合は、望ましい医学的アプローチが変わることになろう。

　この新技術は目覚ましい向上を遂げ、今や ctDNA は糞便や尿、その他の体液からも見つかっている。がんに対してモニタリングする技術が向上して、しかもあなたの体ではなく、うんちをつつくことによってそれが行える日が、間もなく来るかもしれないのだ。

● **メタボローム**

　医学において難しいことのひとつが、薬に対する特定の患者の反応をつかむことである。ある人にはよく効くものが、別の人には効かないことがあるが、その説明の一端となるのが患者の「メタボローム」だ。メタボロームとは、あなたの代謝産物すべてのことである。あなたの体の機構が作り出すあらゆる小分子であり、砂糖やビタミンといったものだ。メタボロームは単純なシステムではない。ヒューマン・メタボローム・データベース（hmdb.ca）は本書執筆時点で、異なる代謝物をおよそ 4 万 2000 個追いかけていた。つまり、小さな分子 4 万 2000 種類だ。これには、タンパク質やそのほかの巨大分子（タンパク質に働きかけてチーズバーガーをエネルギーと筋

肉に変換し、もっとチーズバーガーを食べさせようとするもの）は
含まれていない。

　人はメタボロームのバリエーションを豊富にもっているようだ。
コーヒーを飲むと夜に眠れなくなる人もいれば、ダブルエスプレッ
ソを寝る前に飲んでも熟睡できる人がいるのも、これが理由かもし
れない。コーヒーの化学物質の処理方法が異なるのだ。こういった
違いが、体内の状態について教えてくれる。例えば、糖尿病かどう
かは、グルコースの値を調べればわかることが、70年ほど前から
知られている。もしグルコースの代謝がうまく行われていないと、
その値が上がるのだ。ただ、代謝産物は4万2000個もあるのだか
ら、人による代謝能力の違いについて、正確な情報をもっと得られ
るようになるかもしれない。

　例として、自殺したくなるほど落ち込んでいる患者のなかには、
どんな処方計画でもよくならない人もいる。その人のメタボローム
の何かが、適切な薬の摂取を妨げたり変えたりしていることが考え
られる。しかし、プレシジョン・メディシンならば、患者が代謝で
きないものを前もって特定できるかもしれない。

代謝情報が人間の栄養摂取の助けになる可能性もある。ある人にとって毒となるものが、別の人にはなんの影響ももたらさないことがある。その毒がおいしい場合、これは特に重要だ。例として、低コレステロール血症という病気になる人がいるが、これはなんらかの理由で、血液中に十分なコレステロールがないというものである。ということは、私たちが避けるように言われている高コレステロールのおいしい食べ物を、その人たちはもっと食べてもいいことになるかもしれない。似たような遺伝子はおそらくあるだろう。煙草を吸ってもいい遺伝子、お酒を飲みすぎてもいい遺伝子、さらには、ガラスを噛んでもいい遺伝子といったものが……[8]。見方を変えれば、患者を正確に見ることで、一般には健康によいと思われていても、ある種の食べ物や行動は避けるべきだとわかるかもしれない。もしかしたら、ブロッコリーを食べるように言っていたあなたの母親は、本当は間違っていたのかも[9]。

自分のメタボロームを知ることは、危険な医学的状態にある患者の場合は特に重要かもしれない。理想を言えば、副作用の恐れがある薬はどれも、効き目をもたらす最低限の量が処方されるべきだ。ただ、異常なメタボロームをもつ患者の場合、少量を投与しても大量のように作用するかもしれないし、大量でもまったく作用しないかもしれない。患者のために薬を選ぶのなら、それがどの程度代謝するかを知ることで、つらい治療を避けられ、迷わずに正しいものにたどり着ける可能性も出てくるのである。

● **あなたの命を狙っているその他のもの**

以上の項目では、主にがんと遺伝子のことを取り上げた。闘う相手としては、これらの病気が最も手強いものであり、人間もなんと

---

[8] ガラスは噛まないように。
[9] 間違ってはいなかった。

かようやく大きな勝利をつかめてきたところだからである。だが、プレシジョン・メディシンの技術は、ほとんどすべてのことに応用できるはずだ。

　例えば、ストレスや高血圧は、心筋が危険なほど厚くなる心臓肥大という異常をもたらしうる。それにより、疲労、頭痛、さらには突然死といった危険に見舞われる。心筋がタンパク質でできていることを考えると、心臓肥大を示すマイクロRNAが存在していても、おかしくはないだろう。実際に、心臓肥大のさまざまな種類を示すマイクロRNAは数多く存在する。血液内のマイクロRNAを見ることで、自分が直面している心臓肥大が正確にどのようなものかを判断できる、非侵襲性の方法が得られるのだ。

　要は、心臓がダウンする前にそれを予測できるようになるかもという話である。心臓病が世界中で死因の上位にあることを考えると、ちょっとした事前の警告があればありがたい。

　血液で運ばれる化学物質を徹底的にモニターするというこの技術は、危険な治療を受けている患者にとっても役立つかもしれない。心臓病歴のある患者がいたとして、その人に今度はがん治療のための化学療法の処方計画が必要になったとする。心不全になるリスクが高まっているので、患者が心臓発作を起こしたときは、もう手遅れかもしれない。マイクロRNAによる分析があれば、心筋に対する化学療法の影響をほぼその場でモニターでき、それに応じて選択を行えるのだ。

　ほかの最近の研究では、発作を示すマイクロRNAの特徴があることがわかった。さらには、発作から回復する際の脳の働きについて示すマイクロRNAの特徴もあるという。

　分子バイオマーカーは、ほかの病気についても教えてくれる。クローン病、アルツハイマー病、さらにはインフルエンザの型まで。事実、グーグル・スカラーで「マイクロRNA　プロフィール

(microRNA profile)」と検索すると、過去数年だけで膨大な量の論文が書かれていることがわかる。前立腺がんからうつ病まで、ほぼすべての病気に対する兆候が示されている。しかも、たくさんの病気を見つけられるだけでなく、それらの病気のその先の動きまでわかる場合が多い。

分子や臨床だけでなく、行動も知りたいという研究者がいる。基本的には、気味の悪いストーカーがあなたについて知っているような種類のデータを求めている——見ているテレビ番組やウェブサイトなどだ。こういった情報は、なんらかの病気にかかっているかどうかの手がかりを与えてくれるかもしれない。例えば、ハーバード大学のアンドリュー・リース博士とバーモント大学のクリストファー・ダンフォース博士は、ある人がインスタグラムに投稿した写真の色合いや明るさによって、その人が落ち込んでいるかどうかを予測できると突き止めた。落ち込んでいる人が投稿したインスタグラムの写真は青色や灰色が多くなる傾向にあり、そうでない人が投稿したものよりも全般に暗くなりがちだったという。こういった規模の大きな情報を、かなり繊細な大量のバイオマーカーに加えることで、精神的な問題を抱えている人に対する分類や治療の向上につながるかもしれない。

このような活動モニタリングには（大人数を対象に行われた場合）、精神異常と相互に関係する、驚くような新しいパターンが見つかる可能性さえある。自分が不安を抱えているのは不器用だからだと思っていても、実は友人の動向をフェイスブックでこまめにチェックしているせいだったりして。

ソーシャルメディアにハマっていることは、特定の遺伝コードの若干の上昇を見つけるよりも診断は容易だが、必ずしもかかりつけの医者に話すような情報ではない。臨床的意義が見出されていないものに没頭する、個人や集団によるさまざまな種類の行動があるか

もしれないのだ。ウェアラブル・コンピューターの人気が増してくると、医者に対して全体像をもっと（しかもより正直に）伝えられるようになるかもしれない。歯医者へ行き、親しげに会話を交わしたものの、ウェアラブル・コンピューターのせいで、歯磨きを行う頻度がバレてしまうというステキな未来を想像してみよう。

　つまり、プライバシーの問題が多少存在するものの、あなたに関する正確な情報──読んでいる本や運動の程度から、尿に含まれる分子の量まで──を得ることが、自分の現在の健康問題を知り、今後抱えるかもしれない健康問題を予測する手段となる日が来るかもしれないのである。

心配なのは……

　現在もこれからも、大きな問題なのがコストだ。先に挙げた嚢胞性線維症の治療薬イバカフトルは、アメリカではほんの数千人しか使用しないだろう。そうなると、規模の経済が見込めない。そのため、この治療薬は年間で 30 万ドルほどかかる。きわめて安価で一般化した薬物の製剤方法が出てこない限りは、利用者があまりに少ない製品のコストを下げるのは難しいのだ。

　別の懸念に、これらのデータによる人間の心理面への影響がある。あなたには心気症の親類はいないだろうか。その人が自分の体について百科事典並みのデータをもっていて、47 個もの測定基準に悩まされている証拠があるとしよう。そう、感謝祭の気まずいおしゃべりも、データにもとづくものになる。

　それからもちろん、プライバシーのこともある。この問題についてさらに知るため、私たちはライス大学のカースティン・マシューズ博士とダニエル・ワーグナー博士に話を聞いた。この二人のことは気に入った。20 歳の若者たちに倫理を教えようとしているのだ

から、それだけでもユーモアセンスの持ち主である。

マシューズ博士はこう述べた。「プレシジョン・メディシンが機能して本当に役立つものになるには、自分の遺伝的特徴を自分の記録と結びつける必要があります。記録とは、人生において起きたことのすべてです。ケガや周囲の環境、遺伝的背景によって起きたことなど……それを行うと、匿名性はもはや存在しなくなります」

つまり、雇い主になるかもしれない人とか、健康保険や医療保険を販売している企業は、個々の人について知ることができ、その人が精神病や衰弱性疾患にかかりそうなのかがわかるわけだ。そういう人々や企業は健康情報を入手できなくても、個人のソーシャルメ

ディア上の存在を分析するだけで、精神状態に関する結論を導き出せるかもしれない。インスタグラムの写真セレクションからうつ病を見て取ることができた先のグループは、ツイッターの投稿を分析することで、うつ病や心的外傷後ストレス障害（PTSD）も感知できた。その分析は、正式な診断が下される何ヵ月も前に、臨床結果を予測した。あなたの公共の場でのふるまいも、個人的な健康情報を明かしているかもしれないぞ。

　生命保険や健康保険が成り立っているのは、誰がいつ病気になるとか命を落とすといったことが前もってわかりづらいからだ。こう考えることは多くないだろうが、保険は数学的ツールなのである。千人の配偶者が生命保険をかけていたとして、毎年何人かは予想外の死を遂げる。配偶者を早くに亡くした人たちは、保険にかけた額よりも多くのお金を受け取る。配偶者が老年まで生きながらえた人たちは、受け取るより多くの額を払うが、配偶者を長生きさせることになり、そのことが失った現金を埋め合わせる（と望んでいる）。要するに、幸運な者が不運な者を支えているのだ。

　医療がますます個人化されると、この保険システムの維持はどんどん困難になる。被保険者全員が遺伝子型を登録させられるという時代が来るかもしれない。有利な遺伝子型をもつ人は保険料が下がり、不利な遺伝子型をもつ人は保険料が上がるのだ。幸運な者はより幸運に、不運な者はより不運になるというわけである。

　このリスクを減らすため、アメリカ議会は2008年に「遺伝情報差別禁止法」を通過させ、このような種類の差別は違法だとした。医学的問題を生じるような遺伝的素因をもっているからといって、雇い主はあなたをクビにはできないわけだ。同じ理由で、保険会社もあなたのことを保険の適用範囲から外すことはできない。ただ、過度の医学の知識にあふれた社会に暮らすことの意味には、誰もが向き合っていかなくてはならない。「データを守るためではありま

せん」と、ワーグナー博士も言う。「データの影響から人々を守るためなのです」。例えば、攻撃性を表しやすい遺伝的素因をあなたがもっている場合、あなたが就くことを認められるべきでない仕事はあるのだろうか？　また、あなたの周囲の人には、そのことを知る権利はあるのだろうか？

　アメリカ政府は、遺伝に関するあらゆる差別を違法としたわけではない。その一例として、「ジェネティック・アクセス・コントロール」というアプリを紹介しよう。これはギットハブ上で入手できた。このアプリが 23 アンド・ミー社（自分のゲノム配列を調べてくれる民間企業）のゲノムデータにアクセスすると、そのデータを用いて、ユーザーによるウェブサイトへのアクセスが制限されたのだ。このアプリの開発者が提案する比較的害のない使い方には、女性専用サイトのように、「安全な場所」を作り出すことも含まれている。だが、もっと悪意ある目的で利用されうるのは、想像にかたくない。ある肌の色の人たちだけが訪れることができたり、遺伝的な欠陥をもたない人たちだけがアクセスできたりといったサイトが考えられる。さらには、もっと当たり障りのない使い方でも、問題は生じる。

アイデンティティーとは遺伝的であり、文化的でもあるからだ。体はずっと女性でも XY 染色体をもつ人や、遺伝子上締め出されてきた女性以外の人たちのグループは、そのような状況に対処する方法を決める必要が出てくるのである。

　23 アンド・ミーは、このアプリによるそのようなデータへのアクセスをすぐにブロックしたが、こういった問題は近いうちにまた現れることだろう。

　しかも、事はあ・な・た・個・人・の遺伝情報にとどまらない。あなたは母親と父親から、ゲノムを半分ずつ受け取っている＊10。つまり、自分のゲノムを公開すると、両親のゲノムを半分ずつ明かしていることになるのだ。もっと言うと、あなたが遺伝情報を公開するたびに、あなたの血縁集団に存在するすべての人たちの匿名性をある程度、損なっているのである。あなたが双子だとして、もうひとりが行政官庁に勤めていると考えてみてほしい。そのあなたに、統合失調症を発症する遺伝的なリスクがあると判明した場合、その情報を明らかにする社会的義務は、あなたにあるだろうか？　子どもとしてそれを隠す義務は、あなたにあるだろうか？

　プレシジョン・メディシンの潜在的な利益は莫大だが、潜在的な損害も同様である。プレシジョン・メディシンの時代へと容赦なく進んでいくなかで、技術がますます進化を遂げる社会におけるプライバシーの意味を、しっかりと考えるべきだ。

　ただ、生物学的データから見つかるであろう医学的秘密のほうが、プライバシーよりも重要だと考えている人たちもいる。

　チャーチ博士が始めた「パーソナル・ゲノム・プロジェクト」＊11 は、いわばオープンアクセスのゲノムデータの保管庫だ。参加者に匿名

＊10　自分のゲノムデータを入手すると、不愉快な真実が明らかになる恐れがある点には注意が必要だ。自分の実の父親は、あなたを育ててくれた人ではなかったなどということも。

性がないことがはっきりと謳われており、事実、個人データとゲノムデータを結びつけた場合に、個人の特定はさほど難しくないことがウェブサイト上で明確にされている。

　パーソナル・ゲノム・プロジェクトについて私たちに話してくれたのはスティーヴン・キーティング博士だ。ロボットによる建設の章にも出てきた人である。

　博士は、住宅建設用のロボットトラックについて調べていた際に、自身に脳腫瘍があることが判明した。そこで、摘出手術を受け、その腫瘍のゲノムを分析してもらったのだ。保険に絡んださまざまな理由のせいで、自分の腫瘍に関する医療および研究データを入手するのに苦労したという。それ以来、博士は医学界に対しても患者自身に対しても医療データをオープンにし、入手しやすくすることを主張するようになった。

　キーティング博士はパーソナル・ゲノム・プロジェクトに期待していた。「自分のゲノムを提供したい場合は、テストにパスしないといけません……［それによって］自分が負う責任を理解することになります。私はこの方法がいいと思っています。なぜなら、自分のデータを今明らかにしても、今後10年間で起こることは誰にもわからない——それが遺伝学というものだからです。次のリストをよく読んで、承認する必要があります。『私は以下の点について了解しました——自分のDNAの一部が犯罪者によって複製され、犯罪現場に仕込まれる可能性を。自分にだけ作用する、自分専用に仕立てられたウイルスが将来的に作られる可能性を。この情報が漏れて、それがなぜか家族にも伝わり、彼らが見たくもないものを目に

＊11　パーソナル・ゲノム・プロジェクトは、現在はオープン・ヒューマンズ財団の一部となっている。openhumans.org から大量のデータ（例えばフィットビットを通じた体の動きのデータや、μバイオームを通じたマイクロバイオームのデータ）をアップロードでき、そのサイトを通じて、データを研究者と共有できる。

する可能性を』。これらについて了解する必要があるのです。そうして承認したら、提供できます……。それぞれの人が自分の負う責任を理解していることが重要なのです。その人自身のデータであり、これを行うのはその人自身の選択なのですから。私の考える潜在的な利益は潜在的なおかしな問題よりも相当に大きなものなので、これこそが医療の将来だと、すっかり納得しているのです」

世界はどう変わる？

　中期的には、プレシジョン・メディシンの技術は高価な状態だろうが、長期的には、以下のことにより、医療費を下げる可能性がある。

　・重篤になる前に病気を見つける
　・正しい治療法を即座に選択する
　・遺伝子疾患を緩和ではなく治す
　・少ないお金でより多く生産するコンピューター関連産業の傾向
　　を活用する

　フェイスブックなどの事業はユーザーに対して、各人から提供されたデータと引き換えに多くのサービスをもたらす。医療データの価値を考えると、ユーザーとバイオ企業の間で、似たような取り決めを結べるかもしれない。実際に、グーグルの持ち株会社であるアルファベットは、病気関連のバイオマーカーの特定を試みる「ベースライン・スタディ」というものに、すでにかなりの投資を行っている。その長期的な計画は不明だが、私たちの消化管のグーグル・ストリートビュー版を作り上げることが狙いなら、彼らがどのようなデータを必要としているのであれ、いやいやながらも渡す心づもりだ。

　プレシジョン・メディシンで最もドキドキさせられる効果のひとつは、医学的な臨床試験の実施に関するものである。例えば、エクスプロダノールという抗がん剤があるとする（実在しない薬）。治験では、患者の6分の5が完治し、6分の1はその薬を摂取すると同時に爆発してしまった。この場合、次のアメリカ食品医薬品局（FDA）の会合はやや気まずいものになるだろう。

　だが、爆発する患者と爆発しない患者との違いに気づいたとしよう——爆発する患者は全員が、特定のマイクロRNAマーカーをもっていた。そのことにより、ユーザーをランダムに殺していた（ように見えた）ため、以前は利用できなかったこの薬を摂取できるようになった。その結果、患者の大部分をみごとに治療できたのである。もし、患者の6分の1を爆発させたければ、錠剤で実行可能だ。

　ゲノム（genome）、マイクロバイオーム（microbiome）、メタボローム（metabolome）、その他たくさんの「-ome」を入手してさらに進めていくと、治験用のきわめて特殊な患者カテゴリーを作ることができるかもしれない。これは三つの理由で成功するだろう。

（1）より少ない人数で、統計的に意義のある治験を行うことができる
（2）安全な薬とみなすために、全員か大半の患者に効く必要がない
（3）安全面から棚上げにされていた古い薬を、特定の患者のカテゴリーにのみ用いる目的で、市場に戻すことができる

　例として、ほとんど知られていない事実だが、ライム病にはワクチンが存在する。このワクチンを利用したところ、関節炎に似た症状を訴える人がごく一部に出たため、市場から引き上げられたのだ。つまり、おもしろいことに、2016年時点で、あなたのワンちゃん

のミトンはライム病のワクチンを受けられるのに、あなたの息子の
ミトン君はこれを受けられないわけである。

　可能性は高くないが、このワクチンに対する反応がよくなかった
人たちが、マイナスの副作用を生じる特徴を共有していることは考
えられる。そういう人たちをうまく選別することができれば、この
重要なワクチンを消費者の大多数が手にできるだろう。

　現実には、もっと複雑になると思われる。その一部の人たちは、
単にプラシーボ効果が出やすい人たちだっただけなのかもしれな
い。ただ、安全面の問題から市場に出なかった薬の多さを考えると、
このような結果も期待される。一方で、生物統計分析が向上すれば、
現行の薬にも難病向けの新たな使い道が見つかるかもしれない。や
や眉唾と思われるかもしれないが、そうなった場合の効果は絶大だ。
現在のところは、新薬を市場に出すのに 25 億ドル以上かかってい
て、その段階に至らない薬も多いのである。

　この件に関して私たちが目を通した本の中に、「代替医療」の治
療法を論じたものがあった。これには、疑い深い私たちも眉をひそ
めたが、その著者は「薬理遺伝学における CYP2C19 の応用」や「蛍
光 *in situ* ハイブリダイゼーション」という、笑えるほど不自然なも
のを次々と取り上げていた。その著者は先へ進む前に、興味深い点
を指摘した——効き目がまったくないとして昔の治療師たちが隠し
持っていたものは、特定の患者のために作り出したものだったとい
うのである。

　タロットカードは、実際はまったく当たらないというちょっとし
たマイナス面があったが、「あなたのような人の問題点」ではなく、
「あなたの問題点」と告げるしくみは、おおいに心を動かすものに
違いない。魔法の治療を提供する人は、「私には問題点がわかり、
それを治すことができる」と進んで告げてくれる。しかし、科学的
根拠にもとづいた医療は、問題点が常にわかるわけではなく、たと

えわかっても、望みがないこともある。プレシジョン・メディシンとは、魔法の時代の夢をもたらし、科学の時代にそれを現実のものにする方法を与えてくれるかもしれない。

9 章

バイオプリンティング
新しい肝臓がすぐに印刷できるのに、
どうしてマルガリータ 7 杯でやめちゃうわけ？

　想像してみてほしい。ある朝、目覚めたあなたは疲れを感じていて、気分も悪かった。吐いたあとで鏡を見ると、目も肌も変に黄色くなっている。息子に電話したところ、病院まで急いで連れて行ってくれた。数時間後、担当医は深刻そうな表情で話を切り出した。

　あなたには新しい肝臓が必要です。

　「そうなのか」と、あなたは思う。「肝臓を手に入れるのは、どれぐらい大変なんだろう。肝臓をもっている人なら山ほどいるけど」。そこで看護師に目をやる。ダメだ……小さすぎる。次は医者を見る。ダメだ……年を取りすぎている。今度は、目を輝かせながら息子のことを見る。息子は首を振っていた。

　「リトルリーグの試合を、もっと見に来ておくべきだったね、パパ」

　つまりは手詰まりだ。これであなたは、現時点で 12 万 2000 人以上が並んでいる臓器移植待機リストに加わることになる[*1]。それでも運がいいことに、肝臓を求める列に並んでいるのは、ほんの 1 万 5000 人程度だ。

　あなたの居住地、健康状態、年齢、その他の要因に応じて、この

[*1]　アメリカ在住の人が臓器提供を行うには、事前に本人の許可が必要となる。つまり、何もしないと、あなたの命が奪われたらあなたの臓器も一緒に死んだことになる。あなたが亡くなったあとどこへ行くことになろうが臓器は一緒にもっていけないのだから、ご自身の倫理的見解が侵害されない限りは、提供を許可しておくことをお勧めする。

順番待ちリストには数ヵ月から3年ほど載ることになる。肝臓は状態が一番ひどい人のところへ行くケースが多いので、つまりあなたは、さらに悪い状態にならない限り、優先権は与えられない。だからといって、肝臓を早く手に入れようと、アルコールを浴びるように飲むのは厳禁である[*2]。

リストに載っても、必ずしも肝臓の提供が間に合うわけではない。臓器を待ちながら、毎年8000人が亡くなっている。

ここで、あなたのことを比較的裕福なアメリカ人としてみよう。その場合には、もっといい選択肢があるはずだ。「医療観光客」となってどこかよその国へ行き、お金を払えば、第三者に肝臓を「提供」してもらうことも可能なのである。

その肝臓の出どころについては、よく考えたほうがいいかもしれないし、考えたくないかもしれない。例えば中国へ行った場合、その肝臓は処刑された囚人のものだった可能性もある。

この臓器売買という考えをあなたが受け入れ、その臓器が自主的に提供されたと承知したとしても、「自主的」の意味は考えたほうがいいだろう。そのようなケースでドナーとなるのは、借金の返済を目的とする貧しい人たちが最も多いという証拠がある。そういう人たちが、約束された額よりも少なく支払われるとか、働く時間が減ったためにさらに困窮を極めるとか、下手な手術のせいで健康を害するといった事例は多いのだ。

そのためあなたは、家族や友人の元へ戻り、肝臓をちょっと分け

[*2]　この点について、病院側は倫理的に実に難しい立場に立たされている。肝臓の供給が不足していることから、肝臓を自ら傷つけた患者の治療に関して、懸念を抱いている病院もある。その要因は二つある。ひとつは、自身の体を傷つけた患者は、必要に迫られて「正直に」病院にやって来た患者よりも、助けるに値しないとみなされることだ。もうひとつは、アルコール依存症の患者は、移植で手に入れた新しい臓器を傷つけて、移植待機リストに逆戻りする可能性が高いことである。これらの問題を正確に判断するのは難しいが、多くの病院では乱用者を除外するため、肝移植患者に「半年間の禁酒」を求めている。

てほしいと頼むことになる。肝臓には再生するというすばらしい能力があるため、まるごとすべては必要ない。「頼むよ」と、あなたは言う。「肝臓をちょっとばかりでいいんだ」

20年前の大事なリトルリーグの試合を見に行かなかったことを心から悔やんでみせたあとで、あなたは息子を説得して臓器の提供にこぎつける。が、息子は不適合と判明する。なんだ、リトルリーグの試合を見に行かなくて正解だったわけか。謝罪は取り消すぞ。

臓器提供者が亡くなるまで待てる場合でも、高価な免疫抑制剤と生涯付き合うことになるかもしれない。提供される臓器はもともと自分のものではないので、あなたの体はそれを異質なものと認識し、攻撃するよう免疫系に命じる。免疫抑制剤によって肝臓はそのままとどまることはできるものの、免疫反応を抑制することにより、あなた自身は感染の危険にさらされるのだ。

やがて、あなたはこう思う——長年にわたって、科学のために税金を払ってきたではないか。白衣を着たどこかのオタクが、真新しい肝臓のひとつでも見繕うことはできないのか？　3Dプリンターというなかなかすごいものがあると、近頃よく耳にする。健康な肝臓のコピーをいくつか作り出せるんじゃないのか？　そこであなたはアマゾンでバイオプリンティングに関する本を購入して、序文に目を通してみる。

　　細胞プリンターが真の意味で臓器プリンターになるのか、この20年以上にわたって組織工学（ティッシュエンジニアリング）の分野がめざしてきたものを手に入れられるのか、肉の味がするゼリー以上のものを作り出せるのか……それは時間が経たないとわからない！
　　　　　　　　ブラッドリー・R・リンガイゼン他 編
　　『Cell and Organ Printing（細胞と臓器プリンティング）』

クソッ。

いや、まあ、クソよりはいいだろう。実際に研究者たちは、使用可能な組織をすでにプリントすることができていて、多くの人たちがこの分野を臓器全体のほうへ進めているのだから。

実際の細胞を使って人工臓器を作るという初期の試みは、基本的には次のようなものだった。比較的しっかりした素材で枠組みをこしらえて、それに適切な細胞を吹きつける。続いてその細胞に何か栄養となるようなものを与えて、臓器が育つのを見守る。史上最恐のトマト農園といったものだ。

これはまったくうまくいかなかった。細胞の密度が十分ではなかったし、育つまであまりに時間がかかったし、初めのうちは、枠組みとなった素材がちょっと有毒だったのである。

臓器というのは、それだけ実に複雑なものなのだ。「ステーキ細胞」の塊をお皿に吹きつけてもおいしいステーキを作れないのと同様に、肝細胞の塊をペトリ皿に吹きつけることはできない。臓器には柔らかい部分もあれば硬い部分もあり、伸びる部分もあれば曲がらない部分もあるのだから。

　研究室での臓器作成がこれほどまでに難しい理由を理解するには、あなたのことについて、ちょっと話さなくてはならない。あなたの体がたくさんの細胞や体液でできているのはご存じだろう。これは間違いではないが、物質という部分が抜けている。できたばかりの細胞をひとつイメージしてみてほしい。この細胞が動き回るにはエネルギーが必要だ。行き先を伝えるには化学信号が必要である。行き先にたどり着いたら、何をすべきかを知るための環境信号も必要だ。さらには正しい場所にとどまるための構造も必要で、さもないとドロドロした肉のゼリーになってしまう。

　あなたの肝臓は、ハッピーアワーのアルコールを処理するためだけに、体の中に存在しているわけではない。化学情報の送受信、死細胞の排除、新しい細胞の獲得など、常に何かをしている。新しい肝臓を作るには、適切な環境において適切なタイミングで、適切な細胞に適切な処置を行わなくてはならない。構造を構築して機械を搬入し、それから従業員を雇うのではなく、工場を一気に作り上げるようなものだ。

　この複雑なものの再現について、ライス大学のジョーダン・ミラー

博士に話をうかがうと、こう言われた。「科学者は皿の中では細胞を育てることができますが、人体という驚くべき構造には、密度が濃くてコンパクトな人間の形が必要です。例えば、血流とガス交換を行う肺の表面積はテニスコートほどの広さがあり、それが折りたたまれて胸の中に詰め込まれています。このようなすばらしい構造の一部でも再現できない限り、臓器に代わる機能的な代替物を作り出す方法など、どうしたって存在しないのです」

それと、臓器を作ろうと頑張っていても、時間はどんどん経過する。組織の一部は通常の栄養素の供給を得られないと、ものの数時間で死んでしまうのだ。ごく薄い組織なら拡散（スポンジが水を吸い込む感じ）によって栄養素を吸収できるが、10セント硬貨以上の厚さ（約1.35ミリ）になると、これはうまくいかない。外側は生きていても、中身は死んでしまうのだ。

すべての組織を死なせないためには、複雑さをおおいに加えることになる。実際の人間の臓器では、この問題は脈管構造によって解決される——つまり血管だ。血管は、あなたもよく知っている静脈と動脈だけではない。大きな血管の端から分岐する小さな管もある。毛細血管だ。

残念ながら、毛細血管はあまりに小さいため、臓器を印刷する現在の技術を用いて、大きな血管の先にそれらを作るのは実に難しい。

臓器は作るのも難しいが、完璧なものでなければならない。仮に心臓が2分間でも止まったら、死んでしまうのだから。アメリカのメディア大手コムキャスト社の通信網が途絶えるたびに、インターネットがすべてダウンすると想像してみてほしい。さらに重要なことに、自分の新しい膀胱のエラー率が1パーセントだったら、それを受け入れるだろうか。

つまり、新たな臓器を作ろうとすると、制約が数多くあるわけだ——多くのさまざまな細胞型を使える必要があり、それらに多くの

さまざまな処置を与えないといけない。臓器を作りながら、それに栄養素をもたらす脈管構造を築く必要がある。この組み立てを行う間に細胞が死なないよう、これらのことをすべてすばやく行わなければならない。しかも、その過程で失敗が許されないのだ！

　そこでこう考える研究者が出てきた——3D印刷が答えになると。

　3D印刷を行う方法はたくさんあり、そのうちのいくつかはこれまでの章で見てきたが、基本的な考えはこうだ。なんらかの方法を用いて、ある表面の上に物質を何層も重ねていく。層を重ねていくことで、やがて三次元の物体ができあがる。一般には、これは従来のものづくりの方法より効率は悪い。例えばプラスチックの箸を作る場合は、層を重ねていって箸を作るよりも、箸の形をした型にプラスチックを流し込むほうが安上がりなうえに早い。

　一方で、3D印刷にも利点はある。従来の方法だと、違う形の箸が欲しくなるたびに、高価な型を新しく作る必要がある。これが3Dプリンターなら、機械にまったく手を加えることなく、望みの形の箸をほぼどんなものでも作ることが可能なのだ。それに、層を重ねていくので、従来のデザインでもファンキーなパターン*3でも、所要時間はほとんど変わらない。

　それに3D印刷では、さまざまな素材を組み合わせることも可能だ。単純なデスクトップ型の3Dプリンターを見たことがあるかもしれないが、それで一度に印刷できるのは1色のプラスチックだけである。これにノズルを加えていくと、もっと色が出せる。産業用の3Dプリンターの場合、増えるのは色だけではない。素材も増えるのだ。つまり、金属、プラスチック、樹脂、その他のものといったユニークな組み合わせのもの——手作業であれ従来からの方法で

---

*3　私たちのようなぶきっちょでも、片方の箸の先をファンキーな小さいお椀の形にして、もう片方の箸の先をファンキーな小さく尖ったものにすることも、たぶんできる。

あれほとんど不可能なもの——も作ることが可能なのである。

　ほかにも、3D印刷には、変わった構造のものを作り出せる長所がある。例えば、中がハニカム構造になっているボールを作りたいとしよう。これは射出成形だと無理だが、3D印刷なら比較的簡単だ。

　こういったあらゆる特色があるので、3D印刷は非常に複雑な構造のもの——人体の一部など——を作るすばらしい方法になる可能性を秘めている。3Dプリンターは原理上は、実際に機能する人間の臓器を構築するのに必要な、適切な細胞、タンパク質、化学物質、処置、それに構造要素を、すばやく作り出せるはずなのだ。

　そのうえさらに、3Dプリンターはそれぞれの患者に合わせて製品を作ることも可能である。これは便利だ。身長が1.5メートルの女性と2メートルの男性に必要な心臓は、同じではないからである。

　病院内に3Dプリンターがあると便利だ。臓器を受け取る個々の患者から採取して培養した細胞を用いることができるからである。例えば、ある人から未分化の幹細胞を採取して、それを複製して特定の臓器になる細胞にし、それらからできた臓器を患者に移植することができる。そのような臓器なら、臓器移植の際に通常生じる拒絶反応は起こらない。

　3D印刷は、『スター・ウォーズ』のミニチュア印刷に躍起になっている、お金があり余った変わり者のためのものという印象があるかもしれない。そういう者もいるが、多くの人たちはもっと可能性に満ちたプロジェクトに関わっており、生体構造の再生に興味のある人たちが作り出したのが、バイオプリンティングという分野なのである。

　3Dバイオプリンティングを行う方法はたくさんある。ここでは、特に一般的な方法を二つご紹介しよう。「絞り出し」と「レーザー（LASER）」だ。

　最初の技術については、基本的にはフロスティング・ガン（ケー

キなどの飾り付けをするための銃の形をした道具）のしくみと同じである。ただしこの場合は、臓器を作り出す細胞と化学物質からなるバイオインクを絞り出すことになる。それらがノズルからゆっくりと出てくるようにサポートするゲルも必要だ。

　バイオインクがたっぷり入った管をセットし、圧力をかけてそれをノズルから絞り出す。コンピューター制御のアームが、適切なタイミングで適切な場所へとノズルを動かしていき、バイオインクの層を重ねていく。細胞が非常に繊細で、絞り出しはかなりそっと行うことになるので、これは実にいいやり方だ。それでも、押出を用いる技術ではどんなものであれ、流量の調整とプリントヘッドの目詰まりという問題が生じる。心臓を移植される側の立場なら、詰まった組織片を引っ張り出しながら「印刷指示はキャンセルしただろうが、このクズ！」と叫ぶ、医療技術者の姿は目にしたくないだろう。

　別の問題としてスピードがある。細胞を印刷しているわけだが、あまり強く絞り出されると、細胞は破裂する。それゆえ、かけられる圧力が制限され、そのためスピードも制限される。細胞は永遠には生きられないし、設置後にずれるかもしれないので、ゆっくり行

著者たちはというと……

みんなのフロスティングのイメージを壊してるかも

お肉のゼリーが増えるだけのことよ

うのは問題なのだ。

　バイオインクに入れる細胞の数を少なくして、サポートするゲルを多くすることもできるが、それだと印刷しているものが肉ではなく、肉のゼリーに近くなってしまう。

　こう考えてみてほしい。ご近所に大急ぎでトマトを届けたいが、あなたにできる方法は筒を使ってトマトを放つことだけ。トマトを守るためにゼリーで包んでもいいが、あまり強く放つと、ご近所の壁に当たったときに弾けてしまう。実は、トマトを届けるためにそれほど急ぐとなると、筒にかける圧力を増やすしかなく、その場合もおそらく、硬さの足りないトマトはいくつかつぶれてしまう。

　これはゲルに包まれた細胞の場合でも同じである。このような方法だと、二者択一となるのが普通だ。ゲルに包まれた細胞の密度を取るか、押し出されるバイオインクの速度を取るかである。

　そういうことなら、代わりにレーザーを使うのはどうだろう？

　レーザー誘起前方転写（LIFT）のしくみは、油の引火に似ている。いや、本当だよ。　油に引火したときは、水をかけてはいけない理由は知ってるよね。

　油に引火した場合、基本的には表層が燃えている油のプールになる。これに水をかけると二つのことが起こる。ひとつ目は、油の密度は水よりも低いので、燃え上がる油は下へ行かずに上へ行くため、消し止められない。二つ目は、水の沸点が100℃であるのに対し、油の沸点はおよそ300℃であるため、燃え上がる油という外皮でできた風船のようになり、その中で水がものすごい速さで膨らんでいく。その結果、大爆発して、燃え上がる油の粒があらゆる方向に飛び散り、家を焼き尽くして、せっかくのパンケーキパーティを台無しにしてしまうのだ。

　LIFTも似たようなものなのだが、規模が小さく、しっかりコントロールされている。透明な板を用意し、その上にバイオインクを

塗る。そしてその板の裏側からレーザーを照射する。こうすると、バイオインク内に小さな蒸気の泡ができて破裂する。その結果、バイオインクの小さな点が噴出されて、受け手となる板へと飛び、塗ってあったバイオインクには空白ができる。

　レーザーをこのように繰り返し照射していけば、バイオインクの点で複雑な模様を描くことができる。この点の層をどんどん増やすと、フロスティング・ガンの方法と同様に、3Dの形を構築できる。バイオインクの点は理想的ではないかもしれないが、十分に小さく、かつ十分な量にできたら、画面上の画素のようになる。小さな点がいくつも集まって、連続した大きな全体になるのだ。

　この方法は複雑すぎるように思われるかもしれないが、いい点はたくさんある。詰まるノズルはないし、結果はきわめて正確だし、細胞が弾けないように、調整して適正な量の圧力もかけられるのだから。こうなると、レーザーが裏面を動くのと同じ速さで印刷することが可能なのだ。

　バイオインクによる印刷法に詳しくなったと思うので、バイオインクの材料についてもう少しお話ししたい。ほとんどのシステムにおいて、バイオインクを印刷可能状態にするには、多くの代償を払わなければならない。その理由を理解するため、3D印刷されたクッキーを作るところを想像してみてほしい[4]。3D印刷のクッキーを作れる道具をもっていても、店で買ったクッキーの生地をむんずとつかんで、それを3Dプリンターのフロスティング・ガン部分に突っ込むわけにはいかない。生地が分離するかもしれないので、乳化剤を加える必要がある。塊が詰まるかもしれないので、チョコチップ、ナッツ、レーズンは取り除く。生地が均一でないと不細工なクッキーになってしまうかもしれないので、入れる前に死に物狂いで混ぜる。

---

[4]　これは実際に行われた。私たちに試食する権利は与えられなかったが、見た目は問題なかった。

それが済んでようやく、完璧に押し出すことができる生地になるが、見た目も味もひどい。クッキーを印刷する一番の目的は、おいしいクッキーを作ることである。だが、こういった制約が加わってしまうと、その目的を達成するのが非常に難しくなるのだ。

　同様に、うまく印刷しようとしてバイオインクに何かを加えても、きちんとした臓器になる能力を減じることになりかねない。うまく押し出されて細胞を守るような、ちょうどいいゼリーの状態にさせる必要があると思って、アルギン酸塩を加える。バイオインクはすぐに蒸発してほしくないので、グリセリンを加える。カンペキな渦巻き模様にしたいと思い、クールエイド（粉末清涼飲料水）を加えるというように。

　あなたが何を加えようが、こういったものはどれも本物の肝臓には存在しないので問題だ。つまり、あなたが加えるものは中毒性がなく、役目を果たしたら消えてなくなる必要がある。一方、消えてなくなったあとでも、正しい構造は残らなければならない。

　ある研究グループは、こういったバイオインク用の補助物質を用いずに、プリントされたあとは細胞が自力で大量の化合物を生成するというバイオプリント方法を考え出した。それでも、アルギン酸塩のような補助剤は、いまだにごくごく一般的である。

　仮に完璧なバイオインクがあったとしても、ひとつのバイオインクでは十分ではない。まったくだ。臓器には数十の細胞型が存在し、果たす目的によってさらに区別されるのだから。

　そのため、さまざまなインク、そしてそのブレンドが必要になる。押し出されたバイオインクには、さまざまな処置も必要だ。特定の化学薬品を加える、紫外線を放射する、少しだけ熱するなどといったことである。これらをすべて、順番や量をさまざまに変えて試してみたくなるかもしれない。濡れたキャンバスに印刷したら、バイオインクがにじんでしまい、悩みの種が増すこともあるだろう。

まさに血のにじむような思いをするわけだ。

これだけでは足りないとでもいわんばかりに、この分野で深刻な問題となっているのがソフトウェアである。3D印刷が始まったのは1980年代だった。現在、最も一般的な3Dファイル形式はSTLファイルだが、これはもともと3Dの物体の表面のみを扱う設定だった。あなたの新しい肝臓の場合、その中に何かがあることが重要になってくる。バイオプリンティングの科学者たちは次善策と新たなファイルタイプを作り出したが、合意された最新の枠組みはまだ存在していない。それができるまで、私たちは80年代から抜け出せないのだ。

要は、バイオプリンティングはかなり大変ということである。それでも、解決が不可能ではなさそうなのはよい知らせだ。科学者たちはすでに取り組みを行っており、コンピューターも3Dプリンターも、臓器に関する私たちの知識も進展をみせているのだから、実現に一歩ずつ近づいているのである。

＊5　1980年代に活躍したイギリスのバンド。

それで、現状は？

　現在のところ、厚さ約1ミリの細胞の板を印刷するのは、ほぼうまくできている。これ以上厚くできていないのは、血管の印刷がまだ不完全だからで、細胞へのインプットも細胞からのアウトプットも、拡散によって行われているのだ。だが実は、臓器の薄い板でも、驚くようなことができる。

　ガボール・フォルガクス博士は、薬物検査用にヒト組織を印刷しているオルガノヴォ社の創業者である。候補となる薬を生きている人で試す前に、生きているヒト細胞で試験できることにより、多くの人命とお金の節約になる。フォルガクス博士はこう話した。「候補の薬がうまくいかなかった場合──人間の肝臓の一部においてとしますが──そうなったら、その薬を患者に投与し始める前に、考え直したほうがいいでしょう」

　これは本当にたいしたものだ。人間による治験の段階をクリアする薬は、10個に1個程度なのである。臨床試験に入る前に、どの9個がだめかわかれば、命は救われ、苦しみは減り、治験にかかる数百万ドルを節約できる。

　ヒト細胞の薄い板を育てられることがすごいというのには、別の理由もある。取り替えの必要があると思われる人体の各部位の多くが、実は非常に薄いものなのだ。

　さほど遠くない未来に、薄い板の臓器関係の屋外市場に足を踏み入れる場面を思い浮かべてみよう。そこにはキャディー・ワン博士がいる。新しい角膜を作れる人だ！　こちらにいるのはジョナサン・ブッチャー博士だけど、ブッチャーという名前は気にしなくていい──彼も心臓弁を作れる！　通りの先にいるポール・ガテンホルム博士が作ってくれるのは軟骨の塊だ。これらはどれも役に立ち、しかも非常に薄い。

　ところが市場の遠端では、何人かの臓器専門家がぶっといものをくれようとしている*6。

　厚みのある臓器を印刷するためには、血管が印刷できなければならない。ジョーダン・ミラー博士の研究室では、血管の 3D バイオプリンティングを行っているが、進め方は逆向きだ。以下がミラー博士の説明である。「私たちは砂糖を印刷して、それをゲルで包みます。それから砂糖をすべて溶かして取り除いたら、空洞のチューブが連続してつながった（インターネットのような）ものができます。そのあとで静脈細胞を流し込むと、それらがチューブの壁に貼りつくのです」

　私たちが「驚異のお砂糖パラダイム」と呼ぶものは、二つの異なる手法によって成し遂げられる。彼らが開発した第一の手法は、「レップラップ（RepRap）」[QR コード参照] というオープンソースの 3D プリンターを使う。いくつかの部品はトースターから取って、多少の改良を施したものだ。ミラー博士のトースターは人命を救う。ウチのトースターはパンをカリカリに焼く。

　レップラップをベースにしたモデルは、フロスティング・ガン・スタイルのデザインで、特別に設計されたドロドロの砂糖が押出成形される。これは（興味のある人には）もちろん食べられる。

　第二の手法は「砂糖焼結法」というものだ。

　焼結という単語は、通常は産業上の工程のことをいう。粉末金属の層を並べ、それを熱（例えばレーザーなど）を使って固体にするのだ。これを非常に正確に行うと、3D 印刷の方法として用いることができる。可動式レーザーを使って粉末で形を「描き」、さらに粉末の層を追加して、また描いていく。フロスティング・ガンの方法の場合と同じく、層を重ねることで、事前にプログラムされた

＊6　別に性的な意味はなく、私たちは当初、この比喩がどれほどおかしな意味をもつか、気づかなかった。

3D の形ができあがる。

　ミラー博士の場合、この粉末が砂糖なのだ。この砂糖が、レーザーが噴射された部分を結びつけていき、層が十分に重なると、正確な砂糖の像になる。

　この砂糖焼結法は、血管用の枠組みを印刷するときに、おおいに役に立つ。焼結は通常、3D の物体を作る方法としては、押出よりもはるかに正確だ。ミラー博士が求める複雑な構造を形成する場合には、重要な要素である。

　それから、押出をベースにした 3D 印刷の方法だと、ある層を支えるのは、その下にある層となる。このため、ぶら下がる部分がある物体の 3D 印刷は難しい。大きな振り子時計を下の部分から印刷していくと考えてみてほしい。振り子の下の部分は、上の部分を取り付けるまで、宙ぶらりんになってしまうのだ。

　砂糖焼結法では、このぶら下がった部分は、あなたが層を重ねていく際に、周りにある粉砂糖によって支えられる。構造が固まり、自分で支えられるようになると、粉砂糖による支えはさっと吹き飛ばされるのだ。

　ミラー博士と研究チームは、なかなか期待のもてる結果を出している。これまでに、厚みのある血管を印刷しており、すごいことに、まるで人体にあるかのように機能するのだ。血液が押し流されるときに血管にかかる圧力にも耐えられる。しかもこれらは毛細血管を伸ばし始めている。自らだ。

　ミラー研究室はこの技術の探究を始めたばかりなので、このステキな血管をもつ肝臓が豊富にある世の中で私たちが暮らせるようになるのは、もう少し先になるだろう。それでも、よりよい未来に向けた重要な一歩ではある。子どもの頃からビールを毎晩 10 缶以上飲んでも肝臓のことを気にする必要はなくなり、家族や友人に迷惑をかけることだけ心配すればよい未来に。

　一方、もっと単純な体の部分について、興味深いことが起こり始めている。例えば軟骨は、肝組織よりも厚く印刷できる。なぜなら軟骨は、栄養素を得たり老廃物を取り除いたりするのに、血管ではなく、ゆっくりした拡散を利用しているからだ。プリンストン大学のマイケル・マカルパイン博士の研究グループが3D印刷したのは、「サイボーグ耳」である。耳の肉の部分は、軟骨（ふくらはぎの細胞を用いて作成）とシリコンを組み合わせたもので、コイル状のアンテナが聴力を得るために耳の中に仕込まれている。

　確かに、心臓や肝臓と比べると、耳はそれほど複雑ではない。それでも、この方法は重要な点を示している。もともとの器官を完全に複製しなくても、成功となるのだ。そもそも器官の複製は、最も野心的な目標ですらない。

　フォルガクス博士はこう話してくれた。「よい点は、自分たちの体にある構造をコピーする必要がまったくないことです。血液を送る一番優れた装置が心臓だなんて、誰が決めたのでしょう？　また、毒を取り除く一番の濾過器は腎臓だなんて？　どちらも非常に高度な構造ですが、それらが果たす非常に明確な機能は、バイオエンジ

著者たちはというと……

ミラー博士の
ぶら下がっているモノを
冗談にしちゃダメよ！

なんでだよー

ニアとしての私たちにもなんとかまねられそうです。私たちが手がけている器官は、人間とまったく同じ構造をもつ複製物ではありません。初期胚から発達していく生物と同じようには作られないからです。それでいながら、私たちの器官ほどではないにしても、同じように機能するのです」

心配なのは……

　私たちは、ここに記してきた技術の危険性をはっきりと突き止めようとすることが重要だと考えてはいる。しかし正直なところ、人工器官、および、そのおかげで臓器移植待機リストから何十万もの人々が外れることに関して、倫理的問題があると指摘するのは本当に難しい。懸念があるという意味では、あらゆるバイオテクノロジーに共通する問題であり、その特殊な形というだけだからだ。

　例えばお金持ちは、より多くの臓器への特権的アクセスを得られる可能性が高い。最初の頃は特にそうだ。医療観光により、これはすでに現実となっている。現状は、貧しい人の体が臓器を印刷する機械になっているわけだ。

　バイオプリンティングに限った話ではないが、特許に関して、別の重要な問題がある。アップルによるｉレバー（肝臓）が、マイクロソフトによるＸレバーをはるかに上回るとしよう。アップルは自社製品の特許権をどれくらいもち続けるべきだろうか？

　臓器印刷には、幹細胞にまつわる倫理的問題が生じると思われるが、少なくともこれまでのところは、大きな倫理的難題にはなっていないようである。幹細胞に関する最も倫理的な問題は、胚性幹細胞（ＥＳ細胞）の使用に関するものだ。だが、バイオプリンターに使われる幹細胞は主に多能性幹細胞で、これらはＥＳ細胞に似ているものの、患者由来のものである。

　バイオプリンティングに特有のいくつかの懸念もあるが、どれも私たちにはかなり軽めに感じられる。一例に、印刷された臓器は、印刷時に細菌がつくのではという懸念がある。理論上、そういった細菌は、そもそも肝臓などに入り込むような種類のものでは絶対にない。したがって可能性は低いものの、3D印刷された臓器が新たな病気を体内に持ち込む恐れは存在する。ただ、滅菌された外科技術で手術時に体に細菌が入らないようにしているはずなのと同様に、バイオプリンティングの研究室の無菌操作でも、印刷される臓器に細菌が入らないようにしているはずだ。

　さらには、社会的な問題もある。経済学者が言う「モラルハザード」というものだ。この考えでは、行儀悪くしてもいいという状況に人を放り込むと、その人は行儀が悪くなる。（近年の）典型的な例が銀行家だ。自行にとってまずい状況になった場合でも救済措置が得られるからと、馬鹿げた貸付を行っている。

　それと同じように、自分の臓器のことを気にかけない人は、セックス・ドラッグ・チーズバーガーといった、かなり危険な行動に出るかもしれない。おそらく遠い未来には、それが問題になる可能性

もあるが、私たちにはそうならないように思われる。肝臓手術は必ずしも楽しいものではないし、安くもない。しかも、肝臓移植が必要だと知る過程も、一般に楽しくないからだ。

要は、銀行家が救済を得るのに体の穴という穴を広げなければならなくなったら、危険な貸付を繰り返すことに二の足を踏むかもしれないということだ。あとは議会でどうぞ。

世界はどう変わる？

アメリカでは、平均すると、ほぼ1時間にひとりが臓器が手に入るのを待ちながら亡くなっている。しかも彼らは待つ間、体を動かせなくなっている場合も多い。バイオプリンティングの臓器は患者だけに利するものではない。失われた労働時間や公的医療費の部分を考えると、社会もおおいに救われることになる。

印刷された臓器により、臓器市場の必要性もなくなる。著者たちには、合法な臓器市場がよい考えなのかどうなのかについては、よくわからない＊7（違法な臓器市場がダメだということならわかる）。合法な臓器市場というのは複雑な問題であり、人命を救うことを貧しい人たちの虐待や搾取と天秤にかけている場合が多い。バイオプリンティングなら倫理的な問題をなくして、悪質なものを取り除き、臓器市場の必要性を排除できるのだ。まあ、「天然もの」の臓器だけを欲しがる臓器エリート主義者がいないとしてだが。

3Dバイオプリンティングがあれば、死体の臓器を受け取るまでに3年待たされるというような状況は、過去のものになるだろう。待つのはせいぜい、自分用の新しい臓器ができるまでであり、どこで暮らしていようがどんな健康状態であろうが、この待ち時間は変

＊7　この点を馬鹿げた話だと思われたら、このあとの「注目！」の項に目を通してもらいたい。

わらないと思われる。ミラー博士はこうも言う。「かなり前の段階から、自身の交換用として臓器を印刷し、必要になるときが来るまで冷凍保存しておく——そういうことさえ可能になるかもしれません」

　また、バイオプリンティングは自分自身の細胞を使うので、臓器の拒絶反応だとか生涯にわたる免疫抑制剤の服用ということは、もはや問題にならなくなる。うまくいけば、新しい臓器が手に入るだけでなく、移植後の生活の質が向上するのだ。

　さらにバイオプリンティングは、医者に、より実物に近い練習台を供給することにもなるだろう。これは大きな進展というよりも利便性の向上のようなものかもしれないが、あなたも次に手術が必要になったときには、おもちゃの人形を相手にしていた医者よりも、実物に近いもので練習していた医者のほうがいいはずだ。

　もしかすると、何よりも重要なのは、誰もが死ぬほど答えてもらいたいと思ってきた質問に、ついに答えがもたらされることかもしれない。

注目！――臓器仲介市場

　現代の市場のしくみはシンプルだ――欲しいものがあれば、それに対してお金を払う。お金のよいところは、商品と労働を普遍化する点だ。カプチーノを買いたいときに、バリスタのアパートを掃除すると申し出たり、大量のニンジンをあげたりする必要はない。

　ただ、恋愛や臓器提供のように、お金が使えない場面もある。少なくとも、お金だけはどうしても使えない場面が。そのような状況を「仲介市場（マッチング）」といい、これはかなりよく見られる。

　そのような市場でお金を使わないひとつの理由、それは……おかしなことだからだ。想像してみてほしい。恋人のところへ行き、片膝をついて、こう口にする場面を。「さあ、君のフィジカルは8で、社会性は7、僕のフィジカルは5.5で、社会性は3だ。ここにある契約書は、僕の生涯賃金の4割に対するものだから……僕と結婚してくれるかい？」

　いや、これはダメだ（でも、誰かにはぜひやってみてほしい。そして、そのときの様子を映像に残すよう、心からお願いしたい）。

　そうじゃなくて、正しい相手を見つけるしかない。だから「仲介市場（マッチング）」という。車やサンドイッチを買うことと比べて、恋愛が魅惑的な体験であると同時に、おおいに悩みの種であるのも、それが理由だ。ミートボール・サンドイッチを買おうとするたびに、サブウェイのお店でチーズを削る女性店員に対して詩を書かなくてはならないとしたら、どうなることか。

> 私を見てあなたの愛はますます強くなる
> やがて別れねばならぬ私に、パンではなくトーストを
> 　　（シェイクスピアによるソネット73番を改変）

歴史的に見ると、どの市場がより金儲け主義で、どの市場がより仲介主義なのかは社会によるもので、さまざまな文化がそれぞれに作り上げてきた。スタンフォード大学のアルビン・E・ロス博士〔ノーベル賞受賞者で、『Who Gets What（フー・ゲッツ・ホワット）──マッチメイキングとマーケットデザインの新しい経済学』（日本経済新聞出版社）の著者〕は、多くの市場が仲介主義である理由の説明として、「不快」という概念をもち出している。

文化的な理由から、それにおそらく生物学的な理由からも、多くの取引は、お金が絡むと不快なものとみなされる。子どもを養子に迎えるのは OK だが、子どもを買うのはおかしなこと。恋に落ちるのは OK だが、愛情のためにお金を払うのは（近代史では）おかしなことというわけだ。その他の問題はその中間に位置する──セックスにお金を払うことを受け入れている文化もあれば、忌み嫌われる行為とする文化もある。健康管理をお金で買う文化もあれば、市民の権利とされている文化もある。

ほとんどの文化では、お金を臓器と交換するのは不快なもので、臓器を提供すると偉人扱いされる。臓器の売買はその中間だが、人々を移植リストから外すのが目的なら、人の役に立つ行為となる。

仲介市場を調査したロス博士の大きな功績のひとつは、高度な臓器交換市場の構築だ。

臓器交換市場のしくみを理解するには、お金はないけれども、あるものが欲しいという人を仲介できる、ウェブサイトによる取引の流れをイメージしてみるといい。トウモロコシを大量に持っているあなたは、それを歯列矯正の実施と交換したいと思っている。トウモロコシが欲しい歯科矯正医がいたら、どちらも揃う。

だが、そうならないときの選択肢のひとつが、第三者を加えるというものだ。その人物をアリスとしよう。あなたはアリスが望むものをもっていて、アリスは歯科矯正医が望むものをもっている。そ

うなると、あなたはアリスにトウモロコシを渡して、アリスは歯科矯正医に（例えば）手術用の手袋を渡し、歯科矯正医はあなたに歯列矯正を施すというわけだ。

この取引の輪を「サイクル」という。これは単に優れているにとどまらない。この輪が完成すると、誰もが何かを与えたと同時に、何かを受け取っているわけである。言い換えるなら、すべての取引が自発的なものであり、だまされる人はひとりもいない。

このしくみはよくないものに思われるかもしれない——何かを買いたいときには、常に取引のサイクルを見つける必要があるから、などと。基本的には、いつあなたが何かを望んでも、ものすごい偶然の一致を見つけてくれるコンピューターの能力に頼ることになる。ただ、このシステムに十分な数の参加者がいて、コンピューターの能力が十分であれば、人々が望むどんな取引も可能にする、十分すぎるほどの「偶然」が生じる。

ではここで、臓器の場合をイメージしてみよう。あなたには腎臓が必要だとする。提供を申し出てくれた兄弟がいたが、血液型から不適合と判明する。一方、どこかにいる別の兄弟２人も同じ状況で、一方は腎臓が必要であり、一方は提供を申し出たものの不適合と判明した。ところが二重の偶然で、腎臓を必要とするそれぞれの者は、もう一方の兄弟のドナーになる人と適合していたのである！

そこであなたは交換に同意する。通常は、第三者は腎臓をただでは差し出さない。だがこの場合は、兄弟のために腎臓を手に入れるために、これを行う。みんなウィンウィンというわけだ。

◖ = 機能する腎臓

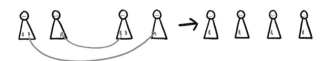

このような状況は、かなりまれだ。だが、移植リストに12万人もいるのだから、偶然はたくさんあるだろう。

臓器交換をすると、潜在的な問題が明るみに出る。心変わりした人が出た場合を考えてみよう。アリスとアンディが、バービーとビルと腎臓を交換したいとする。ビルがアンディの腎臓を手に入れるという前提で、アリスがバービーの腎臓を手に入れる。ところが、アリスがバービーの腎臓を手に入れたあとで、急にアンディが自分の腎臓を手放すことに難色を示すのだ。

これは恐ろしい法的領域の問題になる。賠償金を求めて彼らを訴えることは可能だが、文字どおり1ポンド（約450グラム）の肉の塊のために訴えを起こせるだろうか[*8]？　この問題を避けるため、臓器の交換は通常同時に行われる。ドナーはすべて同じタイミングで麻酔をかけられ、そしてすぐに交換が行われるのだ。

ただ、手配面で頭を抱える事態は生じる。大きなサイクルの場合は特にそうだ。想像上の取引で、例えば5人のドナーが別々に絡むとなると、作業を同時に行う手術チームを5組用意する必要があり、さらにそのサイクル内で臓器の調整を行わなければならない。

このようなことは起こりうるし、実際に起こる。その場合、移植リストから5人も外せるのだから、すばらしいことではある。ただ、良心的な人たちがいる場合には、もっといい方法があるのだ。

利己的で自己陶酔的な著者たちには仰天だったが、第三者に腎臓を提供し、望むのは感謝の気持ちだけという人たちが存在する。これはすごいというだけでなく、取消問題も回避している。

こう想像してみてほしい。聖人のように気高いサリーがアリスに腎臓を提供するが、これはアンディが自分の腎臓をバービーに提供すると約束したからだ。

[*8]　まあ、この場合の肉は3分の1ポンドほど（約150グラム）だが。

　ところが、アリスが腎臓を手にしたあとで、アンディが腎臓を渡さない卑劣な男と判明する。

　まあ、これは素敵な状況とはいえないが、少なくともバービーとビルは、最初の状況から悪化したわけではない。ビルには腎臓が二つともあるので、バービーが腎臓を手にできるように、別のサイクルに加わる手配をすることができる。アリスは臓器をひとり占めする嫌な男と一緒のままではあるが、少なくとも腎臓は手にできたわけだ。

　実際には、取り消すというのは机上の心配に終わることが多い。ロス博士によると、輪が切れてしまう事例は全体のわずか２パーセントで、「この２パーセントには、おじけづいて心変わりした人だけでなく、姿は見せたもののトラブルが生じたために、腎臓を提供できなかった人も含まれる」とのことだ。

　素敵なことに、聖人サリーみたいな人がいると、臓器を受け取る１組は別の１組への提供に同意するという、非常に長い臓器提供の鎖を構築することができる。

サリー　アリス　アンティ　バービー　ヒル　　カール　　ケイト　　トン　テリザベス

　原理上、この鎖は、誰かがルールを破ったり何かがうまくいかな
かったりするまで、続けることが可能だ。よって、たくさんの人が
腎臓を手にでき、しかも手術を同時に行わなくてもいい。それに、
利他主義のドナーの立場から見ると、あなたは腎臓を提供しただけ
にとどまらず、腎臓交換という大きな鎖を始めたことになるのだ！

　アメリカでの鎖の長さは平均5人だが、70人になった例もある。
つまり、聖人サリーがひとりいるだけで、多くの人生を変えること
ができるのだ。

　ただ、限界もある。必要とされている臓器の種類は多いが、仲介
市場が扱うのはほぼ例外なく腎臓だけ。腎臓の交換手術は危険性
がかなり低いからである。

　例えば肝臓の移植手術は、腎臓の移植手術よりはるかに危険だ。
ロス博士によると、肝臓提供での大きな失敗は100回のうちで1
回なのに対し、腎臓提供で大きな合併症が生じるのは5000回のう
ち1回程度だという。つまり、肝臓の交換は可能で、実際に行わ
れているものの、腎臓の交換のほうがはるかに多いのだ。

　読者のなかには、こう思っている人も多少いるかもしれない。私
たちは臓器売買市場を構築しようとしているだけなのではと。心配
はご無用。ほかの読者はみな、そういう人のことを心の中でにらみ
つけている。それどころか、その考えこそ不快なものとみなされる。

　とはいえ、臓器売買市場の概念はよく考えられていて、イランで
は実際に合法なものとして存在している。そして多くの場所では、
違法に存在している。ここでは深入りしたくないので、代わりにロス
博士の考えにもとづいた思考実験を提案したいと思う。

　現在のところ、腎臓移植によって誰かの透析をやめさせた場合、医療費の節減額（社会医療保険が負担する場合も多い）はおよそ125万ドルになる。つまり、その人に腎臓分として100万ドルが支払われても、おつりがくるということだ。しかも、これには、透析をやめた人の大幅に改善された生活は含まれていない。

　そのうえドナーには、特別な待遇が与えられることもある。新たに腎臓が必要になった場合に、移植待機リストの上位に置かれるなどだ。ロス博士は、そのようなドナーに対する社会的な特別待遇まで提案している。飛行機の座席のグレードアップや、退役軍人に対する扱いのように、身につけられる名誉の印などといったものを。

　では、この取引を間接的にすることで、不快さが減ったとしてみよう。つまり、お金持ちが貧しい人を指さして、「（臓器を）くれ」と言えないわけだ。臓器を売る人は、臓器を利他的に与える人と同じような扱いを受ける。もっとも、なんらかのお金と特典は手にするが。その人たちの臓器は、病院が用いる基準に従って、最も必要としている人に与えられる。

　そうなれば、臓器市場は、あなたが最悪だと思うようなものにはならないだろう。命を救って全員のお金を節約する一方で、大金と社会からの尊敬、さらには移植待機リスト上位の位置の確約まで手にできる制度になるかもしれないからだ。

　ここまでで、おそらくあなたは少し妙に感じてきているかもしれない。ちょっとした市場を構築し、大金を支払うことによって、この制度がどんどん不快でなくなっていくように思えるからだ。市場について考える際に常に考慮すべき重要な点は、その新しい制度が、どれだけ下品なものでも、現行のものと比べていいか悪いかということである。臓器をお金と交換する合法の交換所は異様に思えるかもしれないが、移植待機リストに載ったまま何千人も死んでいる現状よりひどいものだろうか？

　こういった市場において何が正しいかということに対する答え
は、私たちにはない。長期的には、合成臓器が可能となり、安価に
なることを望む。短期的には、希少資源をできるだけ倫理的かつ効
率的に振り分けるために、社会が最善を尽くす必要があるだろう。

10 章

脳-コンピューター・インターフェース
40 億年にわたって進化してきたのに、
鍵を置いた場所をいまだに忘れるので

　脳はたいしたものである。とにもかくにも便利である。好きなものをたくさん入れられるわけだから。意識、記憶、アイデンティティー、それに殴り書きした黒いものを意味のある文章として理解する能力なども。

　それでも、「自分の脳を気に入っていますか？」と訊いたら、肯定する答えばかりではないだろう。愛情は深いけれども文句の絶えない配偶者と同じく、今すぐにも調整したい部分を 10 や 20 は挙げられるはずだ。

　もう少し賢くなりたいとか、反射神経がよくなりたいとか。記憶力をアップさせたいというのもいいね。いやむしろ、記憶をいくつか消し去りたいかな。嫌な感情をすべてシャットアウトするのはどう？　シェイクスピア全集を埋め込んじゃうとか？　それと、あれだ、夢を記録できないかな？　本当におもしろい夢を見るんだよ。ウソじゃないって！

　原理的には、こういったことは、どれも可能だ。もっと賢くなれると思えるのは、自分より賢い人がいることを知っているからであり、もっと記憶力をアップできると思えるのは、自分より記憶力がいい人がいることを知っているからである。脳にあるものはすべて——自分の家の間取りから、夕焼けを見ているときに抱く感情まで——脳に物理的に埋め込まれたものだ。脳は物理的な機械であり、

いろいろな意味でコンピューターに似ている。それなら、コンピューターをプログラムするのと同じ方法で、脳を「プログラム」することは可能ではないのか？

　ここで気をつけないといけないことがある。歴史的に、脳を、その時代の最高に優れた技術と同一視する傾向が存在するのだ。脳は時計である、脳は油圧装置である、脳はエンジンである、などと。

　ところが、脳はまさにコンピューターのようなものだと思う、もっともな理由が存在する。いや、もっと具体的に言うと、コンピューターには脳の働きをすることが可能だと思う、もっともな理由があるのだ。時計は優れた機械だが、万能機械ではない。時計にできるのが時間を伝えることだけなのに対して、コンピューターは――折りたたみ式の古い携帯電話に入っているような代物でも――メモリに入るプログラムなら、どんなものでも動かすことができる。確かに、そのプログラムを動かすのに10年かかるかもしれないが、それでも動かせる。もし、「心」がプログラムであるなら、従来のコンピューターで動かせるはずなのだ。

　あなたの耳と耳の間に存在する、重さ約1.5キログラムのべとつ

いたものはすばらしい機械であり、何十億という細胞と何兆という結合が存在している。しかし、机の上にある金属とガラスからなる箱の長所を忘れてはいけない。従来のコンピューターの本当によい点は、変更が容易なことだ。特に、読むことも、アップグレードすることも、書き込むこともできるのである[*1]。脳に直接変化を加える方法を、科学者はすでに知っている。それには、本を開き、座り、読むという動作を伴う。

　いや、これは冗談。彼らは変更と評価を直接行う方法に取り組んでいるところだ。これは、すごいというだけでなく、次のような人たちにとって重要なこととなる可能性を秘めている。体と脳が協調しないために、コミュニケーションがとれなかったり、体がうまく動かなかったりする人。もたないほうがよい思考パターンをもってしまったりする人。さらには、努力をまったくしないで、すぐに知識を得たいという人（自分ではなんの努力もしないで禅の瞑想を学べたらすごくない？　というように）。

　コンピューターは瞑想できないし、通常は体をもたないが、脳にはないすばらしい長所がある。人間のために、人間によって考えられたものであるため、それを動かすソフトウェアもハードウェアも、私たち人間が理解できている。つまり、変更は比較的簡単ということだ。コンピューターに足し算を学ばせたければ、2足す2を1年かけて教え込む必要はない。コンピューターに新しいプロセッサーを与えれば、瞬時に「賢く」なる。

　実際の人間の脳に、そのような機能性を与えることができたとしたら、すごくないだろうか？

　実は、原始的な方法ではあるが、それはもう可能だ。しかも、その方法は急激に向上している。脳 - コンピューター・インターフェー

[*1]　ここでの「読む」と「書き込む」は、情報のダウンロードとアップロードという幅広い意味で用いている。

スというのは、とてつもなく複雑な科学と、かなり現実的な人間の
ニーズが奇妙にミックスされた急成長中の分野だ。マイクロエレク
トロニクスと強力なアルゴリズムによって、脳を読み取らせ、麻痺
した人に動きを取り戻し、年配の人の記憶をよみがえらせ、もしか
すると健康な人に人類史には見られなかった能力を与えることだっ
て可能なのである。

　さらには、脳をいくつもつなげて、巨大なスーパー脳にすること
もできるかもしれない。どうだろう、おもしろそうではないか？

それで、現状は？

● 脳の読み取り

　脳の読み取りには、その人がもっている考え、その人が行ってい
る行動を理解することが絡んでくる。例えば、この人はどんな言葉
を想像しているのか？　気分は？　足を動かすことを考えているの
か？　実際に足を動かしているのか？　といったことだ。これは、
脳 - コンピューター・インターフェースで最も研究されている部分
であり、比較的簡単ということも理由にある。私たちが、アリの大
群がアリ塚でしていることの観察（つまり彼らの行動を読むこと）
をかなり得意としているのに似ている。しかしながら、アリにまっ
たく新しいことをさせるのはかなり難しい。「HI」という単語を綴
らせる（つまり自分の行動を記述させる）などだ。私たちが脳を変
えられるようになりたいなら、そのしくみの理解が第一歩になる。

　脳との相互作用を図ろうとするとき、私たちはなじみのないコン
ピューターで作業を行う科学者のような立場になる。私たちに
USB ケーブルはないが、たとえあったとしても、スロットがない。
たとえスロットがあったとしても、情報が記号化される方法を知ら
ない。まあこれは、必ずしもそうではないが。しかしながら、脳が

なんらかの信号を出すことは知っているし、その信号と心が関連していることも知っている。

　私たちが関心をもつ主な信号のタイプは二つ――電気信号と代謝信号だ。

電気信号

「気持ち」は完全に物理的な機構である

　あなたの脳はニューロンという細胞で満たされている。このニューロンは端と端でお互いにつながっているので、脳内配線とも呼ばれる。ニューロンがコミュニケーションをとる主な方法のひとつが、電気によるものだ。ニューロンは微量の電荷を蓄えることができるため、それらを放電（別名「発射」）し、近くのものに信号を送ることができる。あるパターンでたくさんのニューロンが発射することが、思考だ。「踊っているパイの絵を見よう」と考えるときには、あなたはある特定のパターンで、ある特定のニューロンを発射しているのである。

　便利なことに、現代人には、電気活動を計測できるあらゆる種類の機械が揃っている。そういった機械を脳に向けて、検知した電気的ノイズから、考えている内容を突き止めればいいわけだ。

代謝信号

　「代謝」は、自分ではよく理解している用語のつもりでも、定義するとなると言葉に詰まるだろう。実は科学においても、かなり範囲の広い用語だ。ただ、基本的な意味は、化学物質がなんらかの形

で役に立つものに変化するということである。例えばグルコースという糖は、アデノシン三リン酸（ATP）という化学物質に変わるが、これは体内での多くの反応の動力源として用いられる。それとも、エタノールならなじみがあるだろうか。エタノールは、人生の選択ミスへと変化しかねない化学物質だが……。

「魂」とは
不要な仮説
である

代謝過程は化学変化をもたらすので、私たちにも検知できる効果が残る。例えば、10人の男性が奇妙な植物と水耕装置を持って家に入っていき、やがて手ぶらで出てきたら、地下室で何か育てているのではと推測できる。同じように、酸素化血液が脳の一部に送られ、やがて脱酸素化血液が流れ出てきたら、その脳内で何かが行われていると推測できるだろう。

　もちろん、私たちが脳から重要な信号を得たとしても、現実にはまだそれを正確に読み取れない。私がスペイン語で書かれた本を手に取って発音できても、それでその言語を話せたことにはならないのだ。脳を読み取りたければ（さらにはその信号を利用したければ）、翻訳する方法が必要である。それを可能にするのが「相関」だ。

　例えばこう仮定してみよう。哲学的唯物論者の踊るパイを目にするたびに、電気信号によってニューロンの一部の集団が光ると。

　その場合、そのニューロンの集団は、実存的不安の解決に対処していると推測して差し支えないだろう。なんといっても、パイが踊っているのだから。もっと現実に即した話をすると、右腕を動かすたびにニューロンの一部の集団が光ったら、私たちはおそらく、腕に動くように指示している脳の電気サインを検知している。このような情報は、人工装具の作成には特に役立つ。また、落ち着いている

か動揺しているか、幸せか悲しいか、集中しているか散漫かなどといった、もっと微妙なものの検知も可能だ。

　それでは、すでにある、脳を読み取る方法を詳しく見ていこう。怖がりの読者に配慮して、以下の部分は侵襲性の少ないもの（要はグロテスク度が低いもの）から順番に並べてある。読み進めるのをやめたくなったら、いつでもやめられますぞ。

非侵襲性の脳の電磁読み取り

　脳を読み取る昔ながらの手法が、脳波こと EEG である。基本的には電極のついた帽子をかぶるというもので、普通は導電性ジェルを頭に塗る。そして、脳が電気信号を発すると、EEG がとらえるのだ。

　例えば、腕を持ち上げることに合わせて、たくさんの（5万個とかの）ニューロンが動き、EEG はそれを検知する。ニューロンが周期的に繰り返される型のようなものを形成するのだ。なぜ大量のニューロン集団が（分散した少数のニューロンと対照的に）一緒に動くのかはよくわかっていないが、脳内では頻繁に起きている。都合がよいことに、一緒に活動するニューロンがたくさんある場合は、比較的安価な器具でも脳外で検知できるほど、強い電気信号が出る。

　EEG には利点が多くあるが、なかでも一番は、手術もしゃれた器具も必要としないことだ。それに EEG は、電気による検出器と同じように、かなり上質の「時間分解能」を得られる。つまり、何かを考えると脳は信号を出すが、EEG はそれをほんの一瞬で検知する。これはどんな脳 - コンピューター・インターフェースにとっても重要なポイントだ。ユーザーはリアルタイムでコンピューターに「話しかけられる」ようになりたいと思っているのだから。

　EEG の大きなマイナス点は「空間分解能」が低いことである。つまり、電気信号は検知できるが、その出どころを正確につかむの

が難しいのだ。その理由は、信号の検知を頭蓋骨の表面部分で行っているだけだからである。

何百万匹もの猫でいっぱいの巨大な球体を想像してみよう。その球体の縁には、全面に聴音器が取り付けられている。ちなみに、こんなことをしているあなたと口を利いてくれる友人はもういないだろうから、外部からじゃまが入る恐れは一切ない。

1匹の猫がニャアと鳴いても、かすかな音なので検知できない。だが、猫のパーティのようなものが開かれて、とてつもない数の猫が一斉に鳴きだすと、信号を検知する。音は即座には伝わらないため、パーティの音が、ある聴音器にはほかの聴音器より早く到達することがある。

ずらりと並んだ聴音器、球体内についての知識、そしてコンピューターによる信号処理を利用すれば、猫のパーティが始まった場所を正確につかむことができるだろう。だが、エラーも生じる。まず、いつだって猫のパーティというものは複数同時に始まるものだ。それに鳴き声には、背景音となる別の鳴き声も常に存在する。さらには、鳴き声が巨大な球体内や縁を通ると、少しひずむ。そのため、「猫のパーティが行われていたのはここだ」とは言明できず、「猫のパーティが始まったのはだいたいこの辺り」と言わざるをえない。それと同じようにEEGで（多少歯切れの悪い感じで）わかるのは、「脳のこの辺りは活動的だ」ということである。だが、そのデータの入手にも、技術的な障害は付き物だ。

ひとつには、あなたの顔がじゃまなのである。それに頭蓋骨も。あなたの顔は、まばたきなどにも電気信号を用いていて、これは重要ではあるものの、脳の読み取りにとってはお呼びではない。こういった余計な電気信号のせいで、EEGによる完璧にクリーンな読み取りができなくなる。加えて、頭は汗をかくし、頭皮が少しピクッとなっても、信号への干渉になりかねない。

　ただ、その単純さと便利さを考えると、脳‐コンピューター・インターフェースの研究にとって、EEGは非常に役に立つ。安価だし、頭に開けた穴にたくさんのスパイクを通さなくてもいいし（これについては後述）、脳信号の検知という仕事はまずまずこなしてくれるのだから。

　EEGを補完する道具に、脳磁図ことMEGというものがある。脳による電流は磁場を生じる。この磁気信号は電気信号よりはるかに弱いが、利点もある——ほとんど歪まずに頭蓋骨内を通るのだ。

　これなら、あまり脳をいじらなくても、優れた信号を得られるはずである。ただ実際のところは、現在のMEGシステムはどれも巨大だ。しかも、現行の設計に制限があるため、この装置は頭蓋骨からやや離れたところに置かざるをえない。つまりMEGは、優れた空間分解能を得られるほどには十分に近づけないということだ。

　MEGの真の利点は、EEGのニューロン検知を補完することである。神経科学者は脳をよく円柱に例えるが、これはあまり正確ではない。脳は塊だらけだし、しかもグニャグニャしている。

　実を言うと、脳がそのように塊だらけということで、EEGで集められたデータで分析しやすい部分があるのに対して、MEGのほうがうまくいく部分もある。分析が目的なら一緒に用いるほうがいいが、脳‐コンピューター・インターフェースにとっては、そうでもない。MEGは、序章で取り上げた非常に高感度の超伝導量子干渉計（SQUID）を必要とする。それが理由で、「Meg the Squid」と画像検索すると、「squid（イカ）」ではなく、脳画像に関する情報が出てくるのだ。

　また、SQUIDは液体ヘリウムで冷やさねばならず、お金がかかる。それに、この装置は非常に繊細なので、設置する部屋は地球の磁場から保護されている必要がある。要は、これを持ち運べる日は、すぐには訪れないだろうということだ。

代謝を利用した非侵襲性の脳の読み取り

　もしもあなたが病院で、大きな音に囲まれて細い筒の中で動けなくなっていたとしたら、核磁気共鳴画像法（MRI）の機械に入っているか、もしくはこの世に誕生するところのどちらかである。MRIは体の各部に電磁気を当て、それで得られた信号を用いて、体内のグニャグニャでドロドロのものの像を映す方法だ。従来のMRIでは、組織の水分濃度の差異を検知している。腫瘍は健康な組織よりも含む水が少ない傾向にあることから、これは有用である。

　もっと最近では、科学者はMRIの特殊型である機能的MRI（fMRI）を作り出した。これだと、もともとのMRIは機能していなかったとけなしているようにも感じられるが、この「機能的」が意味するのは、機能している脳を観察できるということである。酸素化血液の磁気特性図が脱酸素化血液のものとは異なる点を、fMRIは利用しているのだ。活動中のニューロンの集団は、休憩中のものより酸素の消費量が多い。酸素化血液が比較的多いか少ないかを調べることで、脳のどの部分が最も活動しているかを突き止められるのだ。

これによって高解像度の脳の読み取りが可能になるはずである。

この機械は複雑だが、論理はシンプルだ。もしウシの写真を見せられたら、ニューロンのある集団は急に酸素を大量に吸い込むが、おそらくそれらのニューロンはそのウシに対して反応している。また、私が1993年に好きだった音楽バンドのことを訊かれたら、ニューロンのある集団は酸素をひと口吸い込むが、それらはおそらく恥ずかしさを担当しているニューロンだ。

fMRIの大きなマイナス点は、機械がいまだに高額で大きく、かさばることだ。MEGと同様に、研究のためなら構わないが、一般の人がいつでも利用できるものになってほしいなら、技術的な改良を大幅に行う必要があるだろう。

代謝を利用する別の方法に機能的近赤外分光法（fNIRS）というものがあり、代わりとして期待がもてる部分もある。

子どもの頃に、手に懐中電灯の光を当てて透かしてみた経験はないだろうか？　fNIRSとはそのような感じのものである。神経科学者向けのものだが。

fNIRSは近赤外光を脳に当てる。その光が通過する際に、酸素化血液によって吸収されるが、その量は脱酸素化血液の場合とわずかに異なる。頭の反対側に設置された検出器が残りの光をキャッチすると、みごとな計算が行われ、酸素を吸収している脳の部分が示されるのだ。

その検出器とコンピューターがどんどん小型化して安くなれば、fNIRSは脳 - コンピューター・インターフェース用に脳の読み取りを始める方法として、すばらしいものになるかもしれない。電極付きのシャワーキャップと濡れたジェルを頭につけなくてはならないEEGよりも、使い勝手ははるかにいいだろう。

fNIRSにおける大きな限界は、光が脳を完全には通過できない点だ。実は2.5センチほどしか進まないため、光は脳の端の部分で放

たなければならない。ただ、大ざっぱに言うなら、活発な思考と思われる多くのものは脳の外縁部分で起きており、呼吸などのより根源的な機能は、内側の領域でコントロールされている。

　最も刺激的ながら、最も開発が進んでいない技術が、機能的磁気共鳴スペクトロスコピー法（fMRS）だ（残念ながら「エフミセス」とは発音しない）。そのしくみは基本的には fMRI と同じだが、最近の信号処理技術の進展のおかげで、はるかに広く全体を検知できる。

　おわかりのように、あなたの脳がしているのは酸素を運ぶことだけではない。それどころか脳内には、さまざまな用途をもつさまざまな化学物質が何千も存在している。これまでのところ、fMRS はそのうちのいくつかを検知することができる。したがって fMRS は、どの場所で起きているかだけでなく、何が起きているかについても手がかりを与えてくれるのだ。それによって両耳の間で起きていることについて、より豊かなイメージがもたらされるはずである。

　ただ、fMRS という技術もまた、現在ではまだ、かなりかさばる高額な装置なのだ。

　それと、まだ取り上げていない問題点がひとつある。それは代謝を利用するすべての装置に共通するものだ。先に触れたが、EEGは時間分解能は優れているものの、空間分解能は劣る。つまりは、いつ考えているかに関しては得意だが、脳のどこでその思考が起きているかに関しては不得手ということだ。

　代謝を利用する検出器の場合は逆である。これらは場所については実にみごとな画像を見せてくれるが、時期については十分でない。

　ここに、ニーチェを思わせる踊るパイの絵があるとする。あなたがこの文を読み終える頃には、このパイに付随する代謝過程は、あなたの脳内で終了している。それに対応する電気的過程は、あなたがその文の最初の1文字を読むより前に起きている。代謝過程は通常は約3〜6秒かかり、終了するまでに30秒を要することもある。

　これは二つの点でよくない。ひとつは、研究者にとっては、時間がかかってデータが拡散され、わかりにくくなるからだ。畜群道徳に勝る踊るパイを見たあとで、祖母が焼いてくれたパイも思い出してしまうといった感じである。それにより、最初のものが弱まってしまい、一方では異なる代謝信号が始まって、何がなんだか判断しづらくなるのだ。

よく見るのだ！
私が（超人ならぬ）超パイ
について教えよう！

　もうひとつは、脳 - コンピューター・インターフェースのユーザーにとっては、これがものすごく大きな遅れとなるからである。自分の口にスプレーチーズの缶を向けるよう、ロボットハンドを動かそうとしているところを想像してみてほしい。遅れが 3 秒と 30 秒の間で変わってしまうと、スプレーチーズによって顔にできる髭のようなものが好きでなければ、大問題になるだろう。

　さて、以上のものはどれも、脳を読み取る方法としては一般的で申し分ないが、もっと直接的な方法を試せるとしたら？

ものすごく侵襲性の高い脳の読み取り

　率直に言って、頭の外側を見るだけで、中にあるべとついたものに関して経験に裏づけられた推測をしようとするのは、どうもまどろっこしい。脳に何かを直接突き刺せないだろうか？

　実はそれができるという！　皮質脳波法（ECoG）という方法だ。基本的なイメージは EEG だが、頭蓋骨の表面ではなく、脳の表面に設置する。つまり、じゃまになる髪の毛や肌、骨、体液といったものがない EEG というところだ。

　その結果はどうかというと、EEG よりも、データはかなりいいものが得られる。実は ECoG はすでに 3D の腕の動きの予測に使用されていて、麻痺患者がコンピューターのカーソルやロボットアームを正確に操作することまで可能としているのだ。マイナス点としては、脳に電極が刺さっていることである。

　この現代的方法では、患者が手術から回復したのち、装置の大部分を皮膚の下に埋め込むことにより、ECoG が見える部分を最小限にすることが可能だ。頭のてっぺんからワイヤが何本か出ている程度である――街中で見かけても、驚くようなものではないだろう。

　神経科学者が推しているにもかかわらず、ECoG は深刻な病気を抱えた患者にのみ適していると考えられている。そのためこの実験

は、癲癇（てんかん）の治療として電極を埋め込まれた患者に対して行われる傾向にある。私たちが目にした本では、脳外科手術の合間に厄介な神経心理学のテストを受けることに同意した、勇敢な人たちが取り上げられていた。

ECoG を治療に応用するときわめて重要な役割を果たすかもしれないが、それを使ってビデオゲームをしたり自分の夢をダウンロードしたりすることにはならないだろう。だが、多くの脳 - コンピューター・インターフェースの研究者たちは、ECoG こそが最終的に進むべき道かもしれないと考えている。確かに侵襲性が高く、その手順には深刻な危険性が依然として存在するものの、危険な段階が過ぎれば、最低でも数十年にわたって存在し続ける、優れたデータ源になる。ECoG は、（脳の表面に乗っかっているだけなので）見た目は奇妙かもしれないが、ニューロン＝モニタリングの可能性の中間点を示すものなのだ。

あなたはこう問うことだろう。中間と言うからには、あとの半分はなんなのかと。

<u>マジで超侵襲性の脳の読み取り</u>

　もっといいデータが欲しいとしてみよう。脳の表面に電極をひと揃い並べるよりもっと侵襲性の高い方法がいくつかある。それらは皮質内神経記録というカテゴリーに属する。「皮質内」とは、ブツが脳内に入り込むことを、いいように言ったものだ。これを行う標準的な方法に「ユタアレイ（Utah Array）」[QRコード参照]というものがある。

　これは、四角形の板の上に比較的硬い針が並んでいるものだ。それぞれの針の先端には電極があり、それが脳の電気信号を聞くことになる。使用前には、この針に抗炎症コーティングが施されるかもしれない。針を脳に突き刺すことによる炎症を最低限に抑えるためだ。

　ユタアレイのよい点は、長年の技術進歩により、改良されていることである。針をより均一にしたり、その数を増やしたりすることによって、性能が向上しているのだ。見た目はコンピューターチップに似ているが、実際は脳に刺す針なので。

　これと似ていて、もっと最近に開発されたのが「ミシガンプローブ（Michigan Probes）」[QRコード参照]というものだ。小さなフォークを脳に突き刺す点はそれほど違わないものの、利用価値はかなり大きい。その「フォーク」の尖った先に電極が集まっていて、それがユタアレイの針の先端とほぼ同じ働きをする。基本的に、ミシガンプローブのよいところのひとつが、スパイクではなく電極を増やすことによって向上を図れる点である。つまり技術が向上するほど、ダメージは減ってデータは増えるのだ。

　このような種類の脳の読み取り器で得たデータが特によいのは、特定のニューロンやニューロンの小集団レベルで起きている電気的なことについて教えてくれる点である。大きなマイナス点は——脳に刺されることは大きなマイナス点ではない——品質の劣化だ。

　脳内に置かれた検出器は品質が急激に劣化しがちだ。これは想像できるように、金属やケイ素が突き刺さることを、脳が望んでいないからである。このハードウェアを入れると、脳は免疫反応を起こして、最終的には瘢痕組織の神経版のようなもので異物を包み込んでしまう。1年か2年で、電極の半分以上からの信号が途絶えるだろう。例えるなら、パソコンの使い方を学んでいるのに、そのパソコンの動きが遅くて、性能も着実に悪くなっていくようなものだ（下のマンガを……）。

　この問題を解決するひとつの試みが、神経親和性電極である。

　ガラスでできた三角コーンをイメージしてみてほしい。それも、小さなものを。大きさは約0.06ミリだ。そのコーンは神経栄養物質で満たされている（ニューロンがその中で成長する）。

　この化学物質には電極が埋め込まれている。脳への移植が終了すると、ニューロンがその隙間で成長し、ピンがその場でそれらを検知する。

　電極の数が限られていることから、これによって得られる情報量はユタアレイやミシガンプローブの場合よりも少なく、非常に限定

著者たちはというと……

ここでWindows10をからかう冗談を書きたいんだ！　やらせてくれ！　Windows10のことを冗談にするんだよ！

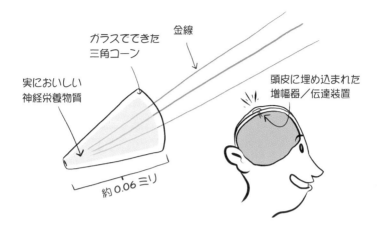

的ではある。それでもかなり優秀だ。しかもこれまでに、この神経親和性の方法は患者の脳内で４年間ももつという、みごとな長寿ぶりを示している。この特殊な方法はかなり新しいので、確立済みの侵襲性が高い方法と同程度に役立つかは、まだわかっていない。

　脳内におけるこれらすべての手法では、挿入による最初の損傷以外に、長期的な組織の損傷に関わる重要な問題が存在する。こんな感じだ。ゼリーがいっぱい入っているお椀に、目の細かい櫛を突き刺すイメージである。どれだけ気をつけてそのゼリーを運んでも、揺れることで、櫛によってできたダメージは次第に悪化する。本物の脳組織の場合は、損傷と炎症が生じる。こういった種類の代償は、深刻な医療問題を抱えた人の場合ならがまんできるのかもしれないが、未来的なサイボーグの脳システムのようなものを望む人の場合は、願い下げとなる。

　この状況を調節するひとつの方法が、「ピン」を脳と一緒に動けるようにする、フレキシブル電極アレイというものだ。問題は、ピンがふらふらしていると、ゼリー状の脳にピンを突き通せないことである。そこで必要になるのが、入れるときは硬いが、脳の湿った

環境にさらされると柔らかくなるものだ。しかもこれを行っている間、表面へ情報を送り返す電極の小さな先端を保持しなければならないのである。こういった種類の実験は研究室ではすでに行われているものの、人間相手にはまだ実施されていない。

　脳を読み取るいずれの方法においても、全体的な傾向がひとつあることに気づいたかもしれない。データの質をとるか侵襲性をとるかという二者択一の問題が存在することである。EEG は（少なくとも頭に穴を開けることと比べると）比較的快適だが、信号対雑音比はかなり悪い。侵襲性のピンアレイの場合はすばらしいデータは得られるものの、脳損傷をわずかに招く。ECoG はその中間といったところだ。簡単に言うなら、侵襲性が増すほど、いいデータが得られることになる。

　これは、脳の読み取り装置のことを考えるにはかなりいい視点だが、もうひとつ別の二者択一の問題が存在する。信号の幅をとるか深さをとるかだ。脳に刺したピンからは、脳の小さな部分に関するすばらしいデータが得られる。EEG から得られるのは、脳全体に関する大ざっぱなデータだ。つまり、こう考えてみてほしい。もしあなたが地球の様子を知ろうとしているエイリアンだったら、ニュージャージー州の一部の界隈を鮮明に写したものを見たいだろうか、それとも地球全体を上空から写したものを眺めたいだろうか。脳‐コンピューター・インターフェースの観点からは、必ずしもはっきりしていない部分である。

　理想的な脳‐コンピューター・インターフェースなら、脳全体に関する詳細なデータが得られるべきだ。実はこれに関して、「ニューラルダスト」というものが提案されている。小さなセンサーを脳のいたるところに取り付けるというものだ。これはなかなかすごい。最初に試すのが自分たちでなければだが。

● **脳のアップグレード**

　脳のアップグレードは可能なのだろうか？　というのも、あなたの脳には深刻な問題があるからだ。高校でやらかした恥ずかしいことは覚えている？　本当に？　どうしてそのことは覚えているのに、熱力学の三つの法則は思い出せないわけ？[*2]

　まず私たちは、IQ を上げられるとか、記憶力を高められるとか、カクテルのおかわりにノーと言える能力を向上させられるという段階には到達していない。それでも、これから取り上げるように、本当に深刻な問題を緩和したり、脳がすでにうまく行っているよい部分を増やしたりすることはできるかもしれない。それにたぶん（本当に「たぶん」だが）、新たな技術を覚える能力も向上するかもしれない。

　脳の問題を治す技術に、脳深部刺激療法というものがある。この技術は、的をかなり絞った電気ショック療法と考えてもらってよい。一般的には、手術によって脳に電極が埋め込まれ、それが皮膚の下に設置されたバッテリーにつなげられる。

　基本的には脳に棒を入れるが、その棒の先端に電池式の電極が備えられている。これを作動させると、電極は高周波電力を連続してその周囲に送る。これが有効となる一例として、発作を起こしそうな人を思い浮かべてほしい。大ざっぱに言うと、発作は脳の小さな領域で発生し、そこから外へ向かって動くが、その様子は嵐の発生とよく比べられる。発作の発生のしくみについてはあまり解明が進んでいないものの、脳深部刺激装置に電流を与えることで、発作が最大級になる前にストップをかける手助けをするようなのだ。

　この刺激療法は、しばらく実践されてきたので、いくつかの治療用にかなり確立されている。私たちはフロリダ大学のアイシェギュ

＊2　思い出せると言ったあなた、引っかかったね。法則は四つある。

ル・グンドゥズ博士に話を聞いた。彼女は脳深部刺激装置を扱う経験を次のように説明してくれた。「脳深部刺激療法の研究グループと作業を始めたときは、信じられない思いをしました。本当に（脳深部刺激装置を）埋め込んで、その人たちを家へ帰していたんですから。それでも本当に認可されたものなのです。おかしいことに、脳深部刺激療法がこういった病気の症状をどのように改善しているのか、私たちにもいまだにわかっていないんですよ」

そうなのだ。電気の棒を頭に刺すというこの方法のしくみについてわかっていることの大部分は、試行錯誤によって得られたものなのである。おそらく、親愛なる読者のみなさんは、こう反応することだろう。「おいおい、試行錯誤って、どういうことだよ？」と。

確かに、頭の奥深くへ電極を突き刺すのだから、試行錯誤は理想的な経験的手法とはいえない。だが、ここには倫理的な問題が存在するのだ。

脳深部刺激療法は、鼻風邪を引いたあなたが開業医を訪れたときに施されるようなものではない。普通は、従来の治療法では反応が見られない重篤な病気（ほとんど途切れることのない発作や自殺性

こんにちは！　私は倫理の妖精よ。人間を適当に選んで、その人たちの頭に電極を突き刺して何が起こるか見てみるっていうのはやっちゃいけないことなの

もうまったく

うつ病など）を抱えた人に対して行われる。こういった患者にとっては、脳深部刺激療法にかかる費用よりも、潜在的なメリットのほうが大きいのだ。それでも、人間の脳に関する完璧な手引き書など存在しないので、進めながら学ばねばならない。これは、患者に学ぶ典型例である。

その一方で、この手法はもっと幅広い病気に対しても有効なようなのだ。例えばグンドゥズ博士が脳深部刺激療法を用いようとしているのは、パーキンソン病の患者が一時的に運動不能となる「すくみ足」の治療や、トゥレット症候群の患者に見られるチックの遮断および停止である。

これは少し恐ろしく思えるかもしれないが、その段階でよく見られる手法で、ある程度の効き目も得られている。この単純なシステムは効果が長続きするらしく、患者においては数十年に及ぶ*3。そのうえ、この技術を使うほど、しくみの理解に近づくのだ。

別の利点としては——少なくとも薬物や精神療法と比べてだが——手術のほぼ直後から刺激が作用することである。これは、脳の状態が危い人たちにとっては、些細な話ではない。また、この方法が本当に作用しているのか、原理上はわかりやすくもなっている。自発的な脳への刺激に関して、人々が興味をもつのはその点なのだ。

ニューロペースという会社が開発した「RNSシステム」という装置は、ECoGスタイルのインプラント（埋設物）を用いて、発作の始まりに関して脳をモニターするものである。これは患者が使用しているのか見分けがつかないほど小型化されていて、激しい癲癇が始まると、標的を絞ったパルスを与える。

＊3　最初は奇妙に思われるかもしれない。先に取り上げた、より進んだ装置の場合はものの数ヵ月で実用性がなくなる感じなのだから。ただ、思い出してほしいが、こちらの場合、かすかな信号をキャッチしようとしているわけではなく、電気を発射しているだけである。だから、脳が電極の周りに瘢痕組織をこしらえても、どうということはない——問題なく動き続けるのだ。

　この RNS システムは誰にでも効くわけではない。最低でも５年ごとにバッテリーを交換する必要があり、それには脳外科手術を要する。また、比較的単純な脳深部刺激療法とは違って、手荷物検査を通ると RNS システムが作動してしまう。おそらく、脳への突然の望まぬ電気ショックによって、空港の手荷物検査には混乱が生じるだろう。

　ほかの研究者たちは、侵襲性が低い経頭蓋磁気刺激法を試している。これは脳深部刺激療法にいくらか似ているが、強力な磁場を用いるもので、（嬉しいことに）頭に穴を開ける必要がない。これまでのところ、痛みの軽減に効果が見られ、うつにも効きそうだという。脳深部刺激療法と同じく、これもまだまだ無骨な道具といったレベルだ。科学者は、問題と関連がある部分を特定すると、そこに磁場を当てていく。すでに有益な結果がある程度得られているようだが、研究は現在も進められている。

　ただ、あなたは問題点を治したいだけではない──健康な脳をよりよくしたいとも思うだろう。それなら簡単だ。運動して、きちんと食べて、ストレスを減らし、もっと努力すればいい。

　いや、これは冗談。あなたのものぐさな脳を、コンピューターを使って向上させることは可能かって？　できるかもしれないというのが答えである。

　私たちはワシントン大学のエリック・ルーザート博士に連絡を取った。博士は神経外科医であり、神経科学者でもある。このようにリスクを分散させるのはよいことだ。

　博士は、脳を拡張する技術は、美容整形がたどった道と同じようになると考えている。

　初期の美容整形が意図していたのは、自然あるいは事故や戦争による重傷の修復だった。この手法が一般社会に受け入れられるや、その範囲が修復から改良へと拡大したのである。

　ルーザート博士もこう言っている。「あなたが小さなインプラントを埋め込むことで、注意力が増すとしてみましょう。例えば、小さな指ぬきのようなものを頭に埋め込むと、注意力が増して、反応時間が減るとします……そうすると、ウォール街のトレーダーなら、1億ドルを余計に稼ぐことができるでしょう。以前よりも長い時間、取引ができるようになるからです」＊4

　脳に指ぬきを埋め込むことにそそられない人もいるだろうが、外部磁気刺激が認知作業や記憶課題の遂行を向上させる可能性があることを示す研究なら、すでにある。脳に磁場や電場を当てた人の学習能力や認識能力が向上したという記事の見出しも、目にしたことがあるかもしれない。これは本当である可能性もあるが、最近になって発表された総説論文では、この証拠には事実とそうでないものが入り混じっていることがほのめかされている。

　同じような傾向として、記憶と関係する脳の部分に対する脳深部刺激療法によって、学習能力が高まる可能性が、ごく最近の研究で

ボブ、「頭の中身をいじる」って考えたことある？

―――――――――――――――――――――――

＊4　ウォール街のトレーダーの頭を切り開くことについては、私たちに道徳的呵責は一切ない。

示唆された。こういった研究は、すでに別の理由で電極が埋め込まれている患者において行われている。

この証拠が示したのは、刺激療法によって単純な空間的情報を記憶する能力が向上したことだ。バーガーキングへの道順を忘れないでいるためだけに頭に電極を突き刺すのは、交換条件としてよいものとはいえないだろう。しかし、これらの結果は、電気を用いると学習能力が向上する何かしらの可能性がありそうということを示している。時間が経てばもっと見えてくるのだろう。

ただ、たとえ可能性があっても、ほかの問題が出てくることが考えられる。アンフェタミンを服用したらもっと頑張れるというかなり確かな証拠があるのに、医者から勧められることは今のところはまだない。副作用（血圧、かすみ目、躁症状の増加など）が、その効果に見合わないからだ。

脳の向上に向けた電磁脳刺激の場合、長期的な効果はわかっていない。だから、このあと数週間のうちに、神経刺激ヘルメットをウォルマートで買えるようにはならないだろう。

自身のハードウェアを少し「アップグレード」する別の方法として、脳がすでに行っていることを、単にもっと効果的に用いるというものがある。情報をいつもより早く吸収していると感じるときはないだろうか。情報が頭の中で跳ね返っているように感じるときもある。特にやる気になっているときもあれば、愛情に満ちているとき、熱心になっているときもある。

問題は、自分がそういった心理状態にあることを、いつも自覚しているわけではないことだ。よって、なんらかの理由で、あなたは今日の午後１時から２時の間、学習するのに最適な脳の状態になるのに、その時間をビデオゲームをして過ごしたので、そのことに気づかない。また、今日の午後２時から３時の間は、運動をするのに特に適した精神状態になるのに、その時間をビデオゲームをし

て過ごしたので、そのことには気づかない、というように。

　では、こういった精神状態を検知でき、あなたに気づかせること
ができるとしたら？　あなたの脳をモニターして特定のパターンを
読み取る装置があり、今この瞬間にあなたがうまくできることを教
えてくれるという感じである。それにより、詩を書くのに適したタ
イミング、スプレッドシートを埋めるのに適したタイミング、シェ
イクスピアを読むのに適したタイミング、のんびりとテレビを見る
のに適したタイミングがわかるのだ。

　ある種の脳波を探知したら、脳が何か新しいことを学ぶのにより
適した状態にあるらしいことを示す、興味深い証拠もある。ただ、
私たちが知る限り、この手の証拠が人間に当てはまるのは、かなり
限られている。私たちが目にした研究で最も説得力があったのは、
正しい脳波が検知されるまで待ってから教えると、ウサギの学習能
力が向上した——それも2〜4倍も！——というものだった。

　つまりは、そのウサギが学ぶのにも、最適な状態があるらしいと
いうことである。人間の場合も同じなのだろうか？　これまでのと
ころは、よくわかっていない。人間というのは——例外部分はある

ものの──ウサギよりも多少は複雑な生き物だからだ。それに、こ
のウサギの実験の場合、学習といっても、きわめて単純な運動課題
だったのである。

● 脳への書き込み

　最初に断っておくが、あなたの脳にシェイクスピアやら微積分学
やらカンフーやらをアップロードすることは、すぐにはできない。
そういったことがとてつもなく難しいとわかったからだが、とりわ
け、記憶というのが誰もが思っているようなしくみではないためで
ある。簡単に言うと、何かを経験したら、あるパターンがニュー
ロンに形成され、そのことを思い起こすときには、そのパターンが
いわば再生されるのだ。あなたの脳が、カンフーのアップロードを
便利に行えるように人間によって設計されていたなら、あなたの記
憶はすべて脳の特定の塊に蓄積されただろう──できればUSB ス
ロットのついたものに。しかし、不便なことに、自然はあなたの頭
を周辺装置用には発達させなかった。

　そうだ、それからもうひとつ。あなたがものぐさでも、脳への書
き込みはすでにできている。事実、あなたはたった今、「なんだよ、
この本にものぐさって言われた」と、自分の脳に書き込んだところ
だ。聞く、匂いを嗅ぐ、見る、触る──これらの感覚はどれも、脳
に書き込みを行う方法なのである。

　まあ、ほとんどの人の場合には、ということだ。一部の人（それ
と年配の多くの人たち）の場合、この書き込むしくみが故障してい
る。私たちはまだ、脳の書き込みに関する専門家とはいえないが、
機械を用いる古い配線の修理方法なら知っている。少なくとも故障
した視覚と聴覚を治せる、主な技術は二つある。

　視覚は、眼閃（がんせん）というものを用いて回復できる。これは眼内閃光（がんないせんこう）の
ことで、光が目に入っていなくても光のような閃光を目が知覚する

ものであり、眼球への圧力が突然かかった場合によく起こる。例えば名前は出さないが、著者の一方が好きなのが、妻であるケリーに背後から近づき、彼女の目を（そっと）押さえながら、「眼閃！眼閃！」と叫ぶことだ。目の前でいきなり繰り広げられる知覚した光によるダンスを、彼女は間違いなく楽しんでいることだろう。

同じ効果が、電気によっても得られるという。そこで科学者たちは、視覚障害者の眼窩《がんか》に装置を埋め込む方法を考え出した。基本的には、眼閃を用いて画素の配列を作り出す装置である。これは必ずしも視覚と同じではないが、顔をざっと知覚できるには十分だ。ガラガラの駐車場で車の運転ができた事例もあった。

聴覚も、人工内耳という装置による回復が可能だ。これについては聞いたことがあるかもしれず、補聴器の上級版のようなものにすぎないと思っている人もいるかもしれない。だが実のところは、補聴器とはまったく別物だ。しくみはこうである。小さなマイクが耳の近くに設置される。これが音をキャッチすると、皮膚に埋め込まれた受信器へ送られる。すると受信器はできるだけ雑音を取り除き、関係する音（周囲で流れている音楽ではなく、あなたに話しかけている人の声など）にしてから、それを電気信号に転換し、その信号が頭蓋骨を通って内耳へ伝えられるのだ。

この方法により、以前は聴力がまったくなかった患者も、何かは聞こえるようになる。訓練は必要だが、最終的に患者はかなりよく聞こえるようになるのだ。私たちも人工内耳の患者が耳にしている模擬実験を聞いてみたが、うまくいかなかったときのカセットテープでの録音のような音だった。それでも、かなり印象深かった。

脳への書き込みには、もうひとつ別の興味深い進展がある。それこそがカンフーを即座に教えるというものに一番近いだろう。これは人工海馬《かいば》といい、アルツハイマー病や認知症など、記憶形成の病気を患う人を手助けする方法として、いくつかの研究グループが取

り組んでいる。

　記憶を形成する際、記憶は海馬という脳の部分を通るが、そこで短期記憶から長期記憶へと転換される。この過程が遮断されると、長期記憶を新たに作ることが困難になる。だから曾祖母は幼い頃のことは詳細に覚えているのに、今日が自分の誕生日であることはすっかり忘れてしまうのだ。

　この装置の狙いは、長期記憶となるはずなのに神経変性によって遮断されてしまう脳信号を、途中でとらえることである。すると、この信号は処理されて正しい場所へ出力されるため、実際に記憶と結びつくのだ。

　これこそ実際に脳に直接書き込んでいると思われるものかもしれないが、問題は何を書き込んでいるのか本人たちにはわからない点だ。私たちはただ処理して、それを伝えているだけなのである。この分野の研究の第一人者である南カリフォルニア大学のセオドア・バーガー博士はこのことを、どちらの言語も話せないのにフランス語からスペイン語への翻訳を行うようなものと喩えている。

　「その言語を話す」ことなく、記憶を長期保管庫にインプットできれば、これはかなり都合がいい。ある脳から記憶を記録し、別の脳へ書き込みできるからだ。だが今のところ、記憶のこの過程が可能になるほど単純であるかについては、懐疑的な人が多い。

心配なのは……

　いやはや、脳の改良に不安を抱くことがなんと容易であることか。

　まず、脳というのは単純な機械ではないので、そのアップグレードを行うのも単純にはいかない。例えば、遺伝子操作を行って記憶力を向上させたネズミは慢性の痛みに弱い、という証拠もある。脳の働きに対してなんらかの修正を行うと、予期せぬ結果を招くかも

しれないのだ。

だが、望ましくない結果がたとえ周知であっても、競争心によって、人々を脳の改良へと駆り立てることになるかもしれない。エリートの学術研究者のおよそ4人に1人が、頭の働きをよくする薬を使っていると認めている。この行為により、彼らに健康上の影響が生じる可能性に加え、危険な社会力学も生まれている。もし誰かひとりがアンフェタミンを使用して作業をすばやくこなしたら、残りの全員もいい仕事をしようと、アンフェタミンを使用してこの人物と張り合おうとするようになるのだ。

この問題は、まだ深刻なものにはなっていない。現在入手できる脳を改良する薬が、使用者にどんな大きなメリットをもたらすか、まだ明確になっていないこともその一因だ。近所に住む女性が夜は2時間眠るだけでいいという場合、彼女はあなたより生産的かもしれないが、10倍生産的ということにはならない。しかし、新たな技術によって、さらに重大な知性の差が生じるようになってきたら、程度の差こそあれ、多くの人が手を出さざるをえなくなるだろう。

脳‐コンピューター・インターフェースの時代において危険にさ

らされる恐れがあるのは、高度な熟練労働者ばかりではない。以下のことを考えてみてほしい。あなたの搭載データに対して、雇い主はどういった権利をもっているのか？　あなたのインプラントが追跡されることを許可した場合、会社側は仕事中のあなたのことを追跡できるのか？　消費者と接する会社は、従業員に対して楽しい気分でいるよう求める権利を有している。楽しい気分を神経レベルで調整できる場合、会社側にはインプラントが行っていることを知る権利はあるのだろうか？

　従業員向けに勧められるひとつの使い方が、仕事中に途切れた集中力を検知し、なんらかの刺激を提供してくれる機械だ。これによって職場の安全性は高まるかもしれないが、脳の集中を促す電子機器の装着を従業員に強制することについては、なんともいえない。

　人がコンピューターを搭載することで、プライバシーに関する深刻な懸念も生じる。もし体内に医療機器があると、外部とやりとりするための無線のようなものがあるはずだ。それによって、ハッキングのリスクが出てくる。脳インプラントの場合、ハッキングは多くのことを意味しかねない。本格的なインプラントだと、ハッカーは遠隔操作によって、その人を殺したり傷つけたりすることができるかもしれないのだ。例えば、脳深部刺激療法にアクセスするというより巧妙なやり方で、ハッカーがその人の気分や性格までコントロールできる恐れまである。

　一般に、搭載された自らのコンピューターに対して人々がもつ権利について、疑問が生じるかもしれない。例を挙げると、大学進学適正試験（SAT）を受ける予定のあなたに、辞書とのやりとりが可能な脳 - コンピューター・インターフェースがあるとしたら、試験官にはそのことを知る権利はあるだろうか？　それから、インプラントが常にある場合、そのことは問題になるのだろうか？

　脳の改良に関して社会的に不安視されることとして、いわゆる一

般とは異なる人たちへの影響がどうなるかが挙げられる。視覚障害者や聴覚障害者には独自のコミュニティーがあり、聴覚障害者には独自の言語がある。神経移植によって視力や聴力がもたらされると、独自の視野を築いて長年続いてきたコミュニティーが終焉（少なくとも縮小）することになりかねない。実際に、難聴のコミュニティーの多くの人たちが、この理由のためだけに人工内耳を非難している。

　もっと恐ろしげな話だが、文化的な理由で好ましくないと考えられてきた行動が、変化されうるとしたら？　確かに、行動を変えたほうがいい人を、誰しも何人か知っているだろう。しかし、こういった技術が登場するときにも、必ずその時代で欠陥とされることは存在する。するとどういうことになりうるか、考えてみてほしい。

　同性愛はもはや病気とはみなされていないが、歴史上のほとんどの時代においてはそうではなかった。実際1972年には、ロバート・ガルブレイス・ヒース博士が悩みを抱えた同性愛の男性に対して、EEGと電気刺激を用いて異性愛の誘発を試みる実験を行っている。現在ある脳を変えるということは、あとから尊かったとか道徳的に問題はなかったとあとから気づくような特性を、消し去ってしまう危険性をはらんでいるのだ。

　脳-コンピューター・インターフェースについての最も普遍的な懸念は、これが人間性の終焉になるのかということだ。もし1万年前に生まれたばかりの健康な子を現代に連れてきても、順応にはなんの問題も生じないと信じるだけの理由がある。ホモ・サピエンスが登場してからというもの、人間の脳の基本ハードウェアは変わっていないのだから。その部分に初めて手を出すことになるのが、脳-コンピューター・インターフェースなのである。しかも、両耳の間に存在する小さな肉のコンピューターに手を出すというこの初めての試みは、間違いなく厄介なものになるだろう。

　自分の脳を改良する能力が手に入ると、奇妙なループが生じる。

自分を賢くするために脳を改良することが可能になるわけだが、それは脳 - コンピューター・インターフェースをより優れたものにできることとなり、それによってさらに賢くなれることで……という具合だ。私たちは近いうちに、完璧な分別をもった、肉体のないウルトラ脳となるのだろうが、そうなるとちょっとがっかりすることになる。コメディドラマを見ても、もう楽しめないからだ。

世界はどう変わる？

脳 - コンピューター・インターフェースの技術が信頼に足るものになると、多くの産業で応用されるだろう。理想的な脳 - コンピューター・インターフェースは、人を賢くし、記憶力を高め、集中力を増し、もっと創造的にすることができる。サイボーグによるディストピアのような世界になってしまう可能性を思わず考えてしまうが、それでも、記憶力が急によくなる機会を与えられるのなら、誰しもその恩恵を享受したいことだろう。

短期的には、脳 - コンピューター・インターフェースの用途はほとんどが、脳の強化よりも問題解決になると考えられる。ただ、壊れた脳の一部を直すにはその理解を必要とするため、理解することは必然的に強化につながるはずだ。

テレパシー能力をもつコンピューターに自分の思考を探られる未来を思い描くかもしれないが、これらの装置の当面の主な使い道は治療になりそうだ。今にもスタートしそうな分野に、神経機能代替というものがある。

神経機能代替とは、脳からの信号を人工装具へ送る装置のことである。現在のところは、多くの研究が対象としているのは脚だ。要は腕よりも脚のほうが単純だからである。神経機能代替は、脚を失った人がロボットを用いてリハビリを行うときの究極の形と見られて

いる。本物の脚とまったく同じ動きをするからだ。現代の最も進んだ義足では、使用者が行おうとする足取り（歩く、ジョギング、走る、スキップ）を装置が検知し、それに従った動きをする。ただし、肉と骨からなる脚ほど自然な動きではないし、本物の脚にできる複雑な動きの多くは行えない。

　科学者は、これらの人工装具が脳にフィードバックする方法を解明している。あなたは自分の脚を見ないで動かせることを当然のように思っているが、これは脚がどの位置にあり、その位置で筋肉が動くことを感知できるからだ。また、脚をケガしたことがわかるのも、脚が脳へ信号を送り返せなければ不可能である。つまり、脳 - コンピューター・インターフェースの神経機能代替は、なんらかの形で相互のやりとりを行えなければならないわけだ。

　また、ロボットアームを望まない患者の場合には、脳 - コンピューター・インターフェースを用いることで、麻痺した手を動かせるかもしれない。麻痺はある種の脊椎損傷による場合が多い。脊椎は脳からの信号の主要道路である。そのため、これが傷つくと、脳から手への信号の通り道が遮断される。脊椎損傷によって腕を動かせないという人でも、腕への信号を発信することはできる。問題は、その信号が決して届かないことだ。だが、その信号をとらえて手に直接送ることができるとしたら、どうだろう？

　これを最近行ったのが「ニューロブリッジ（Neurobridge）」[QRコード参照]という技術である。ユタアレイを患者の運動皮質に設置し、前腕部に取り付けた電気刺激装置と無線でつなげたものだ[*5]。忍耐と訓練の末、この患者は腕と指を再び動かせる

＊5　なぜ手ではなく前腕部なのかというと、手は基本的に、前腕で操るヒトデに似た巨大な指人形にすぎないからだ。では、自分で確かめてみてほしい。手に力を入れない状態で、一方の腕を持ち上げてみよう。そしてもう一方の手で持ち上げた腕の前腕部をぎゅっと握る。すると、だらんとした指が動くのだ。

ようになった。その動きは完璧にはほど遠く、腕がフィードバックをもたらす方法はないものの、長期的には、このブリッジは四肢麻痺の治療を代表する方法になるかもしれない。

　先進治療市場に加え、脳 - コンピューター・インターフェース（のようなもの）はレクリエーション用ソフトウェアにすでに用いられている。いろんなゲームがあるが、多くに用いられているのは比較的単純な技術だ。「スロウ・トラックス・ウィズ・ユア・マインド(Throw Trucks With Your Mind!：「自分の心でトラックを投げつけろ」の意)」［QRコード参照］という、そのままの名前がつけられたゲームは、バーチャルのアリーナなどにいるプレーヤーが、敵に向かって物を投げつけたりして勝利をめざすものである。難しいのは、何かを投げる力を得るには、冷静さに関わる脳波を出す必要があることだ。これが（作り手が望んだように）不安や注意力欠如を解消する療法となるか、それとも架空のトラックを投げつけて人が本当にリラックスできるかは、時を経ないとわからない。

　ほかに提唱されているのが、心の状態をコンピューターに知らせることによって、コミュニケーションを向上させるというものだ。音声認識装置だと、「ケイトが欲しい」と「ケーキが欲しい」の区別がつかないかもしれない。単純なものでも、脳 - コンピューター・インターフェースがあれば、あなたが恋をしているのか、それともお腹がすいているだけなのかを判断できるだろう。

　神経とコンピューターのつながりを望む人もいる。実験動物の脳を脳 - コンピューター・インターフェースを介してつないだ実験もあった＊6。

　その実験結果は、脳同士をつないだようなものとなった。この実

＊6　念のために言っておくが、この実験の倫理面に関して、私たちは完全によいとは思っていない。

験動物たちが考えを文字どおり共有したのかはわからない。しかし、つながれた彼らの脳は、作業をより効果的にこなすために協力できそうなのだ。未来には、娯楽目的であれ事業目的であれ[*7]、ほかの人と心が文字どおりにつながることが可能になるかもしれない。私たちには、これは最悪のグループ研究のように思えるが、意見は人それぞれである。

　ニューヨーク州ワズワースセンターのガーウィン・ショーク博士が想像する世界は、私たちが経験をより親密かつ詳細にやりとりできるというものだ。それどころか博士は、自分の経験を伝えるのに、指という太くて短い肉の棒を使って文字を打たなくてはならないなど、愚の骨頂と考えている。脳同士がつながったら、さらにもっと個人的なことを経験できるからだ。例えば、あなたが何かを経験した瞬間に誰かとつながることができれば、その人にはあなたの見たものが見え、嗅いだ匂いが嗅げ、感じたことが感じられるのである。

　「コンピューターが社会を変えた以上に、大幅に社会を変えるでしょう。人間であることの意味を本質的にがらりと変えます……基本的には何も考えることなく、テクノロジーとやりとりし、周囲の人たちとやりとりできるようになるのです……私たちの考えがすべて、すぐさまクラウド上に集められるわけです。これにより、コミュニケーションの障害となるものがすべて完全に排除され、社会は超人的なものというか、さまざまな人間をすべて体現したようなものとなります……つまり、人生に対して計り知れない影響を与えるものが、それ以上に思いつかないほどのものに」

　メガブレーンというものに私たちが賛成かどうかは、よくわからない。言わないままでいたほうがいい考えが、お互いにたくさんあ

[*7]　もしくは戦争目的ということもある。アメリカ陸軍も脳同士のコミュニケーションに興味を示している。言葉を交わさずにコミュニケーションができる兵士は、自分たちの居場所や攻撃計画を漏らす恐れが少ないからだ。

るからだ。常時接続は命取りになりうると、ショーク博士も指摘している。「奥さんと一緒にソファに座っているときに、『妻と別れたい』と思った瞬間、奥さんのほうもそのことを知るわけです。それはよいこととは言えないでしょう」

　まったくだ。それはよいこととは言えない。

　脳 - コンピューター・インターフェースには、このような奇妙な特徴がある——私たちは個々にもたらされるものを望む一方で、社会として自分たちに降りかかるものには恐怖を覚えるのだ。

　本書で取り上げたすべてのテクノロジーのなかで、最も予測のつかない影響をもつ装置は、完成した脳 - コンピューター・インターフェースだろう。核融合炉が造られても操作するのは人間であり、宇宙エレベーターの場合も、それに乗って軌道へ向かうのは人間だ。だが、脳がコンピューターとつながって、両者がお互いを変えることができるようになると、自分たちがずっと認識してきた人間ではなくなる。それは終わりであり、始まりでもあるだろう。

注目！——フィル・ケネディ博士

　ここは、ケリーが行ったルーザート博士とのインタビューを簡単にまとめたもので始める。実際はスカイプを通じて行われたが、劇的効果を得るため、以下のように想像していただきたい。冷たい石の壁がある暗い城の部屋で、奇妙な生物試料や革表紙の学術書が散らばっている。必要に応じて、稲光を光らせてもいい。

ルーザート博士：技術が問題なのではありません。私にお金があれば——実際はそれほど必要ないのですが ——今日にでもひとつ作ることができます……問題なのは、人々が融資してくれるか、発展させられるか、米国食品医薬品局（FDA）が認可するかなのです。実は、私たちが思っている以上に、いろいろな意味でかなり近づいていますよ。じゃまをしているのは、お役所仕事的な部分なのです。

ケリー：それは魅力的な話ですね。障害をもたない人たちにも、神経機能代替がそれほどまで近い存在になっているとは知りませんでした。人々に神経機能代替について話せば、あなたは儲かるんじゃ……

博士：ちょっとご参考までにお話ししますが、おもしろい話があるんです。フィル・ケネディという人がいて……彼は脳にコンピューターを埋め込んだのです。脳 - コンピューター・インターフェースをもっていたわけですよ。健康な普通の科学者なんですが、この1年か2年のうちにベリーズへ行って、脳 - コンピューター・インターフェースを自らに埋め込んだのです。

ケリー：それでどうなりました？

博士：彼がそれを行ったのは、それによって自分の脳を研究できるという科学的な理由が大きかったのだと思います。基本的には、

言語皮質からの信号を記録し、さまざまなことをコントロールするのです。実はそれをどこで取り除くかで苦労したそうですが、なんとかやり終えました。彼は脳‐コンピューター・インターフェースが欲しかった、ごく普通の人間だったのです。

何をもって「普通」とするかは、一般的な脳外科医と平均的な読者の間で異なるだろうが、これは天才であるがゆえの代償なのだろう。それはともかくとして、フィル・ケネディ博士という名前には聞き覚えがあった。実はこの人物こそ、先の脳の読み取りのところで取り上げた、神経親和性電極のパイオニアなのである。

ケネディ博士に関しては、聞かされた話よりもかなり複雑だったことがわかった。彼は確かに極端な傾向をもつ人物で、アメリカでは認められない手術を受けるために中米のベリーズまで飛び、2万5000ドルを自腹で払って、運動皮質が脳‐コンピューター・インターフェースに話しかけることができるように、運動皮質に埋め込んだのである。

だが、脳‐コンピューター・インターフェースを埋め込むという博士の決断は、簡単になされたものではなかった。初期のサイボーグのようなものになるためでもなかった。実は彼の研究の主な目標は、「閉じ込め症候群」の患者を手助けすることだったのだ。この病気になると、体のどの部分も動かせないか、まばたきやうなり声を上げるといった最低限の動きしかできない。これについてかすかに聞いたことがあるという人は、映画にもなった『潜水服は蝶の夢を見る』（講談社）の本のことを聞いたのかもしれない。著者ジャン゠ドミニック・ボービーが、まばたきのみを用いたやりとりを、1年にわたって書き取ったものである。

脳‐コンピューター・インターフェース研究の大部分は、ボービーのような患者がもっと自由にコミュニケーションを取れる能力をも

てる方法に重点を置いてきた。ケネディ博士自身の神経親和性電極に関する研究により、そのような患者の数人が、コンピューターのカーソルの操作や文字の選択を行えるようになった。ところが、この分野で30年近く研究を続けてきた博士に対して、FDAは患者を用いた研究をこれ以上承認することを拒んだのである。

　ケネディ博士は、資金や被験者を集めるのに困るようになり、自身のライフワークが水泡に帰すのではと危惧した。この時点で、博士は自費を投じて、自らが患者になる決断をしたのである。彼は遺言を書き上げると、自分の会社に脳 - コンピューター・インターフェースを提供してもらって、ベリーズへ飛んだ。

　二度の手術を行った結果、これは成功したようだった。博士は話す能力を一時的に失ったので、FDAの対応にも一理あったのかもしれない。ただ、博士は、その点に関しては何も不安を感じなかったという。結局のところ、博士はこの手術の開発を手助けして、その副作用についてもよく理解していた。

　もしかしたら、博士は本当に副作用について心配していなかったのかもしれない。電子装置によって自分の脳を変えるために、誰もが大金を出して、医療規則の緩い国へ行けるわけではないのだから。

　博士は自らに対して広範囲に及ぶ調査を行った。単語を発すること、単語について考えること、そしてその検討中にニューロンが発射されるのかをモニターした。集まったデータはすばらしいものだった。だが残念なことに、博士の頭はどうしても完全には塞がらず、これは理想的とは言えなかった。調査からわずか1ヵ月後に、博士はアメリカで手術を受け、このシステムを取り除いてもらった。そして、この話に実に意外な展開が訪れる……保険が下りたのだ。

　いずれにしろ、これはやる価値があったと、ケネディ博士は感じているようである。私たちに言えるのは、彼の熱心さにはただただ脱帽ということと、保険の担当者とどのような話し合いをしたのか、

なんとしても聞きたかったということだ。

終　章

もうすぐではないかもしれないもの
またの名を「失われた章の墓場」

　本書を執筆する前の私たちは、ポピュラーサイエンスの本を読んでは、些細な間違いに文句をつけていた。それはまるで、アメフトの試合でサイドラインから侮辱的な言葉を投げかける、熱狂的なナチョス好き人間そのものだった。それが、ペンギン社の良心的な人たちが私たちの売り込み話を受け入れてくれると、まるでナチョス用のチーズディップを取り上げられて、本物のアメフト選手が身につける用具を装着された感じになったのである。

　オタクの誇りをもつ者が勝負の最前線に立たされたのだ。

　本書については、情報とユーモアをバランスよく織り交ぜることにベストを尽くしたが、最大の恐怖は間違いを指摘されることだった。私たちのようなおかしな連中が言うところの、「口だけのヤツ」になってしまうことである。ただ、私たちが集めようと試みた情報量（それと、短縮したりボツにしたりしなくてはならなかった、はるかに多くの情報量）を考えると、どこかで何かを少し間違うのは、おおいにありうることだ。

　そういうわけなので、事実誤認に気づいた方は、ぜひ連絡していただきたい。一番よいのは、長い休暇に出るから連絡が取れなくなると家族や友人に告げて、私たちの家まで来てもらい、暗い地下室への階段を下っていただくことである。お菓子も用意しておくから。

　私たちがこの本のことを初めて思い描いたときに狙っていたのは、新たに出てきた数多くのテクノロジーをささっと見ていくとい

うものだった。超オタクだけを対象とした、おつまみ的な小皿料理のタパスのようなものだ。だが進めていくうちに、章を手頃な分量に抑えてしまうと、新しいものをまったく紹介できないように感じてきた。正直に言えば、本書で取り上げたものについて簡潔な全体像を知りたいだけなら、ウィキペディアで間に合う。私たちが伝えたかったのは、もっと突っ込んだ内容に、かなり奇妙な詳細、それに科学界の変わり者と話したり知られていない文書を読んだりしたときに出くわす、おかしな話だ。超オタクだけを対象としたタパスのようなものだが、旺盛な食欲がある人向けというわけである。

　もともとのトピックの大部分は、章が長くなるにしたがって、早々に削った。ひとつの章にまとめてしまったものもある。手間暇をかけたが、最終的には外さざるをえなかった章もいくつかある。

　本書のまとめとして、それらが永遠に暗闇へと葬り去られる前に、つかの間の陽の光を味わってもらうべく、グーグル・ドライブのフォルダーという苦しみの場から再登場を願うことにした。

　というわけで、ここに「失われた章の墓場」をお届けする。

第一の墓　宇宙太陽光発電

　宇宙太陽光発電の基本的な考えは、ソーラーパネルの列を宇宙に広々と並べ、太陽電池が地球へ電力を送るというものである。

　ソーラーパネルを宇宙に設置することには、実際に期待できる利点がある。宇宙には夜がないので、電力を蓄えたり、日没後に別の電力源に切り替えたりする必要がないのだ。エリアあたりのエネルギーをより多く得られる、太陽に近い場所へパネルを動かすことも可能である[*1]。光受信機があるところならどこにでも、地球へエ

＊1　よくわからない人は、こう自問してみるといい——顔に光が多く当たるのはどちらか？　電球から3メートル離れた位置か、それとも30センチ離れた位置か。

ネルギーを送ることも可能だ。それに環境にも優しい。もっとも、宇宙にパネルを設置する際に使用される、何百万トンものロケット燃料をカウントしなければだが[2]。

となると、問題点は？　まずは、とてつもなく費用がかかる点だ。屋根に設置するような、かなり軽量のソーラーパネルの重さは10キログラムほどなので、宇宙への打ち上げ費用は、今だと・パ・ネ・ル・1・枚・あ・た・り・20万ドルかかる。宇宙エレベーターがすでにあるという設定なら、約500グラムあたりにかかる費用はわずか250ドルだが、それでも・パ・ネ・ル・1・枚・あ・た・り・は5000ドルかかる。しかもこれには、宇宙で機能を果たせるようにパネルを組み立てる費用は含まれていない[3]。一方で、地球上に設置されるソーラーパネルの費用はおよそ200ドルであり、その値も急落している。

そういうことなら、なぜこのアイデアを真剣に考えているのか？ジョン・マンキンスが著書『The Case for Space Solar Power（宇宙太陽光発電の論証）』のなかで述べているが、宇宙太陽光発電のエリアあたりの発電力は、地上に設置されたパネルのおよそ・4・0・倍になるという。地上では、季節の変化、昼夜のサイクル、それに天気の影響があるためだ。

この比較は、いささか公正さに欠ける。というのも、宇宙には宇宙ならではの問題（隕石や放射線など）もあるのに、マンキンス氏は宇宙太陽光発電が興味深い・も・の・に・な・り・そ・う・な・理・由・を証明しようとしているだけだから。まあ仕方ないか。私たちにとって問題なのは、

＊2　「宇宙へ安く行ける方法」の章に出てきたテクノロジーを用いれば、この問題も小さくできる。

＊3　解決策として、パネルを宇宙で作成するというものがある。エルヴィス博士（「小惑星採掘」の章に出てきた人物）は、ソーラーパネルの作成に必要な物質の多くは小惑星に存在するため、小惑星で素材を集め、宇宙でパネルを作り、それを地球の軌道まで運ぶのは可能だという。これはかなり回りくどい方法に思えるが、いつの日か実現するかもしれない。

先に仮定した 40 対 1 という割合を考えても、ソーラーパネルを宇宙に設置する経済的利益に賛成するのは、やはりまだまだ難しいということである。

マンキンス氏によるかなり楽観的な数字が正しく、さらに超最新の宇宙エレベーターがあったとしても、40 倍の効率を得るには、現在のレートでパネル 1 枚につき 20 倍の費用がかかることになる。これはこれで構わないが、およそ 10 万キロメートルという宇宙ケーブルを建設できる頃には、ソーラーパネルの価格は半分以下に下がっているだろう。

つまり、宇宙への打ち上げがかなり安価になっているかもしれない未来においても、1 枚のパネルを宇宙へ打ち上げるよりは、アリゾナでパネルを 40 枚作成したほうが、安上がりで簡単ということになりそうなのだ。

それにアリゾナなら、メンテもしやすい。確かに、夏は冷たい宇宙空間より望ましくないのは明らかだが、太陽エネルギーに関しては、利点がいくつかある。アリゾナには、呼吸に適した空気と強い重力がある一方で、常に降り注ぐ高エネルギー放射線は存在しない。アリゾナでパネルに汚れがついても、宇宙ブラシをもった宇宙ロボットではなく、ただのブラシで対応できる。

何平方キロメートルにも広がる太陽電池パネルの列を宇宙で修理するとなると、非常に高度な修理ロボットが必須の存在となる。これに代われるのは大勢の宇宙飛行士だ。薄い色の空の向こうで星がチカチカと光る漆黒の海の厳しさに耐えられるように訓練された者たち……することは終日のパネル掃除である。

もしかしたら本書で取り上げた技術で、ちょうどいいロボットができるかもしれないが、自律した修理ロボットがたとえ大量にあったとしても、パネルの修理はアリゾナでさせたほうがいいだろう。

宇宙太陽光発電には、（かなり遠い未来における）宇宙輸送に役

立つ可能性があるというメリットがあった。太陽の近くにあるパネルでエネルギーを得て、すでに宇宙にある乗り物に電力を送るのである。この方法が長期的にはうまくいくのかもしれない。太陽は大量の自由エネルギーを表すものだからだ。ただ、ロボットの修理人を乗せた巨大構造物を打ち上げられるようになる頃には、もっとよい選択肢が存在しているのではと、私たちは思っている。

　私たちは本書を執筆するために、奇抜なテクノロジーをいくつも見てきたが、実現しないだろうというものや、実現したとしても、私たちが興味を覚えた形では少なくとも実現しないだろうというものもあった。だが、宇宙での太陽光発電は、最も理想的な状況でも好ましくないように思われた。もしかしたら、エネルギーの需要がとてつもなく増し、しかも再生可能エネルギーしか使わないとなったときに、使用可能な遺産を文字どおり使い果たしているかもしれない。ただ、そうもなりそうにない。現在のソーラーパネルの効率なら、サハラ砂漠の１割に満たない広さを太陽エネルギー装置で占めれば、全世界のエネルギー需要を満たせるのだから＊４。日陰ができて、ありがたく思う人も出てくるのでは。

　それでも、可能性があると考えている賢い人たちは多い。私たちはいまだに懐疑的だが。

宇宙太陽光発電
ここに眠る

この世には
もったいない
存在だった

＊４　重箱の隅をつつく人たちへ。サハラ砂漠でできた電力を、例えばカナダへ送る際における喪失分については、ここでは無視している。実際は、ソーラーパネルは世界中に設置することになるわけだから。言わんとすることを明確にするために、ちょっとドラマチックに表現しただけである。

第二の墓　高度な人工装具

　高度な人工装具とは？　これはカテゴリーとしてはちょっと広い
が、私たちが本当に興味をもったのは、木材や金属といった固体の
塊という枠組みを越えて、肉がついた昔ながらの手足に負けないぐ
らいに機能する義肢の世界へと向かうものだった。これには、丈夫
なのによく曲がる先端素材、動きを予測するコンピューターを内蔵
した手足から、前章で取り上げた神経機能代替に至るまで、カッコ
いいものがたくさん含まれている。

　コンピューターが内蔵されていない現代の義肢でも、すでに驚き
のレベルに到達している。先端素材や先進設計を用いているので、
きわめてシンプルに見える装置でも、機能性と美しさを兼ね備えて
いるのだ。なお、カスタムメイドでぴったり合う義肢を作るとき
にも、特徴のない大量生産の義肢に複雑な設計を加えるときにも、
3D プリンターはしっかり活躍している。

　コンピューター制御された義肢も、相当に巧みなものとなってい
る。先に触れたように、どのような足取りか——ジョギング、ラン
ニング、スキップ、階段の上り下り、はたまたムーンウォーク——
を正確に見極め、それに応じた反応をする義足もある。完璧とはい
かないが、かつての木材の塊のものよりは大きく前進している。

　コンピューター制御されたもののマイナス面のひとつは、基本的
に充電する必要があることだ。これは人工装具を使用している人に
は当然のことなのだが、私たちにとってはちょっとした驚きだった。
スマート義肢を使っていたら、それを毎晩取り外して充電器にセッ
トする必要があるわけだ。iPad を充電しなくちゃと文句を言って
いる人に対しては、腹立たしく思うことだろう。

　人工装具を改善する難しさは興味深い。例えば、人間の脚の実際
の動きは、思っている以上に複雑だ。義足が今ひとつイケてない一

因は、剛性のレベルがひとつしかない点である。考えてみてほしい。（肉がついた標準仕様の脚が2本あるとして）どのような足取りを選ぼうが、あなたはある程度のレベルの剛性を無意識のうちに脚に加えている。膝を固定したまま歩いてみるといい。見た目はもとより、のろくて苦しいだろう。では、膝をまったく固定しないで歩いてみてほしい。いや、これはやめたほうがいいかも。もし試した末に顔をケガしても、私たちを訴えないように。

　歩くことや走ること、ジャンプすることなどには、特有の中間的な剛性型が存在する。4歳になる頃までにはそれらをすべて身につけるので、そのことについて特に考えはしないが、実はすごいことなのだ。歩く際には、膝と足首が協力して脚に適切な弾力性を与えているため、関節を痛めることがなく、それによって前進するのに費やされたエネルギーの一部を（巨大なバネのように）取り戻せる。肉がついた脚はフィードバックもするので、失敗したときにも、すばやく調整できる。このようなフィードバックは義足にも組み込まれているが、この技術はまだまだ初歩の段階だ。

　それに足首もある。この足首というのが、実に優れものなのだ。走るときに、足首は真っ直ぐなままにはなっていない。実はほんの少し横に突き出している。速く走るほど、横に突き出すこの動きは顕著になる。平凡な足首が、実は優れた仕掛けであり、どのような軸に対しても合わせて動き、どのような姿勢でも適した位置で剛性をもっているのだ。足首を前後以外にはまったく動かせない状態でサッカーをするところを想像してみてほしい。ボウリングをするのも大変だろう。

　それから、手のことも取り上げないといけない。手は人工装具にとって究極の課題だ。なぜなら手には、あまりに多くのことが絡んでいるからである。何かを指差すだけでも、指のあらゆる関節で判断を下しており、さらには手首も、もしかしたら肘や肩も関わって

くる。

　手はまた、動力供給の観点からも、問題をはらんでいる。もし手を失ったら（例えば決闘時に父親に切り落とされるなど）、代わりとなるものを望むだろう。前の章で触れたように、指を動かす筋肉は、実際は前腕に存在する。

　手と前腕の両方を失うと、義手を動かすための機械筋肉が、義手の前腕にあとから加えられる。もし手だけを失った場合は、この機械筋肉は手の中に収めなければならない。それだと、バッテリーやアクチュエーターを忍び込ませるだけのスペースはほとんどない。

　ダース・ベイダーがルーク・スカイウォーカーの手を切り落としたことにより、映画をながら見した人でもわかるほど嫌なヤツになったのは、それが理由だ。前腕ではなく手を切り落とすことで、より複雑な義手をルークに必要とさせたのである。これこそがダークサイドパワーというやつだ。

　人工装具の未来は、脳からの信号を手足に直接送る神経機能代替にかかっているだろう。前章で取り上げたように、これについて進展は見られるものの、極度に侵襲的にならずにみごとに機能するところまでは、まだまだ遠い。いつの日か、本物と同じくらいに自然に動く、代わりとなる四肢ができるかもしれないが、人工装具の歴史を考えると、わずかに改良されるだけでも、多くの人の人生が大幅に向上することだろう。そして本当にすばらしい未来には、四肢を余分に備えたり真新しいものを手に入れたりできるようになるかもしれない。誰でも触手を手に入れられるかも！

　それならなぜ、この章をボツにしたのか？　ひとつには、人工装具が抱える問題に関するかなり技術的な描写が、ちょっとくどくて単調になるのではと不安になったからだ。妙に興味深い内容ではあったが、普通の足関節の自由度について聞きたい読者は多くないと判断したのである。

　もっと重要な点としては、この分野で最も興味深い多くの開発が、脳 - コンピューター・インターフェースの章に出てきたものとかぶったのだ。神経機能代替の技術は、それ自体が独自の研究分野ではあるものの、実際は脳 - コンピューター・インターフェースの下位分野なのである。

　というわけで、残念な気持ちもないではなかったが、葬ることにしたのだった。

第三の墓　室温超伝導体

　この章で本当にワクワクしたことのひとつは、超伝導体について人々が（おそらく）知っていること——エネルギーを失わずに伝導すること——を上回れるというチャンスだった。

　実は、無損失動力伝送は、思っていたほどすごくないようだ。現在のすべての送電線を無損失伝送に変えて節約できる電力を計算してみたところ、1割かそれ以下だった。それ以上だったら鼻であしらうわけにもいかないが、以下のことを考えてみてほしい——たとえまったく冷却を必要としない超伝導体があったとしても、1割分を丸々節約するには、現在使用中の送電線を総取り替えしなくてはならないのである。

　それに、私たちの知る高温超伝導体は扱いやすい形状ではない。野外で目にしたら、おそらく変わった岩と思うはずだ。一方で銅は、

長い針金へと簡単に伸ばすことができる。ある段階で、人間にとって問題のない温度で作用する超伝導体が発見されても、曲げられる金属の塊ほどには容易に取り扱えないのは間違いない。

つまり、伝送はたぶんダメだ[*5]。唯一の選択肢が超伝導体という状況にもほど遠い。ところで、この変わった感じの物体には、ほかに二つの驚くべき特性がある。マイスナー効果と磁束ピン止め効果だ。

ここは章の墓場なので、詳細には触れないが、マイスナー効果とは簡単に言うとこういうことである。ある物体が、非超伝導状態から超伝導状態になるぐらいまで冷えると、その内部から磁場をすばやく放出する。例えば、冷えていない超伝導体の上に普通の磁石を置いて、温度をどんどん下げていくと想像してみてほしい。やがてその超伝導体は、超伝導が始まる臨界温度を超える。すると急に磁石がはね飛ぶのだ！

その理由は？　磁石には磁場があるため、超伝導体から押し出された磁場により反発したのである。

次は磁束ピン止め効果だ。これは手短に言うと、超伝導体の一部の種類（第二種超伝導体というもの）では、マイスナー効果が不十分である。そのような超伝導体では、磁場が完全に押し出されず、あちこちで超伝導体を貫く。この奇妙な特性によって、磁石を超伝導体に「ピンで止める」ことができる。

この二つの効果を組み合わせると、本当におかしな状態になってくる。磁石と超伝導体を冷却する。磁石ははね飛びようとするが、磁束ピン止めされているため、それはできない。その結果……磁石

[*5]　私たちの主張に対する強力な反論は、無損失伝送は線の長さを問わないため、あらゆる動力装置があらゆる受信機に電力を伝送できるというものである。この点は再生可能エネルギーにとっては特に好都合だ。砂漠などの隔離された場所に存在することが多いからである。

はピンで止められた場所に浮かぶのだ。これは、あなたが最もセクシーと思うセレブと自分をロープで結びつけるようなものである。相手は常に逃れようとするが、ロープがあるので両者の関係は変わらない。つまり、両者の距離は変わらず、ずっと同じままなのである。

これが超伝導浮上というものだ。

この磁石は、ただ単に超伝導体の上に浮かんでいるわけではない。その場にピン止めされているのだ。どちらかの物体を横向きにしても、両者は同じ距離を保つ。両者をひっくり返すことも可能である。互いに反発しているのに、見えない糸でつながっている感じなのだ。

この特性を応用できそうなものは数多い。ひとつには、絶対に摩耗しないコネクターだ。つながれた二つの物体は、実際には接触していないからである。

このことはまた、浮いている磁石を回転させると、いつまでも回転し続けるということでもある。摩擦がないからだ[*6]。この動きは動力としてあとで取り入れることが可能である。つまり、浮上はエネルギーを貯めるうえで、とてつもなくいい方法となるのだ。

浮上はまた、列車をものすごく速く走らせる。リニアモーターカーは（「宇宙へ安く行ける方法」の章で覚えているかもしれないが）、すでに一部では実現されているものの、依然としてかなり高価なままだ。車両と軌道が絶対に接することがないために摩耗は減り、車輪と軌道との間の摩擦による減速は一切生じない。

室温超伝導体であれば、磁石を冷やし続ける冷却液や冷凍が必要ないので、こういった列車の運転費用が大幅に削減される可能性がある。もし、安全のためだけにそういったものを使うなら、使用量を少なくできるだろう。

当面は、超伝導体を動かすには冷却液を使う必要がある。1980

[*6]　実際には、周囲が完全な真空でない限り、ごくわずかな摩擦が生じる。

年代以降は、(爽やかなマイナス 185℃くらいなどで利用できる)「高温超伝導体」が登場したので、比較的安価な冷却液を使える。もっと最近には、マイナス 73℃ほどまで改良された。高性能冷蔵庫やある時期の南極大陸の温度である。ただ、その温度で動く超伝導体には、海溝の底にかかるほどの圧力が必要だ。

　しかもおもしろいことに、使われる素材は硫化水素である。硫黄——腐った卵のような臭いがする化学元素を含む硫化物だ。つまり、世界で最も熱い超伝導体は、最も強烈な臭いがするかもしれない。

　結局、この章については二つの理由から葬り去ることにした。ひとつは、私たちが伝えたかった科学的説明を行うには、量子力学を本当に正しく理解する必要があったからだ。しかし、私たちが受けた厳しくない説明でさえ、自分たちの頭にはかなり厳しいものだった。もうひとつは、もし室温超伝導体が見つかった場合にそれが広範に採用されることに関して、私たちが話を聞いた人たちの全体的な印象がかなり悲観的だったからだ。カリフォルニア大学デービス校のインナ・ヴィシック博士に話を聞くと、新たな素材の応用は予想がつきにくいことが多いが、超伝導体の温度が上がることは、いわゆるカッコいい新しいものよりも、研究科学にとって価値がありそうだった＊7。

　残念だったのは、ある研究者から、よい「注目！」のネタを得られたからだ。その人は、イッテルビウムバリウム銅酸化物を研究していると公言していたのに、実際に研究していたのはイットリウムバリウム銅酸化物だったのだ。おかしな話である。

＊7　ちなみに、科学者たちは——巨視的な量子効果に取り組んでいる人たちまでもが——みなまったくの人間であると、今さらながらに私たちに気づかせた。博士は、1989 年のリチャード・プライアーとジーン・ワイルダーのコンビによるコメディ映画『見ざる聞かざる目撃者』について語ったが、本編の最後に思わぬ展開があり、登場する金貨は実は室温超伝導体なのだという。彼女はネタバレを詫びたが、ちょっと遅かったよ、ヴィシック博士。

第四の墓　量子計算

　ああ、量子計算よ。棺から、しばし、いでたまえ。

　そなたによって、私たちはダメになるところだったのだから。

　ほかの何よりも調べ物に時間がかかったにもかかわらず、本章は結局ボツにせざるをえなかった。何よりもひどいのが、私たちにはその理由をほとんど伝えられないことだ。それが量子計算のつらいところである——量子計算についての記事を見つけても、その内容はたぶん間違っているか、正しいという可能性を失うくらいに単純化されてしまっている。

　量子計算は通常、コンピューター計算の次なる段階とか、コンピューターの速度を高める魔法、無限の計算を一度に行うために無限宇宙（多元宇宙やパラレルワールドとも呼ばれるもの）にアクセスする方法などとして扱われている。こういった考えは実情と関係しているものの、あまりにかけ離れていて誤解を招きかねない。

　量子計算を本当に理解するには（私たちも、なんとかかろうじて、ようやくおぼろげながらにわかったというようなところに達したと言えないこともないのだが……）、コンピューターがビットレベルで行っていることを理解している必要があり、しかも量子力学の基礎をそこそこ理解している必要がある。それに、たとえこれらのこ

とを理解していたとしても、数学の問題を解くうえで、それらがどう絡んでくるのかは、ただちに明らかにはならないのだ。

そういうわけなので、この章を書いていたときの私たちは、感情を伴わないオンとオフのスイッチによって、ビデオゲームが動いたり、曲を演奏したり、不気味に人間っぽいチャットボット（本当に変なものだよね？）を操ったりするしくみを説明しようとする一方で、負数や複素数までをも含む確率の一般法則など、量子に関するあらゆる奇異な点も説明していた。この説明の苦しみは、シュレーディンガーの猫の装置を作成し、もしAの猫が生きていてBの猫が死んでいた場合はとか、もしCの猫が……などというように、シュレーディンガーの猫をどんどんつなげていくことを説明するようなものだった。この章を3分の2ほど書いた段階で、すでにほかの章よりもはるかに長くなっていたうえ、私たちが楽観的に「ユーモア」と呼んでいるものもまだ加えていなかった。

こうして、シュレーディンガーの猫とは違い、この章は間違いなく死んだのだった。

残念だったのは、私たちがこの研究分野にすっかり心を奪われたからである。量子計算が話題になるのは、量子コンピューターが最も一般的なデジタルデータ暗号化の方法を解読できるからという場合がほとんどだ。量子計算はほかにも応用が可能で、ある種のデータベース検索や、原子スケールの物体の動きの計算などである。それらは科学研究にとって非常に重要なものだ。

だが、量子計算は、実在に関する私たちの理解にも影響を与えるかもしれない。そのしくみには多世界が実際に絡むので（少なくともそのように見えるので）、それはありうることだ。

この最新分野における第一人者スコット・アーロンソン博士[*8]が量子計算の魅力について語ってくれたように、量子力学が伝えてくれることを本当に実際に受け入れる必要がある。量子力学に関す

るポピュラーサイエンスの記述で目にしたかもしれないあらゆること——同時に2ヵ所に存在する粒子や、観測するまでは確定できないものなど——は、理屈や娯楽のためだけの話ではない。量子コンピューターでは、そのような変わったものこそが、インクジェットで印刷中に同時に手に持てるような結果をもたらす機械の、本当に本当の核心部分なのである。

　事実、この分野の創始者であるデイヴィッド・ドイッチュ博士は、私たちの世界において量子コンピューターでのみ動くアルゴリズムの存在[*9]こそが、無限宇宙の存在を証明していると考えている。博士は著書『世界の究極理論は存在するか——多宇宙理論から見た生命、進化、時間』（朝日新聞社）のなかで、ほかの科学者に対し、従来のコンピューターにはおそらく不可能な大きな数の因数分解に成功した特殊な方法のしくみを説明するよう求めている。「もし見える宇宙のみが物理的実在だとすれば、物理的実在は、このような大きな数を因数分解するのに必要な資源を含むには全然足りないことになる。だとすれば、それを因数分解しているのは誰なのか？ 計算はどのようにして、そしてどこでなされたのか？」

　数学と物理学の問題を解くための装置が、その存在によって、宇宙全体に対する私たちの理解に影響をおよぼすって？　それは最高にすばらしいことではないか。

＊8　アーロンソン博士は親切にも、長時間にわたる会話を私たちと何度もしてくれた。博士のブログ「シュテットル・オプティマイズド」は実におもしろい。ほかに、私たちに時間を割いてくれたジョナサン・ダウリング博士は、『Schrodinger's Killer App（シュレーディンガーによるキラーアプリ——世界初の量子コンピューター製作競争）』という、すばらしい内容なのにあまり評価されていない本の著者だ。どちらも愉快な人物であり、科学者としても書き手としてもすばらしい。

＊9　実用化された量子コンピューターは実際にはまだないが、本当に動く、ごく小さな装置はいくつかあるのだ！　とはいっても、その結果自体は、量子ビットを用いて得られたということほどには興味深くはない。これまでのところ、量子計算を使って証明できるのは、21の素因数が3と7ということである。

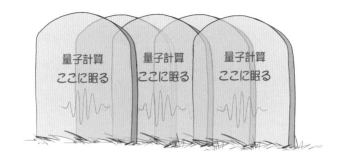

墓場をあとにして

　もしもこの本を読んでくれているあなたが若い方なら、本書で取り上げた革命的なテクノロジーの多くは、あなたが生きている間に実現するかもしれない。ということは、あなたが自ら進んで努力すれば、それらの一部に関われる可能性があるということだ。私たちが話をうかがった人たちの大半は有名人ではない——ケリーと同じように研究者で、やはりケリーと同じように物事を徹底して深く考える人たちである。彼らに連絡を取ってみてほしい！　来る日も来る日も、大学の暗いオフィスで作業を行っているような、やや寂しげな人たちがいるのである。クッキーでも持っていけば、好意を得られるだろう。安いやつで構わない。家のミニ冷蔵庫に入っているどこかのクッキーによって、あなたは 2050 年には火星に行けることになるかもしれないのだ。

　ほかの多くの本とは違って、本書では未来学だとか未来のビジョンだとかについて、読者に売り込むことはしなかったつもりだ。私たちが思うに、そういったものはたぶん不可能だし、きっと必要なことではないからである。この瞬間にも、私たちよりはるかに頭のいい人たちが、1 ニューロン単位であなたの思考を探る方法や、遠い宇宙にある鉱物を取り出す方法を考え出そうとしていると思うだ

けで、ワクワクするのだ。

　作家のL・P・ハートレイは『恋を覗く少年』（新潮社）のなかで、「過去はひとつの異国である」と書いた。もしこれが事実なら、「未来」もまたひとつの異国ということになる。私たちは「現在」という内陸の小国にいるが、自分たちに見えると思っている限りの部分では、未来という曲線はやがては離れていき、地平線だけが残るのだ。

　それにしても、なんと果てのない地平線であることか！

注目！──鏡人間

　さあ、この本ももう終わりだ。誰も見ていないだろうから、鏡人間（ミラーヒューマン）の話をしよう。

　おっと、鏡人間は初耳かな？　それじゃあ、少し説明を。

　生命はたくさんの小さな分子によってできていて、その分子が、DNAやRNA、タンパク質といった、より大きくて重要な分子を作り出す。分子にはキラリティーを示すものもある。キラリティーは、ギリシャ語で「手」を意味する単語に由来し、もし分子にそれがあると、基本的にはその鏡版が存在する。

　「鏡版」について理解するには、自分の両手を考えるといい。手はまったく同じに見えるが、左手をどのように回しても、右手と同じにはならない。両方の手のひらを上に向けると、左手の親指は左を向き、右手の親指は右を向く。どちらの手もすべて同じ部分をもっているが、鏡で映したように、ひっくり返された状態になっている。

　互いの鏡像になっている二つの分子があるとき、一方は左手型、もう一方は右手型と呼ばれる[10]。興味深いことに生命は、特定の

---

[10]　分子が左手型、もしくは右手型になるのかは、偏光がその分子を通過する際の回転による。

作業に関しては特定の利き手を好むらしい。例えばアミノ酸（既出なので覚えていると思うが、タンパク質の構成要素のこと）はほとんどが左手型である。なぜ自然界が右手型のアミノ酸を嫌うのかは議論の的となっているが、宇宙に存在するアミノ酸までもが左手型のようなのだ。

　だが、自然界などどうでもいい。その理由がなんであれ、キラリティーが正反対の分子によって生物——言うなれば「鏡生物」——を研究室で作り出せない物理的な理由はないのだ。チャーチ博士を含めた何人かの科学者は、（単純な）鏡生物の作成に取り組んでいて、いつの日かもっと大きな鏡生物を作るという希望をもっている。そもそもなぜ、私たちはそのようなものを望むのか？　まあ、ひとつには、すごいことだからだ。作ったものがかわいい子猫に似ていても、それは地球上の——もしかすると全宇宙の——ほかの生物とは、まったく相容れないものかもしれない。例えば鏡対称の生物だと、消化を行うには鏡食べ物を食べないといけない。しかもすべての捕食者にとって、消化しにくい存在になっている。最高なのが、鏡対称の生物があらゆる病気に対して完全に免疫がある点だ[11]。なぜなら、現生のあらゆる寄生虫も病原体も、通常のキラリティーをもつ生物に感染するように発達してきたからである。

　それに、もしこれがうまくいくと、鏡対称の人間を作成するところまでスケールアップすることが可能となる。鏡人間は、人類を何世紀も苦しめてきた、あらゆる病気に対して免疫があるのだ。マラリアだって？　問題ないね。結核？　なんてことない。

　まあ確かに、マイナス面もあるだろう。鏡食べ物や、おそらく鏡微生物も必要になる。それに、もし鏡病気が進行したら、鏡薬が必要になる。子どもが欲しければ、鏡パートナーも必要になるだろう。

___

＊11　私たちの一方が寄生虫学者だからだ。

　それにそう、鏡オリジナルの人間と鏡対称の人間との恋愛はどうなるのか？　異なる鏡タイプからなる夫婦は、まあ、うまく合いそうだ。ただ、この二人からは生きた子どもは生まれない。遺伝形質に関しては、左利きと右利きを混ぜることができないからだ。言っておくが、私たちはキラリティーに偏見をもっているのではない。ヘテロキラルの夫婦はうまくやっていくことはできるかもしれないが、私たちが心配しているのはその子どもたちだ。存在できないからである。

　鏡対称の人たちは、私たちの目にはほとんど同じように見えるものの、別の種に属する。遺伝的に隔離された個体群なので、似たような存在ながらも相容れない状態になり、異なる身体特性や心理学的特性をもつものへと、徐々に変わっていくのだ。私たち鏡オリジナルがかなり病気まみれの状態になることを考えると、鏡対称の人たちが私たちのことを、のろのろと歩くゾンビの集団とでもいうような目で見る日も、遠くないのだろう。

　ゾンビといえば、この墓場になぜこの章があるのかというと、当初の予定では、鏡生物は合成生物学の章のひとつのコーナーだった。読み返すうちに、私たちは少し混乱して、鏡生物の有用性に対してちょっと疑問をもつようになった。病気にならないためだけに、まったく新種の生物を作り出すのが、健康に通じる道としてはかなり遠回りに思えたのだ。それに私たちの感覚では、この考えは科学の一分野というよりも、合成生物学の少人数のオタクたちが思いついた巧みな考えのようだった。鏡微生物にはいつの日にか、研究の有用性――漏れて人に感染する恐れなしに鏡天然痘を調べられるなど――が生じるかもしれないが、その可能性ですら、おそらくはかなり先のことである。

　だが、鏡生物がうまくいかなくても、鏡分子はすばらしいものかもしれない。例えば、代謝されないおいしい砂糖を作れるとしたら、

どうだろう？　ギルバート・レヴィンという科学者が 1980 年代に
この考えを思いついて、ゼロカロリーの甘味料として使うことが可
能な、おいしい「鏡砂糖」を実際に発見した。残念なことに、非常
に高価になると判明したため、この製法が取り入れられることはな
かった。味覚に関する歴史でちょっと関連するものでは、油をまね
たオレストラという製品が、90 年代に市販された。これを使うと、
脂肪のカロリーをまったく含まない、パリパリのポテトチップスが
できるのだ。ただ、マイナス面があり、オレストラを用いた食べ物
を口にした一部の人に、(以下、気分が悪くなる読者はご注意を)「肛
門からの油漏れ」の割合が増加したのである。これは漏れのうちで
はいいものとはいえないので、オレストラはほぼ取りやめ状態に
なった。鏡砂糖を食べた場合の副作用がどのようなものになるのか
はわからないが、結果的に取りやめになってよかったのかもしれな
い。

　それほど気持ちが悪くならないもののなかで、私たちが気になっ
たのが、芳香分子の鏡版に対する反応によって鏡人間を感知できる
かどうか、というものだ。キャラウェイシード——ライ麦パンの独
特の風味をもたらすもの——にキャラウェイ風味を与える分子は、
スペアミントにスペアミント風味を与える分子の完璧な鏡なのだと
いう。鏡人間がライ麦パンの味について、スペアミントパンの劣悪
版のような味と思うのかどうか、私たちは知りたくなった。

　それを探るため、私たちはフロリダ大学の嗅覚味覚センターの所
長であるスティーヴン・マンガー博士に話を聞いた。最初にまず博
士がていねいに指摘したのは、私たちが間違った質問をしていると
いうことだった。問題は、キャラウェイとスペアミントの味が違う
かではなく、香りが違うかどうかなのだという。「味覚は口の中の
ものでして、甘味、酸味、苦味、塩味、うま味の感覚を引き出すも
のに限られます……それとおそらく脂肪も。風味は味覚と嗅覚が合

わさったものです。多くの香辛料にとって……風味に大きく貢献しているのは嗅覚なのです」

　それでも私たちには知る必要があった——鏡人間が自分たちの近くにいるかどうかを確かめるために、おいしいライ麦パンを利用することはできるのかと。その答えは、なんともいえないという。もっというと、考えただけでも大変なのだ。鏡人間が鏡分子の匂いを嗅ぐには、彼らの嗅<ruby>受<rt>きゅうじゅようき</rt></ruby>容器がスペアミント分子と結びついて、「キャラウェイの匂いがする！」というメッセージを脳に送るように反映される必要がある。これは可能ではあるものの、実際にそのような働きをするのかは明らかではない。マンガー博士が言ったように（なぜこのような会話になったのだろうと、ご本人も思っていたかもしれないが）、「結局のところは、当て推量の範疇を出ないのです」。

　つまり私たちが言いたいのは、ライ麦パンをまずいと思っている友人がいたら、その人がチャーチ博士の秘密の研究室で作り出された人間ではないとは、100パーセント言い切れないということだ。

● 謝 辞 ●

　驚くほど多彩な科学者、医師、エンジニアのみなさんが、世の中をより良い場所にすることから一時的に離れ、私たちと話してくれた。その点については、彼らにとっても、そしておそらく社会にとってもよくないことだったと思うが、私たちは本当に感謝している。専門家の多くの方々は、親切にもご自身と関係のある本書の部分に目を通してくれて、（数人に関しては）なんと通読までしてくれた。というわけで、以下の方々にお礼を述べる。アイシェギュル・グンドゥズ、ガーウィン・ショーク、エリック・ルーザート、ベス・シャピロ、ジョージ・チャーチ、ジョフ・シルバーグ、パメラ・シルヴァー、ラモン・ゴンザレス、マルセラ・マウス、スティーヴン・キーティング、カースティン・マシューズ、ダニエル・ワーグナー、ジョン・メンデルゾーン、サンディープ・メノン、ジョーダン・ミラー、ガボール・フォルガクス、アルビン・E・ロス、エリック・D・ドメイン、シンシア・ソン、スカイラー・ティビッツ、セレーナ・ブース、アラン・クレイグ、ケイトリン・フィッシャー、ガイア・デンプシー、ジョナサン・ヴェンチュラ、ジャスティン・ウェルフェル、カースティン・ピーターセン、クリストファー・ウィリス、ベロック・コシュネビス、リチャード・ハル、ダニエル・ブラナー、ブルース・リップシュルツ、アレックス・ウェラースタイン、ロバート・コラシンスキ、マーガレット・ハーディング、ペル・ペーターソン、ジェシカ・ラブリング、ジェイソン・ダーレス、ロン・ターナー、ミシェル・ヴァンペルト、フィリップ・プレイト、ダニエル・フェイバー、ジェームズ・ハンセン、マーティン・エルヴィス、カレン・ダニエルズ、スティーヴン・マンガー、ブライアン・カプラン、ノア・スミス、インナ・ヴィシック、ケヴィン・リンゲルマン、ジョン・ティ

マー、ジョナサン・ダウリング、アラン・ウィンフィールド、アンドリュー・リース、ジェフリー・リプトン、デヴィッド・ホワイト、エインドリラ・ムコパディエイ、シュリダール・ラメシュ、ゲルハルト・シャル、ニック・マッテオ、シン＝タイ・リー、デイナ・グラス、オマー・レンテリア、ハビエル・オマー・ガルシア、グレッグ・リーバーマン、ブライアン・ピカード、マイケル・ジョンソン、スコット・イーガン、スコット・ソロモン、ポール・ロビネット、パトリシア・スミス、マーティン・ウィーナー、アレクサンダー・ロデレール、リック・カーネスキー、レット・アラン、アレクサンドル・ボロンキン、ロイド・ジェームズ、ジェームズ・ロイド、アン・チャン、ショーン・レナード、スコット・アーロンソン、ローズマリー・モスコ、アーロン・サボルチ、ジョー・バトウィニス、エミリー・レークダワラ、スティーヴン・キャヴィンス、ジェイコブ・スタンプ、リンダ・ノヴィツキ、ジェームズ・アシュビー、イアン・マクナブ、ジェニファー・ドラモンド、ジェームズ・クロップチョー、ダニエラ・ルース、カート・シュヴェンク、チャド・ジョーンズ、ジェームズ・レッドファーン、ケヴィン・ベリー、リチャード・プレンズロー。本書にある誤りは、すべて著者である私たちの責任だ。いや、ちょっと待った。それは違う。すべてはフィリップ・プレイトの責任である。そうなのだ。

　それから、私たちが手詰まりな状況に陥ったときに手がかりを見つける手助けをしてくれたり、なじみのない分野の基本概念を理解するのに手を貸してくれたりした、ツイッターとフェイスブックのフォロワーのみなさんにもお礼を言いたい。個々にお礼を言うには人数があまりに多すぎるので、ここでお礼を述べる。私たちがどうして妙に具体的な質問ばかりするのかと、いぶかっていた人もいただろうが、本書が理由だったのだ。

　編集のヴァージニア・スミス・ヤウンスには特に感謝したい。自

分たちが本当に誇りに思えるものへと、この本を進化させてくれた
のだから。コピーエディターのジェーン・カヴォリーナには、私た
ちのことを実際よりもはるかに、はるかに賢く見せてくれたことに
礼を言う。プロダクションエディターのメーガン・ジェリティには、
私たちの情けないほどの技術的問題に対処してくれたことに礼を言
う。それと、ペンギン社顧問のカレン・マイヤーにも感謝するとと
もに、家族への復讐の企てが成功することを祈っている。

　代理人である、コンテント・ハウスのマーク・サフィアンと、ガー
ナート・カンパニーのセス・フィッシュマンにも礼を言いたい。代
理人になってくれるのが友人だと、人生はすこぶる楽である。

　ケリーは特に、オハイオ州ボウリンググリーンにある、グラウン
ズ・フォー・ソート・コーヒーショップに感謝している。コーヒー
を飲んで本を書くには、すばらしい場所だったからだ。

　最後に、私たちの娘のエイダにも感謝する。本書の執筆によって、
以前ほど構ってやれなくも、ものすごくハッピーで、楽しげにして
いたからだ。彼女がのべつ叫んだりわめいたりしていても、愛する
気持ちは変わらなかっただろうが、その落ち着いた存在とこぼれる
ような笑顔のおかげで、自分たちのしていることの理由を思い出す
ことができた。そして、もし彼女が2016年のことをいつの日か思
い出したときには、「マンガとテイクアウトの日々」だったことを
覚えているはずだ。愛しているよ、エイダ。

　私たちに手を貸してくれたのに、これまで名前が出てこなかった
方々には、お詫びを申し上げる。

● 訳者あとがき ●

　本書は、"SOONISH: Ten Emerging Technologies That'll Improve and/or Ruin Everything" の全訳である。

　科学技術の進歩が日進月歩というのは、読者のみなさんもご存じのとおりであり、実感されていることと思う。パソコン、インターネット、スマートフォンなどを挙げるまでもなく、ほんの数十年前には考えられなかったようなことが、今では指先ひとつでできてしまうのだから。さらには人工知能（AI）も登場して、自動運転車の実用化も現実味を帯びてきている。この先、人間から奪われてしまう仕事が多く出てくるのではという懸念の声も、多方面でささやかれている。

　本書は、そのような科学技術のなかから、実現間近と思われるものを取り上げて、それらが人類にとってどのような影響があるのかを考察した科学本だ。ただ、科学本ではあるものの、あまり肩肘を張ることなく、夫婦である著者たちがユーモアを交えて紹介している（原題の「SOONISH」からして、「もうすぐかも」といった意味の俗語的な単語だ）。全部で大きく 10 点の技術が取り上げられているが、序章に書かれているように、大きいものから小さいものという順番になっていて、実現の可能性が高いから最初のほうに取り上げられているわけではない。なかには、よく耳にする技術もあれば、ややわかりにくいものもあるだろう。

　書名にある宇宙エレベーターや 3D プリンターでの臓器作成など、興味深いものはいくつもあるが、訳者として個人的に興味をもったのが、クッキーを配るふりをしたロボットが大学の寮に入れてもらえたという実験だ（4 章）。ロボットや生物（に似たもの）に対しては、人間のガードも一段階下がるようである。テクノロジーが

いろいろと発展しても、それを使うのは結局は人間だ。その点を考えると、10章に記されたように、人間の脳とコンピューターがつながる脳 - コンピューター・インターフェースは、人間としての終わりであり、始まりであるのかもしれない。

著者のウィーナースミス夫妻について簡単に説明を。本書の技術面を主に担当した妻のケリーは、アメリカ・テキサス州ライス大学の生物科学学部で非常勤の教員を務めている。マンガを主に担当した夫のザックはマンガ家で、作品は『エコノミスト』など各誌に掲載されている。この夫婦はポッドキャストで科学にまつわる放送も行っている（weeklyweinersmith.com）。本書は両者が区別なく執筆したスタイルになっているため、基本的にはどちらともとれる書き方とした。

原書の刊行が2017年10月なので、邦訳との差は2年半になる。最初に述べたように、科学技術の進歩が日進月歩であることから、本書に記された技術がこの間にどれほどの進歩を遂げたのか、はたまた失敗したのか、当時は懸念が大きかったのか、それとも考えられなかったような事態が現在において出来しているのかなどという点も、参考として読み取れるのではと思う。また、この時間差により、現在とは一部の数字が異なっていたり、登場人物の所属等が変わっていたりする場合があることも、ご承知いただきたい。なお、技術面や著者たちのユーモアなどにおいて、訳者の理解が及ばない点もあると思われるので、ご指摘いただけたら幸いだ。

最後に、本書の刊行に際して多大な尽力を賜った、化学同人の後藤南氏に厚く御礼を申し上げる。

2020年3月

　　　　　　　　　　　　　　　　　　　　中川　泉

参考文献

Aaronson, Scott. *Quantum Computing Since Democritus*. Cambridge: Cambridge University Press, 2013.

———. *The Scott Aaronson Blog*. "Shtetl-Optimized." 2016. scottaaronson.com/blog.

Adams, James. *Bull's Eye: The Assassination and Life of Supergun Inventor Gerald Bull*. New York: Crown, 1992.

Akhtar, Allana. "Holocaust Museum, Auschwitz Want Pokémon Go Hunts Out." *USA Today*, July 12, 2016. usatoday.com/story/tech/news/2016/07/12/holocaust-museum-auschwitz-want-pokmon-go-hunts-stop-pokmon/86991810.

Alloul, H., et al. "*La Supraconductivité dans Tous Ses États*." supraconductivite.fr/fr/index.php.

American Society of Plastic Surgeons. "History of Plastic Surgery." 2016. plasticsurgery.org/news/history-of-plastic-surgery.html.

APMEX. "Platinum Prices." Apmex.com, 2016. apmex.com/spotprices/platinum-price.

Artemiades, P., ed. *Neuro-Robotics: From Brain Machine Interfaces to Rehabilitation Robotics*. New York: Springer, 2014.

Autor, David H. "Why Are There Still So Many Jobs? The History and Future of Workplace Automation." *Journal of Economic Perspectives* 29 (2015):3–30.

Babb, Greg. "Augmented Reality Can Increase Productivity." *Area Blog*, 2015. thearea.org/augmented-reality-canincrease-productivity.

Badescu, Viorel. *Asteroids: Prospective Energy and Material Resources*. Heidelberg and New York: Springer, 2013.

Ball, Philip. "Make Your Own World With Programmable Matter." *IEEE Spectrum*, May 27, 2014. spectrum.ieee.org/robotics/robotics-hardware/make-your-own-world-with-programmable-matter.

Baran, G. R., Kiani, M. F., and Samuel, S. P. *Healthcare and Biomedical Technology in the 21st Century: An Introduction for Non-Science Majors*. New York: Springer, 2013.

Barfield, Woodrow. *Fundamentals of Wearable Computers and Augmented Reality, Second Edition*. Boca Raton, Fla.: CRC Press, 2015.

Barr, Alistair. "Google's New Moonshot Project: The Human Body." *Wall Street Journal*, July 27, 2014. wsj.com/articles/google-to-collect-data-to-define-healthy-human-1406246214.

Bedau, Mark A., and Parke, Emily C. *The Ethics of Protocells: Moral and Social Implications of Creating Life in the Laboratory*. Cambridge, Mass: MIT Press, 2009.

Bentley, Matthew A. *Spaceplanes: From Airport to Spaceport*. New York: Springer, 2009.

Berger, T. W., Song, D., Chan, R. H. M., Marmarelis, V. Z., LaCoss, J., Wills, J., Hampson, R. E., Deadwyler, S. A., and Granacki, J. J. "A Hippocampal Cognitive Prosthesis: Multi-Input, Multi-Output Nonlinear Modeling and VLSI Implementation." *IEEE Transactions on Neural Systems and Rehabilitation Engineering* 20 (2012): 198–211.

Bernholz, Peter, and Kugler, Peter. "The Price Revolution in the 16th Century: Empirical Results from a Structural Vectorautoregression Model." Faculty of Business and Economics, University of Basel. Working paper. 2007. https://ideas.repec.org/p/bsl/wpaper/2007-12.html.

Bettegowda, C., Sausen, M., Leary, R. J., Kinde, I., Wang, Y., Agrawal, N., Bartlett, B. R., Wang, H., Luber, B., Alani, R. M., et al. "Detection of Circulating Tumor DNA in

Early- and Late-Stage Human Malignancies." *Science Translational Medicine* 6, no. 224 (2014):224ra24.

Blundell, Stephen J. *Superconductivity: A Very Short Introduction.* Oxford and New York: Oxford University Press, 2009.

Boeke, J. D., Church, G., Hessel, A., Kelley, N. J., Arkin, A., Cai, Y., Carlson, R., Chakravarti, A., Cornish, V. W., Holt, L., et al. The Genome Project-Write. *Science* 353, no. 6295 (2016):126–27.

Bolonkin, Alexander. *Non-Rocket Space Launch and Flight.* Amsterdam and Oxford: Elsevier Science, 2006.

Bonnefon, J.-F., Shariff, A., and Rahwan, I. "The Social Dilemma of Autonomous Vehicles." *Science* 352, no. 6293 (2016): 1573–76.

Bornholt, J., Lopez, R., Carmean, D. M., Ceze, L., Seelig, G., and Strauss, K. "A DNA-Based Archival Storage System." *Proceedings of the Twenty-First International Conference on Architectural Support* (2016):637–49.

Bostrom, Nick, and Cirkovic, Milan M. *Global Catastrophic Risks.* Oxford and New York: Oxford University Press, 2011.

Botella, C., Bretón-López, J., Quero, S., Baños, R., and García-Palacios, A. "Treating Cockroach Phobia with Augmented Reality." *Behavior Therapy* 41, no. 3 (2010):401–13.

Boyle, Rebecca. "Atomic Gardens, the Biotechnology of the Past, Can Teach Lessons About the Future of Farming." *Popular Science*, April 22, 2011. popsci.com/technology/article/2011-04/atomic-gardens-biotechnology-past-can-teachlessons-about-future-farming.

Brell-Cokcan, S., Braumann, J., and Willette, A. *Robotic Fabrication in Architecture, Art and Design* 2014. New York: Springer, 2016.

Brentjens, R. J., Davila, M. L., Riviere, I., Park, J., Wang, X., Cowell, L. G., Bartido, S., Stefanski, J., Taylor, C., Olszewska, M., et al. "CD19-Targeted T Cells Rapidly Induce Molecular Remissions in Adults with Chemotherapy-Refractory Acute Lymphoblastic Leukemia." *Science Translational Medicine* 5, no. 177 (2013):177ra38.

British Medical Association. "Boosting Your Brainpower: Ethical Aspects of Cognitive Enhancements. A Discussion Paper from the British Medical Association." Discussion paper. London: British Medical Association, 2007. repository.library.georgetown.edu/handle/10822/511709.

Broad, William J. "Useful Mutants, Bred with Radiation." *New York Times*, August 28, 2007. nytimes.com/2007/08/28/ science/28crop.html.

Brown, Julian. *Minds, Machines, and the Multiverse: The Quest for the Quantum Computer.* New York: Simon and Schuster, 2000.

Buck, Joshua. "Grants Awarded for Technologies That Could Transform Space Exploration." NASA press release. August 14, 2015. nasa.gov/press-release/nasa-awards-grants-for-technologies-that-could-transform-space-exploration.

Callaway, Ewen. "UK Scientists Gain Licence to Edit Genes in Human Embryos." *Nature* 530, no. 7588 (2016):18.

Campbell, T. A., Tibbits, S., and Garrett, B. "The Next Wave: 4D Printing—Programming the Material World." Atlantic Council. May 2014. atlanticcouncil.org/images/publications/The_Next_Wave_4D_Printing_Programming_the_Material_World.pdf.

Carini, C., Menon S. M., and Chang, M. *Clinical and Statistical Considerations in Personalized Medicine.* London: Chapman and Hall/CRC, 2014.

Carney, Scott. *The Red Market: On the Trail of the World's Organ Brokers, Bone Thieves,*

Blood Farmers, and Child Traffickers. New York: William Morrow, 2011. 『レッドマーケット——人体部品産業の真実』（講談社、2012 年）

Centers for Disease Control and Prevention. "CDC Media Statement on Newly Discovered Smallpox Specimens." CDC News Releases. July 8, 2014. cdc.gov/media/releases/2014/s0708-nih.html.

Chandler, Michele. "Alphabet, Apple in Tech Health Care 'Convergence.'" *Investor's Business Daily*, January 21, 2016. investors.com/news/technology/alphabet-google-looking-to-health-care-for-new-medical-products.

Cheng, H.-Y., Masiello, C. A., Bennett, G. N., and Silberg, J. J. "Volatile Gas Production by Methyl Halide Transferase: An In Situ Reporter of Microbial Gene Expression in Soil." *Environmental Science & Technology* 50, no. 16 (2016):8750–59.

Cho, Adrian. "Cost Skyrockets for United States' Share of ITER Fusion Project." American Association for the Advancement of Science. *Science*, April 10, 2014. sciencemag.org/news/2014/04/cost-skyrockets-united-states-share-iterfusion-project.

Church, George M., and Regis, Ed. Regenesis: *How Synthetic Biology Will Reinvent Nature and Ourselves*. New York: Basic Books, 2014.

Clayton, T. A., Baker, D., Lindon, J. C., Everett, J. R., and Nicholson, J. K. "Pharmacometabonomic Identification of a Significant Host-Microbiome Metabolic Interaction Affecting Human Drug Metabolism." *Proceedings of the National Academy of Sciences* 106, no. 34 (2009):14728–33.

Clery, Daniel. *A Piece of the Sun: The Quest for Fusion Energy*. New York: Overlook Press, 2013.

Clish, Clary B. "Metabolomics: An Emerging but Powerful Tool for Precision Medicine." *Cold Spring Harbor Molecular Case Studies* 1, no. 1 (2015).

Cohen, D. L., Lipton, J. L., Cutler, M., Coulter, D., Vesco, A., and Lipson, H. "Hydrocolloid Printing: A Novel Platform for Customized Food Production." Paper presented at the Solid Freeform Fabrication Symposium, Austin, Texas, August 2009. 3–5.

Cohen, Jean-Louis, and Moeller, G. Martin. *Liquid Stone: New Architecture in Concrete*. New York: Princeton Architectural Press, 2006.

Cohen, Jon. "Brain Implants Could Restore the Ability to Form Memories." *MIT Technology Review* (2013). technology review.com/s/513681/memory-implants.

Colemeadow, J., Joyce, H., and Turcanu, V. "Precise Treatment of Cystic Fibrosis—Current Treatments and Perspectives for Using CRISPR." *Expert Review of Precision Medicine and Drug Development* 1, no. 2 (2016):169–80.

Complete Anatomy Lab. "The Future of Medical Learning." Project Esper. 2016. completeanatomy.3d4medical.com/esper.php.

Computer History Museum. "Timeline of Computer History: Memory & Storage." 2016. computerhistory.org/timeline/memory-storage.

Conant, M. A., and Lane, B. "Secondary Syphilis Misdiagnosed As Infectious Mononucleosis." *California Medicine* 109, no. 6 (1968): 462–64.

Cong, L., Ran, F.A., Cox, D., Lin, S., Barretto, R., Habib, N., Hsu, P.D., Wu, X., Jiang, W., Marraffini, L.A., et al. "Multiplex Genome Engineering Using CRISPR/Cas Systems." *Science* 339, no. 6161 (2013): 819–23.

Construction Robotics. Home of the Semi-Automated Mason. 2016. construction-robotics.com.

Contour Crafting. "Space Colonies." Contour Crafting Robotic Construction System. 2014. contourcrafting.org/spacecolonies/.

Cooper, D. K. C. "A Brief History of Cross-Species Organ Transplantation." *Proceedings of Baylor University Medical Center* 25, no. 1 (2012): 49–57.

Craig, Alan B. *Understanding Augmented Reality: Concepts and Applications.* Amsterdam: Morgan Kaufmann, 2013.

Craven, B. A., Paterson, E. G., and Settles, G. S. "The Fluid Dynamics of Canine Olfaction: Unique Nasal Airf low Patterns As an Explanation of Macrosmia." *Journal of the Royal Society Interface* 7, no. 47 (2010):933–43.

Cullis, Pieter. *The Personalized Medicine Revolution: How Diagnosing and Treating Disease Are About to Change Forever.* Vancouver: Greystone Books, 2015.

Daniels, K.E. "Rubble-Pile Near Earth Objects: Insights from Granular Physics." In *Asteroids*, edited by V. Badescu, 271–86. Berlin and Heidelberg: Springer, 2013.

DAQRI. "Smart Helmet." 2016. http://daqri.com/home/product/daqri-smart-helmet.

Delaney, K., and Massey, T. R. "New Device Allows Brain to Bypass Spinal Cord, Move Paralyzed Limbs." Battelle Memorial Institute press releases. 2014. www.battelle. org/newsroom/press-releases/new-device-allows-brain-to-bypassspinal-cord-move-paralyzed-limbs.

Delp, M. D., Charvat, J. M., Limoli, C. L., Globus, R. K., and Ghosh, P. "Apollo Lunar Astronauts Show Higher Cardiovascular Disease Mortality: Possible Deep Space Radiation Effects on the Vascular Endothelium." *Scientific Reports* 6 (2016): 29901.

Department of Health and Human Services. "Becoming a Donor." 2011. www.organdonor. gov/becomingdonor/index.html.

———. "The Drug Development Process—Step 3: Clinical Research." Food and Drug Administration. 2016. www.fda.gov/ForPatients/Approvals/Drugs/ucm405622.htm.

———. (2011). "Fiscal Year 2015: Food and Drug Administration, Justification of Estimates for Appropriations Committees." Silver Spring, Maryland: Food and Drug Administration, 2015. www.fda.gov/downloads/AboutFDA/Reports ManualsForms/Reports/BudgetReports/UCM388309.pdf.

Department of Labor, Bureau of Labor Statistics. "Industry Employment and Output Projections to 2024." Monthly Labor Review. December 2015. www.bls.gov/opub/mlr/2015/article/industry-employment-and-output-projections-to-2024.htm.

———. "Industries at a Glance: Construction: NAICS 23." 2016. www.bls.gov/iag/tgs/iag23. htm#fatalities_injuries_and_illnesses.

Department of State. "Treaty on Principles Governing the Activities of States in the Exploration and Use of Outer Space, Including the Moon and Other Celestial Bodies." Bureau of Arms Control, Verification, and Compliance. 2004. www.state.gov/r/pa/ei/rls/dos/3797.htm.

de Selding, Peter B. "SpaceX Says Reusable Stage Could Cut Prices 30 Percent, Plans November Falcon Heavy Debut." Space News. March 10, 2106. spacenews.com/spacex-says-reusable-stage-could-cut-prices-by-30-plans-first-falconheavy-in-november.

Deutsch, David. *The Fabric of Reality: The Science of Parallel Universes—and Its Implications.* New York: Penguin Books, 1998. 『世界の究極理論は存在するか——多宇宙理論から見た生命、進化、時間』（朝日新聞社、1999 年)

Donaldson, H., Doubleday, R., Hefferman, S., Klondar, E., and Tummarello, K. "Are Talking Heads Blowing Hot Air? An Analysis of the Accuracy of Forecasts in the Political Media." Hamilton College paper, Public Policy 501. 2011. hamilton.edu/documents/An-Analysis-of-the-Accuracy-of-Forecasts-in-the-Political-Media.pdf.

Dondorp, A. M., Nosten, F., Yi, P., Das, D., Phyo, A. P., Tarning, J., Lwin, K. M., Ariey, F.,

Hanpithakpong, W., Lee, S. J., et al. "Artemisinin Resistance in Plasmodium falciparum Malaria." *New England Journal of Medicine* 361, no. 5 (2009):455–67.

Doursat, R., Sayama, H., and Michel, O. *Morphogenetic Engineering: Toward Programmable Complex Systems.* Heidelberg and New York: Springer, 2012.

Dowling, Jonathan P. *Schrödinger's Killer App: Race to Build the World's First Quantum Computer.* Boca Raton, Fla.: CRC Press, 2013.

Driscoll, C.A., Macdonald, D.W., and O'Brien, S.J. "From Wild Animals to Domestic Pets, an Evolutionary View of Domestication." *Proceedings of the National Academy of Sciences* 106, supplement 1 (2009):9971–78.

Drummond, Katie. "Darpa's Creepy Robo-Blob Learns to Crawl." *Wired*, December 2, 2011. wired.com/2011/12/darpa-chembot.

Duan, B., Hockaday, L. A., Kang, K. H., and Butcher, J.T. "3D Bioprinting of Heterogeneous Aortic Valve Conduits with Alginate/Gelatin Hydrogels." *Journal of Biomedical Materials Research* 101A, no. 5 (2013):1255–64.

Dunn, Nick. *Digital Fabrication in Architecture*. London: Laurence King Publishing, 2012.

Eccles, R. "A Role for the Nasal Cycle in Respiratory Defence." *European RespiratoryJournal* 9 (1996):371–76.

Eisen, J. A. *The Tree of Life Blog.* "#badomics words." 2016. phylogenomics.blogspot.com/p/my-writings-on-badomicswords.html.

El-Sayed, Ahmed F. *Fundamentals of Aircraft and Rocket Propulsion.* New York: Springer, 2016.

Engber, Daniel. "The Neurologist Who Hacked His Brain—And Almost Lost His Mind." *Wired*, January 26, 2016. wired.com/2016/01/phil-kennedy-mind-control-computer.

Environmental Protection Agency "Sources of Greenhouse Gas Emissions." 2016. epa.gov/ghgemissions/sourcesgreenhouse-gas-emissions.

EUROFusion. "JET: Europe's Largest Fusion Device—Funded and Used in Partnership." 2016. euro-fusion.org/jet.

Everett, Daniel L. *Don't Sleep, There Are Snakes: Life and Language in the Amazonian Jungle.* New York: Vintage, 2009. 『ピダハン――「言語本能」を超える文化と世界観』(みすず書房、2012 年)

Fitzpatrick, Michael. "A Long Road for High-Speed Maglev Trains in the U.S." *Fortune*, February 6, 2014. fortune.com/2014/02/06/a-long-road-for-high-speed-maglev-trains-in-the-u-s.

Francis, John. "Diving Impaired: Nitrogen Narcosis." ScubaDiving.com. March 14, 2007. scubadiving.com/training/basic-skills/diving-impaired.

Frederix, M., Mingardon, F., Hu, M., Sun, N., Pray, T., Singh, S., Simmons, B. A., Keasling, J. D., and Mukhopadhyay, A. "Development of an E. coli Strain for One-Pot Biofuel Production from Ionic Liquid Pretreated Cellulose and Switchgrass." *Green Chemistry* 18, no. 15 (2016):4189–97.

Freidberg, Jeffrey P. *Plasma Physics and Fusion Energy.* Cambridge: Cambridge University Press, 2008.

Fusor.net. fusor.net.

Futron Corporation. "Space Transportation Costs: Trends in Price Per Pound to Orbit 1990-2000." Bethesda, Md.: Futron Corporation, 2002.

Garcia, Mark. "Facts and Figures." NASA. 2016. nasa.gov/feature/facts-and-figures.

Gasson, Mark N., Kosta, E., and Bowman, Diana M. *Human ICT Implants: Technical, Legal and Ethical Considerations.* The Hague, The Netherlands: T.M.C. Asser Press, 2012.

Gay, Malcolm. *The Brain Electric: The Dramatic High-Tech Race to Merge Minds and Machines.* New York: Farrar, Straus and Giroux, 2015.

General Fusion. *Rethink Fusion Blog.* generalfusion.com/category/blog.

Gleick, James. "In the Trenches of Science." *New York Times Magazine*, August 16, 1987. nytimes.com/1987/08/16/magazine/in-the-trenches-of-science.html.

Glieder, A., Kubicek, C. P., Mattanovich, D., Wilhschi, B., and Sauer, M. *Synthetic Biology.* New York: Springer, 2015.

Glover, Asha. "NRC's 'All or Nothing' Licensing Process Doesn't Work, Former Commissioner Says." Morning Consult.com, April 29, 2016. morningconsult.com/alert/nrcs-nothing-licensing-process-doesnt-work-former-commissionersays.

Goodman, Daniel, and Angelova, Kamelia. "TECH STAR: I Want To Punch Anyone Wearing Google Glass in the Face." *BusinessInsider*, May 10, 2013. businessinsider.com/meetup-ceo-scott-heiferman-on-google-glass-2013-5. (Note: The video on this page is no longer working.)

Graber, John. "SpriteMods.com's 3D Printer Makes Food Dye Designs in JELLO." 3D Printer World. January 4, 2014. 3dprinterworld.com/article/spritemodscoms-3d-printer-makes-food-dye-designs-jello.

Gramazio, Fabio, and Kohler, Matthias, ed. "Special Issue: Made by Robots: Challenging Architecture at a Larger Scale." *Architectural Design* 84, no. 3 (2014):136.

Grant, Dale. *Wilderness of Mirrors: The Life of Gerald Bull.* Scarborough, Ont.: Prentice Hall, 1991.

Green, Keith Evan. *Architectural Robotics: Ecosystems of Bits, Bytes, and Biology*, Cambridge, MA: MIT Press, 2016.

Greenpeace. "Nuclear Fusion Reactor Project in France: An Expensive and Senseless Nuclear Stupidity." Greenpeace International press release. June 28, 2005. www.greenpeace.org/international/en/press/releases/2005/ITERprojectFrance.

Gribbin, John. *Computing with Quantum Cats: From Colossus to Qubits.* Amherst, N.Y.: Prometheus Books, 2014. 『シュレーディンガーの猫、量子コンピュータになる』（青土社、2014 年）

Guger, C., Müller-Putz, G., and Allison, B. *Brain-Computer Interface Research: A State-of-the-Art Summary 4.* New York: Springer, 2016.

Hall, Loura. "3D Printing: Food in Space." NASA. July 28, 2013. nasa.gov/directorates/spacetech/home/feature_3d_food.html.

Hall, Stephen S. "Daniel Nocera: Maverick Inventor of the Artificial Leaf." Innovators. *National Geographic*, May 19, 2014. news.nationalgeographic.com/news/innovators/2014/05/140519-nocera-chemistry-artificial-leaf-solar-renewableenergy.

Hammond, A., Galizi, R., Kyrou, K., Simoni, A., Siniscalchi, C., Katsanos, D., Gribble, M., Baker, D., Marois, E., Russell, S., et al. "A CRISPR-Cas9 Gene Drive System Targeting Female Reproduction in the Malaria Mosquito Vector Anopheles *gambiae*." *Nature Biotechnology* 34, no. 1 (2016): 78–83.

Hannemann, Christine. *Die Platte Industrialisierter Wohnungsbau in der DDR.* Braunschweig/Wiesbaden: Friedr, Vieweg & Sohn Verlagsgesellschaft mbH, 1996.

Hardesty, Larry. "Ingestible Origami Robot." MIT News. May 12, 2016. news.mit.edu/2016/ingestible-origami-robot-0512.

Harris, A. F., McKemey, A. R., Nimmo, D., Curtis, Z., Black, I., Morgan, S. A., Oviedo, M. N., Lacroix, R., Naish, N., Morrison, N. I., et al. "Successful Suppression of a Field Mosquito Population by Sustained Release of Engineered Male Mosquitoes." *Nature Biotechnology*

30, no. 9 (2012):828–830.

Harris, A. F., Nimmo, D., McKemey, A. R., Kelly, N., Scaife, S., Donnelly, C. A., Beech, C., Petrie, W. D., and Alphey, L. "Field Performance of Engineered Male Mosquitoes." *Nature Biotechnology* 29, no. 11 (2011):1034–37.

Hartley, L. P. *The Go-Between.* New York: CA: NYRB Classics, 2002. 『恋を覗く少年』（新潮社、1955 年）

Harwood, W. "Experts Applaud SpaceX Rocket Landing, Potential Savings." CBS News, December 22, 2015. cbsnews.com/news/experts-applaud-spacex-landing-cautious-about-outlook.

Hassanien, A. E., and Azar, A. T. *Brain-Computer Interfaces: Current Trends and Applications.* New York: Springer, 2014.

Hawkes, E., An, B., Benbernou, N. M., Tanaka, H., Kim, S., Demaine, E. D., Rus, D., and Wood, R. J. "Programmable Matter by Folding." *Proceedings of the National Academy of Sciences* 107, no. 28 (2010):12441–445.

Heaps, Leo. *Operation Morning Light: Inside Story of Cosmos 954 Soviet Spy Satellite.* N.p: Paddington, 1978.

Henderson, D. A., and Preston, Richard. *Smallpox: The Death of a Disease—The Inside Story of Eradicating a Worldwide Killer.* Amherst, N.Y: Prometheus Books, 2009.

Hill, Curtis. *What If We Made Space Travel Practical—Stimulating Our Economy with New Technology.* N.p.: Modern Millennium Press, 2013.

Hoyt, Robert. "WRANGLER: Capture and De-Spin of Asteroids and Space Debris." NASA. May 30, 2014. nasa.gov/content/wrangler-capture-and-de-spin-of-asteroids-and-space-debris.

Hrala, Josh. "This Robot Keeps Trying to Escape a Lab in Russia." Science Alert. June 29, 2016. sciencealert.com/thesame-robot-keeps-trying-to-escape-a-lab-in-russia-even-after-reprogramming.

Hu, Z., Chen, X., Zhao, Y., Tian, T., Jin, G., Shu, Y., Chen, Y., Xu, L., Zen, K., Zhang, C., et al. "Serum MicroRNA Signatures Identified in a Genome-Wide Serum Microrna Expression Profiling Predict Survival of Non-Small-Cell Lung Cancer." *Journal of Clinical Oncology* 28, no. 10 (2010):1721–26.

Hutchison, C. A., Chuang, R.-Y., Noskov, V. N., Assad-Garcia, N., Deerinck, T. J., Ellisman, M. H., Gill, J., Kannan, K., Karas, B. J., Ma, L., et al. "Design and Synthesis of a Minimal Bacterial Genome." *Science* 351, no. 6253 (2016):aad6253.

iGEM. 2016. igem.org/Main_Page.

Illusio, Inc. "Augmented Reality Goes Beyond Pokemon Go into Plastic Surgery Imaging." Illusio press release. Updated August 5, 2016. www.newswire.com/news/augmented-reality-goes-beyond-pokemon-go-into-plastic-surgeryimaging-13533198.

Innovega Inc. 2015. innovega-inc.com.

Interlandi, Jeneen. "The Paradox of Precision Medicine." *Scientific American*, April 1, 2016. scientificamerican.com/article/the-paradox-of-precision-medicine.

International Space Elevator Consortium. "Space Elevator Home." 2016. isec.org.

ITER. "The Way to New Energy." 2016. iter.org.

Jafarpour, F., Biancalani, T., and Goldenfeld, N. "Noise-Induced Mechanism for Biological Homochirality of Early Life Self-Replicators." *Physical Review Letters* 115, no. 15 (2015):158101.

Jain, Kewal K. *Textbook of Personalized Medicine.* New York: Humana Press, 2015.

JAXA. "3-2-2-1 Settlement of Claim between Canada and the Union of Soviet Socialist

Republics for Damage Caused by Cosmos 954.'" Japan Aerospace Exploration Agency. Released on April 2, 1981. www.jaxa.jp/library/space_law/chapter_3/3-2-2-1_e.html.

Jella, S. A., and Shannahoff-Khalsa, D. S. "The Effects of Unilateral Forced Nostril Breathing on Cognitive Performance." *International Journal of Neuroscience* 73, no. 1–2 (1993a):61–68.

Jinek, M., Chylinski, K., Fonfara, I., Hauer, M., Doudna, J. A., and Charpentier, E. "A Programmable Dual-RNA–Guided DNA Endonuclease in Adaptive Bacterial Immunity." *Science* 337, no, 6096 (2012):816–21.

Johnson, Aaron. "How Many Solar Panels Do I Need on My House to Become Energy Independent?" Ask an Engineer. MIT School of Engineering. November 19, 2013. engineering.mit.edu/ask/how-many-solar-panels-do-i-need-myhouse-become-energy-independent.

Johnson, L. A., Scholler, J., Ohkuri, T., Kosaka, A., Patel, P. R., McGettigan, S. E., Nace, A. K., Dentchev, T., Thekkat, P., Loew, A., et al. "Rational Development and Characterization of Humanized Anti–EGFR Variant III Chimeric Antigen Receptor T Cells for Glioblastoma." *Science Translational Medicine* 7, no. 275 (2015):275ra22–275ra22.

Josephson, B. "Brian Josephson's home page." Cavendish Laboratory, University of Cambridge. 2016. www.tcm.phy.cam.ac.uk/~bdj10.

Josephson, B. "Brian Josephson on the Memory of Water." Hydrogen2Oxygen. October 6, 2016. hydrogen2oxygen.net/en/brian-josephson-on-the-memory-of-water.

Kaiser, Jocelyn, and Normile, Dennis. "Chinese Paper on Embryo Engineering Splits Scientific Community." *Science*. April 24, 2015. sciencemag.org/news/2015/04/chinese-paper-embryo-engineering-splits-scientific-community.

Kareklas, K., Nettle, D., and Smulders, T. V. "Water-Induced Finger Wrinkles Improve Handling of Wet Objects." *Biology Letters* 9, no. 2 (2013):20120999.

Kaufman, Scott. *Project Plowshare: The Peaceful Use of Nuclear Explosives in Cold War America.* Ithaca, N.Y.: Cornell University Press, 2012.

Kharecha, P. A., and Hansen, J. E. "Prevented Mortality and Greenhouse Gas Emissions from Historical and Projected Nuclear Power." *Environmental Science & Technology* 47, no. 9 (2013):4889–95.

Khoshnevis, Behrokh. "Contour Crafting Simulation Plan for Lunar Settlement Infrastructure Build-Up." NASA Space Technology Mission Directorate. (2013) nasa.gov/directorates/spacetech/niac/khoshnevis_contour_crafting.html.

Kipper, Greg, and Rampolla, Joseph. *Augmented Reality: An Emerging Technologies Guide to AR.* Amsterdam and Boston, Mass.: Syngress, 2012.

Kirsch, Scott. *Proving Grounds: Project Plowshare and the Unrealized Dream of Nuclear Earthmoving.* New Brunswick, N.J.: Rutgers University Press, 2005.

Kolarevic, Branko, and Parlac, Vera. *Building Dynamics: Exploring Architecture of Change.* London and New York: Routledge, 2015.

Kotula, J. W., Kerns, S. J., Shaket, L. A., Siraj, L., Collins, J. J., Way, J. C., and Silver, P. A. "Programmable Bacteria Detect and Record an Environmental Signal in the Mammalian Gut." *Proceedings of the National Academy of Sciences* 111, no. 13 (2014):4838–43.

Kozomara, Ana, and Griffiths-Jones, Sam. "miRBase: Annotating High Confidence MicroRNAs Using Deep Sequencing Data." *Nucleic Acids Research* 42, no. D1 (2014):D68–D73.

Kremeyer, K., Sebastian, K., and Shu, C. "Demonstrating Shock Mitigation and Drag Reduction by Pulsed energy Lines with Multi-domain WENO." Brown University. brown.

edu/research/projects/scientific-computing/sites/brown.edu.research.projects.scientific-computing/files/uploads/Demonstrating%20Shock%20Mitigation%20and%20Drag%20Reduced%20by%20Pulsed%20Energy%20Lines.pdf

LaFrance, Adrienne. "Genetically Modified Mosquitoes: What Could Possibly Go Wrong?" *Atlantic*, April 26, 2016. theatlantic.com/technology/archive/2016/04/genetically-modified-mosquitoes-zika/479793.

Lawrence Livermore National Laboratory. "Lasers, Photonics, and Fusion Science: Bringing Star Power to Earth." lasers.llnl.gov/.

LeCroy, C., Masiello, C. A., Rudgers, J. A., Hockaday, W. C., and Silberg, J. J. "Nitrogen, Biochar, and Mycorrhizae: Alteration of the Symbiosis and Oxidation of the Char Surface." *Soil Biology and Biochemistry* 58 (2013):248–54.

Lefaucheur, J.-P., André-Obadia, N., Antal, A., Ayache, S. S., Baeken, C., Benninger, D. H., Cantello, R. M., Cincotta, M., de Carvalho, M., De Ridder, D., et al. "Evidence-Based Guidelines on the Therapeutic Use of Repetitive Transcranial Magnetic Stimulation (rTMS)." *Clinical Neurophysiology* 125, no. 11 (2014):2150–2206.

Levin, Gilbert V. Sweetened Edible Formulations. U.S. Patent Application US 05/838,211, filed September 30, 1977.4262032A. Google Patents. google.com/patents/US4262032.

Lewis, John S. *Asteroid Mining 101: Wealth for the New Space Economy*. Mountain View, Calif.: Deep Space Industries, 2014.

Liang, P., Xu, Y., Zhang, X., Ding, C., Huang, R., Zhang, Z., Lv, J., Xie, X., Chen, Y., Li, Y., et al. "CRISPR/Cas9-Mediated Gene Editing in Human Tripronuclear Zygotes." *Protein and Cell* 6, no. 5 (2015):363–72.

Lipson, Hod, and Kurman, Melba. *Fabricated: The New World of 3D Printing*. Indianapolis, Ind.: Wiley, 2013. 『2040 年の新世界 ——3D プリンタの衝撃』（東洋経済新報社、2014 年）

Lockheed Martin. "Compact Fusion." 2016. lockheedmartin.com/us/products/compact-fusion.html.

Lowther, William. *Arms and the Man: Dr. Gerald Bull, Iraq and the Supergun*. Novato, Calif.: Presidio Press, 1992.

Maeda, Junichiro. "Current Research and Development and Approach to Future Automated Construction in Japan," In *Construction Research Congress: Broadening Perspectives*, 1–11. Reston, Va,: American Society of Civil Engineers, 2005. Published online April 26, 2012.

Mahaffey, James A. *Fusion*. New York: Facts on File, 2012a.

MakerBot. "Frostruder MK2." Thingiverse. November 2, 2009. thingiverse.com/thing:1143.

Mali, P., Yang, L., Esvelt, K. M., Aach, J., Guell, M., DiCarlo, J. E., Norville, J. E., and Church, G. M. "RNA-Guided Human Genome Engineering via Cas9." *Science* 339, no. 6121 (2013):823–26.

Malyshev, D. A., Dhami, K., Lavergne, T., Chen, T., Dai, N., Foster, J. M., Corrêa, I. R., and Romesberg, F. E. "A Semi-Synthetic Organism with an Expanded Genetic Alphabet." *Nature* 509, no. 7500. (2014):385–88.

Mankins, John. *The Case for Space Solar Power*. Houston, Tex.: Virginia Edition Publishing, 2014.

Mann Library. "Fast and Affordable: Century of Prefab Housing. Thomas Edison's Concrete House." Cornell University. 2006. exhibits.mannlib.cornell.edu/prefabhousing/prefab.php?content=two_a.

Mannoor, M. S., Jiang, Z., James, T., Kong, Y. L., Malatesta, K. A., Soboyejo, W. O., Verma,

N., Gracias, D. H., and McAlpine, M. C. "3D Printed Bionic Ears." *Nano Letters*, 13, no. 6 (2013):2634–39.

Mark Foster Gage Architects. "Robotic Stone Carving." mfga.com/robotic-stone-carving.

Markstedt, K., Mantas, A., Tournier, I., Martínez Ávila, H., Hägg, D., and Gatenholm, P. "3D Bioprinting Human Chondrocytes with Nanocellulose–Alginate Bioink for Cartilage Tissue Engineering Applications." *Biomacromolecules* 16, no. 5 (2015):1489–96.

Mars One. mars-one.com.

Mayo Clinic Staff. "Transcranial Magnetic Stimulation—Overview." Mayo Clinic. 2015. mayoclinic.org/tests-procedures/transcranial-magnetic-stimulation/home/ovc-20163795.

McCracken, Garry, and Stott, Peter. *Fusion: The Energy of the Universe*. Cambridge, Mass.: Academic Press, 2012. 『フュージョン――宇宙のエネルギー』（シュプリンガー・フェアラーク東京、2005 年）

McGee, Ellen M., and Maguire, Gerald Q. "Becoming Borg to Become Immortal: Regulating Brain Implant Technologies." *Cambridge Quarterly of Healthcare Ethics* 16, no. 3 (2007):291–302.

McNab, I. R. "Launch to Space with an Electromagnetic Railgun." *IEEE Transactions on Magnetics* 39, no. 1 (2003): 295–304.

Menezes, A. A., Cumbers, J., Hogan, J. A., and Arkin, A. P. "Towards Synthetic Biological Approaches to Resource Utilization on Space Missions." J*ournal of the Royal Society Interface* 12, no. 1-2 (2015):20140715.

Miller, Jordan S. "The Billion Cell Construct: Will Three-Dimensional Printing Get Us There?" *PLoS Biology* 12, no. 6 (2014):e1001882.

MIT Technology Review. (November 2012): 115, 108. technologyreview.com/magazine/2012/11/.

Moan, Charles E., and Heath, Robert G. "Septal stimulation for the Initiation of Heterosexual Behavior in a Homosexual Male." *Journal of Behavior Therapy and Experimental Psychiatry* 3, no. 1 (1972):23–30.

Mohan, Pavithra. "App Used 23andMe's DNA Database to Block People From Sites Based on Race and Gender." *Fast Company*, July 23, 2015. fastcompany.com/3048980/fast-feed/app-used-23andmes-dna-database-to-block-peoplefrom-sites-based-on-race-and-gender.

Mohiuddin, M. M., Singh, A. K., Corcoran, P. C., Hoyt, R. F., Thomas III, M. L., Ayares, D., and Horvath, K. A. "Genetically Engineered Pigs and Target-Specific Immunomodulation Provide Significant Graft Survival and Hope for Clinical Cardiac Xenotransplantation." *Journal of Thoracic and Cardiovascular Surgery* 148, no. 3 (2014):1106–14.

Molloy, Mark. "Hiroshima Anger Over Pokémon at Atom Bomb Memorial Park." *Telegraph*, July 28, 2016. telegraph.co.uk/technology/2016/07/28/hiroshima-anger-over-pokemon-at-atom-bomb-memorial-park.

Moniz, E. J. "U.S. Participation in the ITER Project." Washington, D.C.: United States Department of Energy, 2016. science.energy.gov/~/media/fes/pdf/DOE_US_Participation_in_the_ITER_Project_May_2016_Final.pdf.

Moravec, H. *Mind Children: The Future of Robot and Human Intelligence*. Cambridge, Mass.: Harvard University Press, 1990. 『電脳生物たち――超 AI による文明の乗っ取り』（岩波書店、1991 年）

Moser, M.-B., and Moser, E. I. *The Future of the Brain: Essays by the World's Leading Neuroscientists*. Princeton, N.J.: Princeton University Press, 2014a.

———. *The Future of the Brain: Essays by the World's Leading Neuroscientists*. Princeton, N.J.: Princeton University Press, 2014b.

Moskvitch, K. "Programmable Matter: Shape-Shifting Microbots Get It Together." *Engineering and Technology Magazine* 10, no. 5 (2015). eandt.theiet.org/content/articles/2015/05/programmable-matter-shape-shifting-microbots-get-ittogether.

Mourachkine, Andrei. *Room-Temperature Superconductivity.* Cambridge, U.K.: Cambridge International Science Publishing, 2004.

Mukherjee, Siddhartha. *The Emperor of All Maladies: A Biography of Cancer.* New York: Scribner, 2011. 『がん――4000 年の歴史』上・下（早川書房、2016 年）

Muller, Richard A. *Energy for Future Presidents: The Science Behind the Headlines.* New York: W. W. Norton, 2013. 『エネルギー問題入門――カリフォルニア大学バークレー校特別講義』（楽工社、2014 年）

Mullin, Rick. "Cost to Develop New Pharmaceutical Drug Now Exceeds $2.5B." *Scientific American*, November 24, 2014. www.scientificamerican.com/article/cost-to-develop-new-pharmaceutical-drug-now-exceeds-2-5b/.

Murphy, Sean V., and Atala, Anthony. "3D Bioprinting of Tissues and Organs." *Nat Biotech* 32, no. 8 (2014):773–85.

Naboni, Roberto, and Paoletti, Ingrid. *Advanced Customization in Architectural Design and Construction.* New York: Springer, 2014.

Naclerio, R. M., Bachert, C., and Baraniuk, J. N. "Pathophysiology of Nasal Congestion." *International Journal of General Medicine* 3, (2010):7–57.

NASA. "A Natural Way To Stay Sweet." NASA Spinoff. 2004. spinoff.nasa.gov/Spinoff2004/ch_4.html

———. "Welcome to the Dawn Mission." NASA Jet Propulsion Laboratory. N.d. dawn.jpl.nasa.gov/mission.

National Academies of Sciences, Engineering, and Medicine. *Gene Drives on the Horizon: Advancing Science, Navigating Uncertainty, and Aligning Research with Public Values.* Washington, D.C.: National Academies Press, 2016.

National Cancer Institute. "SEER Stat Fact Sheets: Cancer of the Lung and Bronchus." 2013. seer.cancer.gov/statfacts/html/lungb.html.

National Institutes of Health. "Precision Medicine Initiative." 2015. www.nih.gov/precision-medicine-initiativecohort-program.

NeuroPace, Inc. "The RNS® System for Drug-Resistant Epilepsy." NeuroPace, Inc. 2016. neuropace.com.

New Age Robotics. "Milling & Sculpting." 2016. robotics.ca/wp/portfolio/milling-sculpting.

Newman, A. M., Bratman, S. V., To, J., Wynne, J. F., Eclov, N. C. W., Modlin, L. A., Liu, C. L., Neal, J. W., Wakelee, H. A., Merritt, R. E., et al. "An Ultrasensitive Method for Quantitating Circulating Tumor DNA with Broad Patient Coverage." *Nature Medicine* 20, no. 5 (2014):548–54.

Northrop, Robert B., and Connor, Anne N. *Ecological Sustainability: Understanding Complex Issues.* Boca Raton, FL: CRC Press, 2013.

Obed, A., Stern, S., Jarrad, A., and Lorf, T. "Six Month Abstinence Rule for Liver Transplantation in Severe Alcoholic Liver Disease Patients." *World Journal of Gastroenterology* 21, no. 14 (2015):4423–26.

offensive-computing (username). "Genetic Access Control." 2015. https://github.com/offapi/rbac-23andme-oauth2.

Orlando, L., Ginolhac, A., Zhang, G., Froese, D., Albrechtsen, A., Stiller, M., Schubert, M., Cappellini, E., Petersen, B., Moltke, I., et al. "Recalibrating Equus Evolution Using the Genome Sequence of an Early Middle Pleistocene Horse." *Nature* 499, no. 7457 (2013):74–78.

Open Humans. openhumans.org.

Organovo. "Bioprinting Functional Human Tissue." 2016. organovo.com.

Owen, David. *The Conundrum*. New York: Riverhead Books, 2012.

Paddon, C. J., Westfall, P. J., Pitera, D. J., Benjamin, K., Fisher, K., McPhee, D., Leavell, M. D., Tai, A., Main, A., Eng, D., et al. "High-Level Semi-Synthetic Production of the Potent Antimalarial Artemisinin." *Nature* 496, no. 7446 (2013):528–32.

Pais-Vieira, M., Chiuffa, G., Lebedev, M., Yadav, A., and Nicolelis, M. A. L. "Building an Organic Computing Device with Multiple Interconnected Brains." *Scientific Reports* 5 (2015):11869.

Pelt, Michel van. *Rocketing into the Future: The History and Technology of Rocket Planes.* New York: Springer, 2012.

———. *Space Tethers and Space Elevators*. New York: Copernicus, 2009.

Peplow, Mark. "Synthetic Biology's First Malaria Drug Meets Market Resistance: Nature News & Comment." *Nature* 530, no. 7591 (2016):389–90.

Perez, Sarah. "Recognizr: Facial Recognition Coming to Android Phones." ReadWrite. February 24, 2010. readwrite.com/2010/02/24/recognizr_facial_recognition_coming_to_ android_phones.

Personal Genome Project. "Sharing Personal Genomes." Personal Genome Project: Harvard Medical School. personalgenomes.org.

Phillips, Tony. "The Tunguska Impact—100 Years Later." NASA Science. 2008. science.nasa. gov/science-news/science-at-nasa/2008/30jun_tunguska.

Phipps, C., Birkan, M., Bohn, W., Eckel, H.-A., Horisawa, H., Lippert, T., Michaelis, M., Rezunkov, Y., Sasoh, A., Schall, W., et al. "Review: Laser-Ablation Propulsion." *Journal of Propulsion and Power* 26, no. 4 (2010):609–37.

Pino, R. E., Kott, A., Shevenell, M., ed. *Cybersecurity Systems for Human Cognition Augmentation*. New York: Springer, 2014.

Piore, Adam. "To Study the Brain, a Doctor Puts Himself Under the Knife." *MIT Technology Review*. November 9, 2015. technologyreview.com/s/543246/to-study-the-brain-a-doctor-puts-himself-under-the-knife.

Pleistocene Park. "Pleistocene Park: Restoration of the Mammoth Steppe Ecosystem." 2016. pleistocenepark.ru/en.

Poland, Gregory A. "Vaccines Against Lyme Disease: What Happened and What Lessons Can We Learn?" *Clinical Infectious Diseases* 52, supp. 3 (2011):s253–s258.

Polka, Jessica K., and Silver, Pamela A. "A Tunable Protein Piston That Breaks Membranes to Release Encapsulated Cargo." *ACS Synthetic Biology* 5, no. 4 (2016):303–11.

Post, Hannah. "Reusability: The Key to Making Human Life Multi-Planetary." SpaceX. June 10, 2015. spacex.com/news/2013/03/31/reusability-key-making-human-life-multi-planetary.

Powell, J., Maise, G., and Pellegrino, C. StarTram: *The New Race to Space* (N. p.: CreateSpace Independent Publishing Platform, 2013.

Rabinowits, G., Gerçel-Taylor, C., Day, J. M., Taylor, D. D., and Kloecker, G. H. "Exosomal MicroRNA: A Diagnostic Marker for Lung Cancer." *Clinical Lung Cancer* 10, no. 1 (2009):42–46.

Reaction Engines Limited. reactionengines.co.uk.

Reardon, Sara. "New Life for Pig-to-Human Transplants." *Nature* 527, no. 7577 (2015):152–54.

Reece, Andrew G., and Danforth, Christopher M. "Instagram Photos Reveal Predictive Markers of Depression." arXiv:1608.03282 [physics] (2016):34.

Reece, A. G., Reagan, A. J., Lix, K. L. M., Dodds, P. S., Danforth, C. M., and Langer, E. J. "Forecasting the Onset and Course of Mental Illness with Twitter Data." arXiv:1608.07740 [physics] (2016): 23.

Reiber, C., Shattuck, E. C., Fiore, S., Alperin, P., Davis, V., and Moore, J. "Change in Human Social Behavior in Response to a Common Vaccine." *Annals of Epidemiology* 20, no 10 (2010):729–33.

Reid, G., Kirschner, M. B., and van Zandwijk, N. "Circulating microRNAs: Association with Disease and Potential Use As Biomarkers." *Critical Reviews in Oncology/Hematology* 80, no. 2 (2011):193–208.

Reiss, Louise Z. "Strontium-90 Absorption by Deciduous Teeth." *Science* 134, no 3491 (1961):1669–73.

Riaz, Muhammad U., and Javaid, Zain. *Programmable Matter: World with Controllable Matter.* Saarbrücken, Germany: Lambert Academic Publishing, 2012.

Richter, B., and Neises, G. "'Human' Insulin Versus Animal Insulin in People with Diabetes Mellitus." Cochrane Database of Systematic Reviews (2002):CD003816.

Ringeisen, B., Spargo, B. J., and Wu, Peter K. *Cell and Organ Printing.* Dordrecht, Germany: Springer, 2010.

Ringo, Allegra. "Understanding Deafness: Not Everyone Wants to Be 'Fixed.'" *Atlantic.* August 9, 2013. theatlantic.com/health/archive/2013/08/understanding-deafness-not-everyone-wants-to-be-fixed/278527.

Robinette, Paul. "Developing Robots That Impact Human-Robot Trust In Emergency Evacuations." PhD thesis. Georgia Institute of Technology, 2015.

Romanishin, J. W., Gilpin, K., and Rus, D. "M-Blocks: Momentum-Driven, Magnetic Modular Robots," 4288–95. *IEEE/RSJ International Conference on Intelligent Robots and Systems*, Piscataway, N.J.: IEEE Publishing, 2013.

Rose, David. *Enchanted Objects: Innovation, Design, and the Future of Technology.* New York: Scribner, 2015.

Roth, Alvin E. *Who Gets What—and Why: The New Economics of Matchmaking and Market Design.* Boston: Eamon Dolan/Mariner Books, 2016. 『Who Gets What――マッチメイキングとマーケットデザインの新しい経済学』(日本経済新聞出版社、2016 年)

Rubenstein, M. "Emissions from the Cement Industry." *State of the Planet.* Earth Institute. Columbia University. May 9, 2012. blogs.ei.columbia.edu/2012/05/09/emissions-from-the-cement-industry.

Rubenstein, M., Cornejo, A., and Nagpal, R. "Programmable Self-Assembly in a Thousand-Robot Swarm." *Science* 345, no. 6198 (2014):795–99.

Sandia National Laboratories. "Sandia Magnetized Fusion Technique Produces Significant Results." September 22, 2014. share.sandia.gov/news/resources/news_releases/mag_fusion/#.V8GkOpMrJE5.

――― . "Z Pulsed Power Facility." Z Research: Energy. 2015. www.sandia.gov/z-machine/research/energy.html.

Schafer, G., Green, K., Walker, I., King Fullerton, S., and Lewis, E. "An Interactive, Cyber-Physical Read-Aloud Environment: Results and Lessons from an Evaluation Activity with Children and Their Teachers," 865–74. In P*roceedings of the 2014 Conference on Designing Interactive Systems*. New York: ACM, 2014.

Schulz, A., Sung, C., Spielberg, A., Zhao, W., Cheng, Y., Mehta, A., Grinspun, E., Rus, D., and Matusik, W. "Interactive Robogami: Data-Driven Design for 3D Print and Fold Robots with Ground Locomotion." 1:1. In *SIGGRAPH 2015: Studio.* New York: ACM, 2015.

Schwenk, Kurt. "Why Snakes Have Forked Tongues." *Science* 263, no. 1573 (1994):1573–77.

Seife, Charles. *Sun in a Bottle: The Strange History of Fusion and the Science of Wishful Thinking.* New York: Viking, 2008.

Seiler, Friedrich, and Igra, Ozer. *Hypervelocity Launchers.* New York: Springer, 2016.

Selectbio. "Caddie Wang's Biography." 3D-Printing in Life Sciences. Selectbio Sciences. 2015. selectbiosciences.com/conferences/biographies.aspx?speaker=1340332&conf=PRINT2015.

Self-Assembly Lab. selfassemblylab.net/index.php.

Sepramaniam, S., Tan, J.-R., Tan, K.-S., DeSilva, D. A., Tavintharan, S., Woon, F.-P., Wang, C.-W., Yong, F.-L., Karolina, D.-S., Kaur, P., et al. "Circulating MicroRNAs as Biomarkers of Acute Stroke." *International Journal of Molecular Sciences* 15, no. 1 (2014):1418–32.

Serafini, G., Pompili, M., Belvederi Murri, M., Respino, M., Ghio, L., Girardi, P., Fitzgerald, P. B., and Amore, M. "The Effects of Repetitive Transcranial Magnetic Stimulation on Cognitive Performance in Treatment-Resistant Depression. A Systematic Review." *Neuropsychobiology* 71, no. 3 (2015):125–39.

Sercel, Joel . "APIS (Asteroid Provided In-Situ Supplies): 100MT Of Water from a Single Falcon 9." NASA. May 7, 2015. nasa.gov/feature/apis-asteroid-provided-in-situ-supplies-100mt-of-water-from-a-single-falcon-9.

Servick, Kelly. "Scientists Reveal Proposal to Build Human Genome from Scratch." *Science*, June 2, 2016, sciencemag.org/news/2016/06/scientists-reveal-proposal-build-human-genome-scratch.

Shapiro, Beth. *How to Clone a Mammoth: The Science of De-Extinction.* Princeton, N.J.: Princeton University Press, 2015. 『マンモスのつくりかた——絶滅生物がクローンでよみがえる』(筑摩書房、2016 年)

Shine, Richard, and Wiens, John J. "The Ecological Impact of Invasive Cane Toads (*bufo marinus*) in Australia." *Quarterly Review of Biology* 85, no. 3 (2010):253–91.

Shreeve, James. *The Genome War: How Craig Venter Tried to Capture the Code of Life and Save the World.* New York: Knopf, 2004. 『ザ・ゲノム・ビジネス——DNA を金に変えた男たち』(角川書店、2003 年)

Silverstein, Ken. "How the Chips Fell." *Mother Jones* 22, (1997):13–14.

Simberg, Rand E., and Lu, Ed. *Safe Is Not an Option* New York: Interglobal Media LLC, 2013.

Small, E. M., and Olson, E. N. "Pervasive Roles of microRNAs in Cardiovascular Biology." *Nature* 469, no. 7330. (2011):336–42.

Smith, Dan. "DARPA's 'Programmable Matter' Project Creating Shape-Shifting Materials." *Popular Science*, June 8, 2009. popsci.com/military-aviation-amp-space/article/2009-06/mightily-morphing-powerful-range-objects.

Snir, A., Nadel, D., Groman-Yaroslavski, I., Melamed, Y., Sternberg, M., Bar-Yosef, O., and Weiss, E. "The Origin of Cultivation and Proto-Weeds, Long Before Neolithic Farming." *PLOS ONE* 10, no. 7 (2015):e0131422.

Snyder, Michael. *Genomics and Personalized Medicine: What Everyone Needs to Know.* Oxford and New York: Oxford University Press, 2016.

Somlai-Fischer, A., Hasegawa, A., Jasinowicz, B., Sjölén, T., and Hague, U. "Reconfigurable House." 2008. http://house.propositions.org.uk.

Spacef light101. "Falcon 9 v1.1 & F9R—Rockets." 2016a. spacef light101.com/spacerockets/falcon-9-v1-1-f9r/.

———. "Soyuz FG—Rockets." 2016b. spacef light101.com/spacerockets/soyuz-fg.

Spröwitz, A., Moeckel, R., Vespignani, M., Bonardi, S., and Ijspeert, A .J. "Roombots: A

Hardware Perspective on 3D Self-Reconfiguration and Locomotion with a Homogeneous Modular Robot." *Robotics and Autonomous Systems* 62, no. 7. (2014):1016–33.

Stull, Deborah. "Better Mouse Memory Comes at a Price." *Scientist*, April 2, 2001. the-scientist.com/?articles.view/articleNo/13302/title/Better-Mouse-Memory-Comes-at-a-Price.

Suthana, Nanthia, and Fried, Itzhak. "Deep Brain Stimulation for Enhancement of Learning and Memory." *NeuroImage* 85, part 3, (2014):996–1002.

Swan, P., Raiit, D., Swan, C., Penny, R., and Knapman, J. *Space Elevators: An Assessment of the Technological Feasibility and the Way Forward.* Paris and Virginia: Science Deck Books, 2013.

Syrian Refugees. "The Syrian Refugee Crisis and Its Repercussions for the EU." 2016. syrianrefugees.eu.

Talbot, David. "A Prosthetic Hand That Sends Feelings to Its Wearer." *MIT Technology Review.* December 5, 2013. technologyreview.com/s/522086/an-artificial-hand-with-real-feelings.

Tan, D. W., Schiefer, M. A., Keith, M. W., Anderson, J. R., Tyler, J., and Tyler, D. J. "A Neural Interface Provides Long-Term Stable Natural Touch Perception." *Science Translational Medicine* 6, no. 257 (2014):257ra138.

Tang, Y.-P., Shimizu, E., Dube, G. R., Rampon, C., Kerchner, G. A., Zhuo, M., Liu, G., and Tsien, J. Z. "Genetic Enhancement of Learning and Memory in Mice." *Nature* 401, no. 6748 (1999):63–69.

Throw Trucks With Your Mind! throwtrucks.com.

Tidball, R., Bluestein, J., Rodriguez, N., and Knoke, S. "Cost and Performance Assumptions for Modeling Electricity Generatin

Technologies." Fairfax, Va.: National Renewable Energy Laboratory, 2010. nrel.gov/docs/fy11osti/48595.pdf.

Tinkham, Michael. *Introduction to Superconductivity: Second Edition.* Mineola, N.Y.: Dover Publications, 2004. 『超伝導入門（上・下）』（吉岡書店、2004・2006 年）

Tomich, Jeffrey. "Decades Later, Baby Tooth Survey Legacy Lives On." *St. Louis Post-Dispatch.* August 1, 2013. stltoday.com/lifestyles/health-med-fit/health/decades-later-baby-tooth-survey-legacy-lives-on/article_c5ad9492-fd75-5aed-897f-850fbdba24ee.html.

Torella, J. P., Gagliardi, C. J., Chen, J. S., Bediako, D. K., Colón, B., Way, J. C., Silver, P. A., and Nocera, D. G. "Efficient Solar-to-Fuels Production from a Hybrid Microbial–Water-Splitting Catalyst System." *Proceedings of the National Academy of Sciences* 112, no. 8 (2015):2337–42.

Trang, P. T. K., Berg, M., Viet, P. H., Mui, N. V., and van der Meer, J. R. "Bacterial Bioassay for Rapid and Accurate Analysis of Arsenic in Highly Variable Groundwater Samples." *Environmental Science & Technology.* 39, no. 19 (2005):7625–30.

Treisman, M. "Motion Sickness: An Evolutionary Hypothesis." *Science* 197, no. 4302 (1977):493–95.

UN Habitat. "World Habitat Day: Voices from Slums—Background Paper." United Nations Human Settlements Programme. 2014. unhabitat.org/wp-content/uploads/2014/07/WHD-2014-Background-Paper.pdf.

United Network for Organ Sharing. "Data." 2015. unos.org/data.

U.S. Congress. House. (2008). *Genetic Information Nondiscrimination Act of 2008.* H.R. 493. 110th Cong. *Congressional Record* 154, no. 71, daily ed. (May 1, 2008): H2961–H2980. www.congress.gov/bill/110th-congress/house-bill/493.

———. (2015). *U.S. Commercial Space Launch Competitiveness Act.* H.R. 2262.114th Cong., 1st sess. *Congressional Record* 161, no. 78, daily ed. (May 20, 2015): H3403–H3410. www.congress.gov/bill/114th-congress/house-bill/2262.

Van Nimmen, Jane, Bruno, Leonard C., and Rosholt, Robert L. *NASA Historical Data Book, 1958–1968. Vol I: NASA Resources.* Washington, D.C.: NASA, 1976. history.nasa.gov/SP-4012v1.pdf.

Vasudevan, T. M., van Rij, A. M., Nukada, H., and Taylor, P. K. "Skin Wrinkling for the Assessment of Sympathetic Function in the Limbs." *Australian and New Zealand Journal of Surgery* 70, no. 1 (2000):57–59.

Venter, J. C. *Life at the Speed of Light: From the Double Helix to the Dawn of Digital Life.* New York: Penguin Books, 2014b.

———. *What—Me Worry?, 200–07. In What Should We Be Worried About?: Real Scenarios That Keep Scientists Up at Night,* edited by J. Brockman. New York: Harper Perennial, 2014a.

Vrije Universiteit Science. "Robot Baby Project by Prof.dr. A.E. Eiben on evolving robots / The Evolution of Things." May 26, 2016. youtube.com/watch?v=BfcVSb-Q8ns.

Wang, Brian. "$250,000 Slingatron Kickstarter." NextBigFuture. July 29, 2013. nextbigfuture.com/2013/07/250000-slingatron-kickstarter.html.

Wei, F., Wang, G.-D., Kerchner, G. A., Kim, S. J., Xu, H.-M., Chen, Z.-F., and Zhuo, M. "Genetic Enhancement of Inf lammatory Pain by Forebrain NR2B Overexpression." *Natural Neuroscience* 4, no 2 (2001):164–69.

Werfel, Justin. "Building Structures with Robot Swarms." O'Reilly.com. 2016. oreilly.com/ideas/building-structures-withrobot-swarms.

Werfel, J., Petersen, K., and Nagpal, R. "Designing Collective Behavior in a Termite-Inspired Robot Construction Team." *Science* 343, no. 6172 (2014):754–58.

White, D. E., Bartley, J., and Nates, R. J. "Model Demonstrates Functional Purpose of the Nasal Cycle." *BioMedical Engineering OnLine* 14:38 (2015).

Whiting, P., Al, M., Burgers, L., Westwood, M., Ryder, S., Hoogendoorn, M., Armstrong, N., Allen, A., Severens, H., Kleijnen, J., et al. "Ivacaftor for the Treatment of Patients with Cystic Fibrosis and the G551D Mutation: A Systematic Review and Cost-Effectiveness Analysis." *Health Technology Assessment* 18, no. 18 (2014):130.

Wikipedia. "Nitrogen Narcosis." 2016. en.wikipedia.org/w/index.php?title=Nitrogen_narcosis&oldid=735322553.

Wittmann, J., and Jäck, H.-M. "Serum microRNAs as Powerful Cancer Biomarkers." *Biochimica et Biophysica Acta (BBA)—Reviews on Cancer* 1806, no. 2 (2010):200–207.

Wolpaw, Jonathan, and Wolpaw, Elizabeth Winter. *Brain-Computer Interfaces: Principles and Practice.* Oxford and New York: Oxford University Press, 2012.

World Health Organization. "Global Insecticide Resistance Database." 2014. who.int/malaria/areas/vector_control/insecticide_resistance_database/en.

———. "10 Facts On Malaria." 2015. who.int/features/factfiles/malaria/en.

World Nuclear Association. "Peaceful Nuclear Explosions." 2010. world-nuclear.org/information-library/non-powernuclear-applications/industry/peaceful-nuclear-explosions.aspx.

Wrangham, Richard. *Catching Fire: How Cooking Made Us Human.* New York: Basic Books, 2010. 『火の賜物——ヒトは料理で進化した』（NTT 出版、2010 年）

Yang, L., Güell, M., Niu, D., George, H., Lesha, E., Grishin, D., Aach, J., Shrock, E., Xu, W., Poci, J., et al. "Genome-Wide Inactivation of Porcine Endogenous Retroviruses (PERVs)."

Science 350, no 6264. (2015):1101–1104.

Yim, M., White, P., Park, M., and Sastra, J. (2009). *Modular Self-Reconfigurable Robots*, 5618–31. In *Encyclopedia of Complexity and Systems Science*, edited by Robert A. Meyers. New York: Springer, 2009.

Zewe, Adam. "In Automaton We Trust." 2016. Harvard Paulson School of Engineering and Applied Sciences. seas.harvard .edu/news/2016/05/in-automaton-we-trust.

Zhu, L., Wang, J., and Ding, F. "The Great Reduction of a Carbon Nanotube's Mechanical Performance by a Few Topological Defects." *ACS Nano* 10, no. 6 (2016): 6410–15.

● 索 引 ●

■著者

ケリー・ウィーナースミス （Dr. Kelly Weinersmith）

ライス大学・生物科学非常勤教員。寄宿者を操る寄生生物を研究。人気トップ20に入る科学ポッドキャストを運営。研究は、『アトランティック』『サイエンス』『ネイチャー』各誌にも取り上げられている。

ザック・ウィーナースミス （Zach Weinersmith）

マニアックな人気ウェブコミック「サタデー・モーニング・ブレックファースト」の一コマ漫画家。『エコノミスト』『ウォール・ストリート・ジャーナル』『フォーブス』各誌、「サイエンスフライデー」やCNNの番組でも活躍。

■訳者

中川 泉 （なかがわ いずみ）

翻訳家。札幌市出身。大阪外国語大学英語学科卒業。訳書に、『いつもの仕事と日常が5分で輝く すごいイノベーター70人のアイデア』（TAC出版）、『ジョン・レノン 音楽と思想を語る』（DU BOOKS）、『太陽系惑星大図鑑』（共訳、河出書房新社）、『ビッグヒストリー われわれはどこから来て、どこへ行くのか』（共訳、明石書店）などがある。

いつになったら宇宙エレベーターで月に行けて、３Ｄプリンターで臓器が作れるんだい!?
気になる最先端テクノロジー10のゆくえ

2020年4月25日 第1刷 発行	訳 者　中 川　　泉
2022年1月10日 第3刷 発行	発行者　曽 根 良 介
検印廃止	発行所　（株）化学同人

〒600-8074 京都市下京区仏光寺通柳馬場西入ル
編集部 TEL 075-352-3711　FAX 075-352-0371
営業部 TEL 075-352-3373　FAX 075-351-8301
振　替　01010-7-5702
e-mail　webmaster@kagakudojin.co.jp
URL　http://www.kagakudojin.co.jp

印刷・製本　（株）シナノパブリッシングプレス

JCOPY 〈出版者著作権管理機構委託出版物〉

本書の無断複写は著作権法上での例外を除き禁じられています。複写される場合は、そのつど事前に、出版者著作権管理機構（電話03-5244-5088、FAX 03-5244-5089、e-mail: info@jcopy.or.jp）の許諾を得てください。

本書のコピー、スキャン、デジタル化などの無断複製は著作権法上での例外を除き禁じられています。本書を代行業者などの第三者に依頼してスキャンやデジタル化することは、たとえ個人や家庭内の利用でも著作権法違反です。

Printed in Japan ©Izumi Nakagawa 2020 無断転載・複製を禁ず
乱丁・落丁本は送料小社負担にてお取りかえします

ISBN978-4-7598-2035-5